川渝地区页岩气体积压裂认识与实践

马辉运　李　力　肖勇军　主编

石油工业出版社

内 容 提 要

本书系统介绍了川渝地区页岩气体积压裂的情况，主要内容包括页岩气体积压裂技术概述、页岩气水平井体积压裂参数优化、体积压裂施工工艺技术、页岩气压裂质量控制技术、压后评价技术、重复压裂工艺技术等。

本书可供从事页岩气开发的管理人员、技术人员、科研人员参考阅读，还可供石油大专院校相关专业师生使用。

图书在版编目（CIP）数据

川渝地区页岩气体积压裂认识与实践 / 马辉运，李力，肖勇军主编 . —北京：石油工业出版社，2020.3

ISBN 978-7-5183-3840-5

Ⅰ . ① 川… Ⅱ . ① 马… ② 李… ③ 肖… Ⅲ . ① 油页岩 – 气体压裂 – 研究 – 四川 ② 油页岩 – 气体压裂 – 研究 – 重庆 Ⅳ . ① TE357.3

中国版本图书馆 CIP 数据核字（2020）第 026049 号

出版发行 : 石油工业出版社

（北京安定门外安华里 2 区 1 号　100011）

网　　址 : www.petropub.com

编辑部 : (010) 64523535　　图书营销中心 : (010) 64523633

经　　销 : 全国新华书店

印　　刷 : 北京中石油彩色印刷有限责任公司

2020 年 3 月第 1 版　2020 年 3 月第 1 次印刷

787 × 1092 毫米　开本 : 1/16　印张 : 16

字数 : 380 千字

定价 : 136.00 元

《川渝地区页岩气体积压裂认识与实践》
编 写 组

主　编：马辉运　李　力　肖勇军

成　员：缪　云　王学强　黄　艳　覃　芳　洪玉奎

　　　　杨　海　谭宏兵　廖　毅　喻成刚　付玉坤

　　　　杨　欢　陈　龙　何亚锐　冉　力　赵　昊

　　　　何先君　刘　望　罗　鑫　陈　满　杨永韬

　　　　艾志鹏　黎俊吾　刘家屹　赵彬凌　谭　健

　　　　刘　辉　杨　磊　朱　熹　刘　威　刘燕烟

　　　　钟　华　张　文　唐思洪　魏　微

PREFACE 前言

我国页岩气资源十分丰富，资源量居于世界前列，根据国家能源局发布的《页岩气发展规划（2016—2020 年）》，加快推进页岩气勘探开发，增加清洁能源供应，优化调整能源结构，是满足经济社会较快发展，人民生活水平不断提高和绿色低碳环境建设的需求。川渝地区是我国页岩气增储上产的主阵地，其页岩气开发技术受到极大的关注和重视。

北美地区"页岩气革命"表明，体积压裂技术是实现页岩气有效开发的关键技术。由于我国川渝地区页岩气地质条件特殊，与北美地区页岩气藏存在差异，导致北美地区压裂技术直接应用于川渝地区未取得理想效果。

本书着眼于川渝地区页岩气体积压裂技术的特殊性，重点介绍了页岩气开发中典型的体积压裂工艺流程及质量控制技术，主要内容包括：页岩气水平井体积压裂参数优化、页岩气体积压裂施工工艺技术、页岩气压裂质量控制技术、压后评价技术、重复压裂工艺技术。同时，阐述了几种体积压裂技术在页岩气开发中应用的背景及原因，介绍了体积压裂技术基础理论、体积压裂设备及工具以及各种页岩气水平井体积压裂技术的现场应用实例。

本书是基于川渝地区体积压裂理念和实践，对页岩气水平井体积压裂技术现场应用的总结，可以为从事页岩气开发的工程技术人员开展体积压裂作业提供指导和参考，也可以作为石油专业学生以及油田技术人员的培训资料。

本书由西南油气田公司工程技术研究院牵头组织，四川圣诺油气工程技术服务有限公司负责编写。全书分为 6 章，前言由李力编写，第一章由缪云、王学强、覃芳编写，第二章由洪玉奎、黄艳、杨海、谭宏兵编写，第三章由杨欢、喻成刚、付玉坤、陈龙编写，第四章由刘辉、廖毅、冉力、赵昊编写，第五章由黎俊吾、刘望编写，第六章由刘燕烟、钟华、艾志鹏、杨永韬编写，全书由马辉运、李力、肖勇军统稿。

本书在编写过程中参考了国内外体积压裂技术及页岩气开发方面的文献，感谢四川长宁天然气开发有限责任公司和四川页岩气勘探开发有限责任公司提供的案例与数据，西南石油大学刘彧轩老师及其科研团队提供了技术指导，值此书出版之际，一并感谢。

限于笔者水平，本书难以全面反映页岩气水平井体积压裂技术，也难免有差错与不足，敬请读者提出宝贵意见。

CONTENTS 目录

第一章　页岩气体积压裂技术概述

页岩气作为一种储存在页岩中的非常规天然气，其巨大的储藏量和可持续性使得其开发成为世界各国关注的能源焦点。利用传统的水力压裂方式形成单一对称双翼裂缝的增产改造技术目前已不能满足页岩气产量的需求。为此，美国提出了改造油气藏体积（Stimulated Reservoir Volume，SRV）的概念，即通过压裂形成复杂裂缝网络，极大地改造储集层有效泄油体积，从而达到提高页岩气产量的目的。体积压裂即 SRV 技术，它是指在水力压裂过程中，使天然裂缝不断扩张和脆性岩石产生剪切滑移，形成天然裂缝与人工裂缝相互交错的裂缝网络，从而增加改造体积，提高初始产量和最终采收率。

第一节　页岩气成藏机理及特征

一、页岩气成藏机理

页岩气形成机制是典型的"原位滞留成藏"，气藏为连续性分布。页岩气和传统的油气勘探在地质控制条件上有着很大差别，常规油气勘探地质条件可概括为"生、储、盖、运、圈、保"，而页岩气没有"盖""运""圈""保"的问题，"生"就是"储"，"盖"也是"储"。

（一）页岩气形成过程

通过对美国5大页岩气盆地中页岩气的成因进行研究，可将页岩气的演变途径分为以下两类：

第1种途径：热裂解成因气。页岩中热裂解成因气的形成有3个步骤（图1-1）：（1）干酪根分解成气体和沥青；（2）沥青分解成油和气体；（3）油分解成气体、高含碳量的焦炭或者沥青残余物。步骤（1）和步骤（2）为初次裂解，步骤（3）为二次裂解，最后一个步骤主要取决于系统中油的残余量和储层的吸附作用。美国 Fort Worth 盆

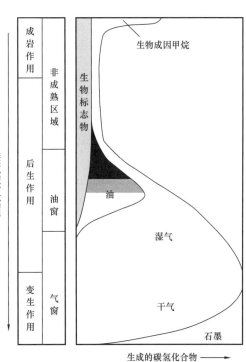

图1-1　页岩气热裂解成因过程图解

地的 Barnett 页岩气就是来源于干酪根热降解和残余油的二次裂解，主要以残余油的二次裂解为主。正因为如此，使得 Barnett 页岩气具有较大的资源潜力。

在干酪根从活性碳转化为死碳的过程中，烃源岩中碳氢化合物的形成主要受温度的制约。在成岩作用早期，天然气主要通过生物活动析出，随着埋藏深度的增加，后生作用取代成岩作用从而产出油和气，而温度和深度的进一步增加导致剩余油发生裂解后释放出天然气。

第 2 种途径：生物化学成因气，指页岩在成岩的生物化学阶段直接由细菌降解而成的气体，如图 1-2 所示。也有气藏经后期改造而成的生物气，如美国 Michigan 盆地的 Antrim 页岩气是干酪根成熟过程中所产生的热降解气和产甲烷菌新陈代谢活动中所产生的生物成因气，以后者为主。发育良好的裂缝系统不仅使天然气和携带大量细菌的原始地层水进入 Antrim 页岩内，而且来自上覆更新统冰川漂移物中含水层的大气降水也同时侵入，有利于细菌甲烷的形成。一般生物成因气受埋藏深度和地层温度条件制约，对产量贡献不大。

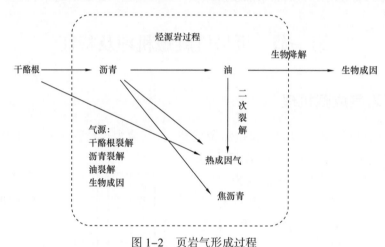

图 1-2　页岩气形成过程

按照母质来源，天然气有油型和煤型之分；依据热演化阶段和产生机理，天然气可划分为生物气、热裂解气、高过成熟气等。据此可将页岩气划分为 6 种基本类型，见表 1-1。

表 1-1　页岩气成因类型划分

热演化阶段	油型气	煤型气
生物化学生气（热演化程度 R_o：小于 0.6%）	油型生物气	煤型生物气
热裂解生气（热演化程度 R_o：0.6%～2.0%）	油型热解气	煤型热解气
高过成熟生气（热演化程度 R_o：大于 2.0%）	油型裂解气	煤型裂解气

油型生物气以 Ⅰ 型、Ⅱ₁ 型干酪根为主，热演化程度处于未熟、低熟的生物气阶段（$R_o<0.6\%$）。虽然产气程度较低，但特殊地质情况下仍可形成大规模页岩气，成熟开发的典型代表是 Antrim 页岩气；油型热解气以 Ⅰ 型、Ⅱ₁ 型干酪根为主，目前处于有机质成熟生气阶段（R_o 为 0.6%～2.0%），常可形成页岩气与页岩油的共伴生发育，Barnett 页岩

气即为该类的典型代表；油型热解气以 I 型、II$_1$ 型干酪根为主，热演化达到高过成熟阶段（$R_o > 2.0\%$），页岩气以甲烷为主，干燥系数高，四川盆地下志留统龙马溪组页岩气即属此类；煤型生物气以偏生气的 II$_2$ 型、III 型干酪根为主，热演化程度较低（$R_o < 0.6\%$），该类型以陆相和海陆过渡带为主，我国北方地区有大量存在；煤型热解气以 II$_2$ 型、III 型干酪根为主，热演化程度处于生气高峰阶段（R_o 为 $0.6\% \sim 2.0\%$），美国 San Juan 盆地的 Lewis 页岩气、我国沁水盆地的石炭系—二叠系页岩气可作为典型代表；煤型裂解气以 II$_2$ 型、III 型干酪根为主，热演化程度高（$R_o > 2.0\%$），有机质生气、含气能力下降，如美国 Arkoma 盆地的密西西系 Fayetteville 页岩气等。

无论是从有机质类型还是热演化程度来看，各盆地均会在平面和剖面中存在不同程度的过渡类型（或称混合型），美国 Illinois 盆地的 New Albany 页岩气就是生物成因气与热裂解成因气的混合气。

（二）页岩气成藏条件

1. 沉积环境

富有机质泥页岩发育是页岩气形成的物质基础。在安静、缺氧的水下环境中通常具有生物供给的充足条件，经过相对长时间的稳定沉淀，易于形成富含有机质的暗色泥页岩。这些富含有机质泥页岩的分布和特征明显受到沉积作用的控制，它们在平面上分布稳定，内部非均质性强烈。泥页岩中富含有机质，为气的形成提供了必备的物质基础，为页岩气的赋存和储集提供了空间和吸附条件。海相、海陆过渡相及陆相都具有形成富含有机质页岩的基本条件，但不同类型沉积相形成的页岩也各具特点，见表 1-2。

表 1-2　中国海相、海陆过渡相及陆相页岩地质特征对比

沉积环境	海相	海陆过渡相	陆相
地质地层	震旦系—下古生界	上古生界	中生界—新生界
主要岩性	黑色页岩	暗色泥页岩	暗色泥页岩
伴生地层	粉砂质岩类、碳酸盐岩	煤层、粗碎屑岩类	粗碎屑岩类、火山岩
泥页岩产出	厚层状，相对独立发育	与粗碎屑岩类、煤层薄互层	薄层状，与粗碎屑岩类互层频繁
有机质类型	以 I 型、II 型为主	III 型为主	I 型、II 型、III 型
热演化程度	成熟—过成熟	成熟	低熟—高成熟
天然气成因	热解、裂解（$R_o > 1.3\%$）	热解、裂解（$R_o > 1.0\%$）	生物化学、热解（$R_o > 0.4\%$）
地层压力	低压—常压	常压—高压	常压—高压
发育规模	区域分布，局部被叠合于现今的盆地范围内	区域分布	局部发育，受现今盆地范围影响较大（中生界差异较大）
主体分布区	南方、西北、青藏	华北、南方	东部、西北
游离气储集介质	以裂缝、微孔隙为主	孔隙及层间碎屑岩夹层	裂缝、孔隙及层间碎屑岩夹层

1）海相页岩

海相页岩通常具有发育于陆棚、半深海、深海以及碳酸盐岩台内盆地、台内凹陷、台地前缘斜坡等沉积环境。这些沉积环境通常是稳定且沉积水深较大的还原环境。沉积稳定且速率较大，形成分布广泛且厚度较大的暗色页岩。海相碳酸盐岩的伴生存在使得页岩含有较高的钙质成分，大量浮游水生生物提供了丰富的有机质来源，为生烃提供了物质基础。

海相页岩发育广泛，分布稳定，单层厚度较大；多呈黑色、灰黑色、深灰色，富含分散状分布的有机质，干酪根类型多为腐泥型（Ⅰ型）和混合型（Ⅱ型）；黏土矿物含量较少，脆性矿物以钙质和硅质为主，且含量较高；常见薄层状、莓状黄铁矿。

在中国南方、华北及塔里木地区，古生代形成了广泛的海相沉积，发育了多套海相富有机质页岩。经历了多期构造变形，南方地区古生界页岩抬升和破坏严重，但四川盆地、华北盆地和塔里木盆地页岩则埋藏较深。在南方上扬子地区，早寒武世经历了大规模海侵，海水逐渐上升，上扬子地区大部分处于陆棚环境，发育了一套分布广泛、厚度稳定的海相富有机质黑色页岩、硅质页岩与含磷质粉砂岩的组合。下寒武统牛蹄塘组页岩发育大面积的水平纹理，富含分散状有机质及黄铁矿，显示为缺氧的静水还原环境。页岩中的干酪根类型以Ⅰ型、Ⅱ型为主，有机质含量高，但由于形成时代久远，热演化程度相对较高，受后期多期构造运动影响较大，抬升和破坏强烈，导致页岩气保存条件较差。

2）海陆过渡相页岩

海陆过渡相的暗色泥页岩主要发育在三角洲、滨岸沼泽及潟湖等沉积环境中，水深相对较浅，前三角洲及滨岸沼泽、淡水—潟湖的底部常常是低能、安静的封闭还原环境，有利于陆源细粒碎屑物质及部分化学沉积物质的沉积。由于距物源区相对较近，海陆过渡相沉积环境受气候条件影响较大，即在温暖潮湿的气候条件下，水深相对较大，泥页岩厚度和分布面积更大，且有利于陆生植物及水生生物的生长，为泥页岩油气的生成提供了丰富的有机质来源。

在海陆过渡相沉积环境中，前三角洲、三角洲平原沼泽和淡水—潟湖等相带内的富有机质泥岩发育，分布相对局限，且单层厚度较小，岩性一般为灰黑色、黑色页岩，碳质页岩夹煤层及灰色粉砂岩，细砂岩。特别是平原沼泽相暗色泥页岩，单层厚度较薄，多与粉砂岩、细砂岩薄互层，并夹有煤层。有机碳含量较高。干酪根以Ⅲ型为主，部分是Ⅱ型，Ⅰ型较少见。黏土矿物含量较高，脆性矿物以硅质为主且含量高达50%以上，碳酸盐矿物含量较低。莓状、球粒状黄铁矿及自形黄铁矿较为常见。

海陆过渡相富有机质暗色泥质页岩主要分布在我国的西北、华北地区以及南方部分地区。其中，鄂尔多斯盆地石炭系本溪组、太原组和下二叠统山西组，准噶尔盆地石炭系滴水泉组、巴塔玛依内山组和二叠系芦草沟组、红雁池组，塔里木盆地二叠系芦草沟组，华北地区石炭系太原组和二叠系山西组，南方地区二叠系龙潭组等均是典型的海陆过渡相富有机质泥页岩层系。从中石炭世开始，辽河地区结束了加里东运动造成的长期整体抬升，开始沉降遭受海侵并重新接受沉积，形成了一套陆表海台地相、有障壁海岸相碎屑岩沉积。至晚二叠世山西组沉积时期，由于气候变化，陆表海收缩转化为海陆交互相，辽河地区沉积了以潮坪—潟湖相和三角洲相为主的细粒碎屑岩地层。山西组暗色泥页岩多夹粉砂岩，泥页岩内发育水平纹层、波状层理，粉砂岩夹层内可见小型沙纹层理，夹数套煤层，富含黄铁矿，显示相对平静的还原环境。干酪根显微组分以镜质组和惰质组为主，干酪根类型主要为Ⅲ型，有机碳含量较高。黏土矿物以伊/蒙混层和伊利石为主，脆性矿物多为石英，微孔隙较发育。

3）陆相页岩

陆相富有机质泥页岩主要形成于半深湖—深湖环境，水深较大，受湖浪等作用微弱，为安静低能的还原环境。由于水域面积相对较小，水深变化较大，湖相暗色泥页岩单层厚度一般较小，常与粉砂岩、砂岩频繁薄互层出现，夹陆源生物化石碎片。湖相沉积环境受区域气候条件影响明显，气候温暖潮湿，湖泊面积广阔，深湖区水深较大，有利于细粒物质的沉积和还原环境的保持。另外，适宜的气候有利于陆生植物和水生生物的生长和繁殖，保证了有机质供给充足。

陆相富有机质泥页岩具有相变快、分隔性较强、累计厚度大、单层厚度薄、垂向上砂泥岩薄互层变化频率快等沉积特点。岩性一般为黑色—灰黑色泥页岩、粉砂质泥页岩夹粉砂岩或碳酸盐岩透镜体，多发育水平层理，间有细波状层理，有机碳含量高。含油页岩层段干酪根类型主要以Ⅰ型和Ⅱ型为主，黏土含量高，脆性矿物以石英、长石等为主，自生矿物主要为菱铁矿。

我国陆相富有机质页岩主要发育在松辽盆地白垩系、渤海湾盆地古近系、鄂尔多斯盆地三叠系延长组、四川盆地三叠系—侏罗系自流井组、准噶尔盆地—吐哈盆地侏罗系水西沟群、塔里木盆地三叠系—侏罗系以及柴达木盆地新近系等。渤海湾盆地新生界古近系是陆相页岩沉积的典型代表，有机质丰富的始新统湖相泥页岩沉积，以沙三下亚段—沙四上亚段最为发育，具有有机质类型多、有机碳含量高、热演化程度适中、生气能力强等特点。

2. 沉积有效厚度

众所周知，广泛分布的页岩是形成页岩气的重要条件。同时，沉积有效厚度是保证足够的有机质及充足的储集空间的前提条件。页岩的厚度越大，页岩的封盖能力越强，越有利于气体的保存，从而有利于页岩气成藏。一般要求页岩气储层累计厚度大于30m，美国5大页岩气勘探开采区的页岩净厚度为9.14~91.44m。

3. 总有机碳含量（TOC）

总有机碳含量是烃源岩丰度评价的重要指标，也是衡量生烃强度和生烃量的重要参数。有机碳含量随岩性变化而变化。对于富含黏土的页岩来说，由于吸附量很大，有机碳含量最高，因此页岩作为潜力烃源岩的有机碳含量下限值就越高，而当烃源岩的有机质类型越好，热演化程度高时，相应的有机碳含量下限值就低：对泥质油源岩中有机碳含量的下限标准，目前国内外的看法基本一致，为0.4%~0.6%。而泥质气源岩有机碳含量的下限标准则有所不同。大量研究结果表明，气态烃分子小，在水中的溶解能力强，易于运移，气源岩有机碳含量的下限标准要比油源岩低得多。

4. 干酪根类型和热成熟度（R_o）

众所周知，在不同的沉积环境中，由不同来源有机质形成的干酪根，其组成有明显的差别，其性质和生油气潜能也有很大差别；因此研究干酪根的类型是油气地球化学的一项重要内容，也是评价干酪根生油、生气潜力的基础。干酪根类型是衡量有机质产烃能力的参数，不同类型的干酪根同时也决定了产物以油为主还是以气为主：一般来说，Ⅰ型和Ⅱ型干酪根以生油为主；Ⅲ型干酪根则以生气为主。纵观美国页岩气盆地的页岩干酪根类型，主要以Ⅰ型与Ⅱ型干酪根为主，也有部分Ⅲ型干酪根，但不同干酪根类型的页岩都生成了数量可观的气，所以有理由相信，干酪根类型并不是决定产气量的主要因素。

作为热成熟度的标志之一，各类有机物中的 R_o 都不尽相同。这就说明第一类有机物的碳氢化合物生成的起点与第二类有机物碳氢化合物生成的起点不同。而且由于形成气窗所需的温度范围大于油窗的温度范围，因而气的 R_o 也相应地大于油的 R_o。通过以上描述可以得出以下结论：成熟度高（$R_o>1.5\%$）通常表示干气占主导优势；成熟度中等（$1.1\%<R_o<1.5\%$）表示在该范围的低端，气有不断向油转化的趋势；在 $0.8\%<R_o<1.1\%$ 范围的低端能够发现湿气。成熟度低（$0.6\%<R_o<0.8\%$）时油占主导地位；而 $R_o<0.6\%$ 则表明干酪根发育不成熟。

沉积岩中分散有机质的丰度和成烃母质类型是油气生成的物质基础，而有机质的成熟度则是油气生成的关键。干酪根只有达到一定的成熟度才能开始大量生烃和排烃。不同类型的干酪根在热演化的不同阶段生烃量也不同。在低熟阶段（$0.4\%\sim0.6\%$），有机质就可以向烃类转变。例如美国5大页岩气盆地中页岩的热成熟度分布在 $0.4\%\sim2\%$，可见在有机质生烃的整个过程都有页岩气的生成。随着成熟度的增加，早期所生成的原油开始裂解成气。美国 Barnett 页岩之所以含气量大，主要源于生烃体积、成熟度及部分液态烃持续裂解生气。成熟度越低的 Barnett 页岩区，其气体产量就越低。这可能是因为生气少，所残留的烃流动阻塞孔隙。许多高成熟的 Barnett 页岩区的干酪根和油的裂解使生气量大幅提高，导致页岩气井气体流量大。因此，成熟度是评价高流量页岩气相似性的关键地球化学参数。

5. 运移和聚集

页岩气藏是"自生自储"式气藏，运移距离极短。在生物化学生气阶段，天然气首先吸附在有机质和岩石颗粒表面，饱和后富余的天然气以游离相或溶解相进行运移，当达到热裂解生气阶段，大量生烃导致压力升高，若页岩内部产生裂缝，则天然气以游离相为主向其中运移聚集，受周围致密页岩层遮挡，易形成工业性页岩气藏。页岩气藏形成过程本身也构成了从典型吸附到常规游离之间的序列过渡，它将煤层气的典型吸附气成藏原理、根缘气／深盆气的活塞式气水排驱原理和常规气的典型置换式运聚机理的运移、聚集和成藏过程联结在一起。一般页岩气的工业聚集需要足够的厚度及埋深，沉积厚度是保证足够有机质和充足储集空间的前提条件。要形成"自生自储"式油气藏，烃源岩的厚度必须超过有效排烃厚度，不同地区烃源岩的有效排烃厚度有所不同。一般形成页岩气藏的烃源岩的厚度应大于30m。

气体在页岩储层中主要以两种方式储集：在天然裂缝或者孔隙裂缝中以游离状态存在，在不溶有机质和矿物颗粒表面以吸附状态存在。还有极少量的气体溶解在沥青等有机溶剂中。

页岩本身既是烃源岩，也是储层和盖层。页岩具有极低的渗透率，其渗透率甚至比含气致密砂岩还要低很多。页岩超低的孔渗性使得页岩对于盖层的要求没有常规气藏那么高，由于岩石的颗粒比较致密，它本身就可以作为页岩气的盖层。页岩的盖层是多变的，既包括页岩本身（如 APPalachian 盆地和 Fort Worth 盆地），也包括页岩周围的细粒致密岩层。页岩气藏形成于烃源岩层内，是由致密部分包围的裂缝发育区域，与构造位置关系不大，只要满足生烃、排烃、运移和圈闭条件，就有可能生成页岩气藏。

二、页岩气藏特征

（一）页岩气藏与常规气藏的区别

页岩气作为一种非常规天然气聚集，具有区别于常规气藏的显著特征。

（1）成因类型多样：泥页岩中有机质可以为Ⅰ型、Ⅱ型、Ⅲ型。页岩气可以是生物成因气、热裂解成因气或两者的混合，具体可以包括通常所指的生物气、低熟—未熟气、成熟气、高成熟—过成熟气、二次生气、过渡带作用气（生物再作用气）以及沥青生气等多种类型。这一特征为页岩气的形成提供了广泛的物质基础。

（2）赋存介质：页岩气中的天然气主体以游离态和吸附态存在于泥页岩层段中，前者主要赋存于页岩孔隙和裂缝中，后者主要赋存于有机质、干酪根、黏土矿物及孔隙表面上。此外，还有少量天然气以溶解态存在于泥页岩的干酪根、沥青质、页岩原油以及残留水等介质中。

（3）储集物性：泥页岩孔隙度一般小于10%，属于典型的致密储层，其中有效含气孔隙度一般只有泥页岩总孔隙度的50%左右，具有工业价值页岩气的有效含气孔隙度下限可降至1%。

（4）赋存方式：页岩气主要以吸附和游离方式赋存于页岩孔隙介质中，其吸附态天然气可占页岩气赋存总量的20%～85%，相对比例主要取决于有机质类型及成熟度、裂缝及孔隙发育程度、埋藏深度以及保存条件等。这一特征决定了页岩气通常具有较好的稳定性和较强的抗构造破坏力，在不具备常规天然气成藏条件的地质背景中，有可能发现并生产页岩气。

（5）成藏过程：泥页岩储集物性致密，除裂缝非常发育情况外，外来的天然气难以运聚其中。从某种意义上来说，页岩气就是烃源岩生排气作用后的泥页岩层段中形成的天然气残留，或者是气源岩在生气阶段早期形成但尚未来得及排出的天然气。页岩本身即是源岩又是储层，为典型的"自生自储"成藏模式。

（6）成藏条件：由于页岩聚气的特殊性，页岩气的成藏下限明显降低，如泥页岩的有机碳含量最低可降至0.3%，有机质成熟度可降低至0.4%，总含气量可降至0.4m³/t，天然气聚集的盖层厚度条件可降至零等，这一特点为页岩气形成和发育提供了广阔的空间。

（7）成藏与分布序列：在基础条件具备的典型盆地，从盆地中心向盆地边缘、从埋藏深部位向埋藏浅部位，在盆地的平面和剖面上依次可以形成煤层气、页岩气、致密砂岩气、水溶气、常规储层气以及天然气水合物等。页岩气是盆地内完整天然气系统的重要构成，是序列天然气的重要提供者。在平面和剖面上，页岩气可与其他类型天然气藏形成多种组合共生关系。

（8）开发工艺：页岩气储层的低孔低渗透特点明显，开发需要特殊的工艺和技术，核心的技术主要是水平井及储层压裂改造。页岩气的开发早期产量递减较快，但后期稳定时间较长。页岩气井生产周期一般可长达30～50年，且产水少，这与煤层气、致密气有显著区别。

总之，页岩气聚集机理特殊，具有烃源岩储层化、储层致密化、聚气原地化、机理复杂化和分布规模化等特点。从勘探实践角度看，页岩气分布广泛，资源量大、成藏门限条件低；从开发角度看，页岩气单井产能低、生产周期长、需要特殊的工艺和技术。

页岩气类型多种多样，可分别从盆地特征、沉积相特点、天然气生成机制、埋藏深度条件、含气量水平、地表工程状况以及勘探开发程度等许多方面进行类型划分。天然气的生成既受地质条件的约束，又对页岩气的勘探开发方法和技术具有重要影响，故基于泥岩地层中天然气生成条件的分类具有重要作用和意义。

（二）有机质特征

页岩气储层中含有大量有机质，其丰度与成熟度对页岩气资源量有重要影响。页岩气吸附实验结果表明，页岩有机碳含量与页岩气的生气率具较好的正相关性。在相同温压条件下，富有机质的页岩较贫有机质的页岩具有更多的微孔隙空间，能吸附更多的天然气，影响吸附气多寡的关键因素是有机碳含量的高低。

（三）矿物特征

泥页岩的矿物成分较复杂，矿物组成主要包括黏土矿物、石英、长石和碳酸盐等。常见的黏土矿物主要是高岭石、伊利石和蒙皂石等。自生矿物有铁的氧化物（褐铁矿、磁铁矿）、碳酸盐岩矿物（方解石、白云石和磷铁矿）、硫酸盐矿物（石膏、硬石膏和重晶石等），此外还有海绿石、绿泥石和有机质等。泥页岩中矿物组成的变化会影响页岩的岩石力学性质和孔隙结构等，对天然气的吸附能力也会产生重要的影响。与石英、方解石等脆性矿物相比，黏土矿物通常具有较多的微孔隙和较大的比表面积，因此对天然气有较强的吸附能力。但在饱和水的情况下，黏土矿物对天然气的吸附能力明显降低。

脆性矿物含量是影响页岩基质孔隙和微裂缝发育程度、含气性及压裂改造方式等的重要因素。页岩中黏土矿物含量越低，石英、长石、方解石等脆性矿物含量越高，岩石脆性越强。在人工压裂外力作用下越易形成天然裂缝和诱导裂缝，形成多树—网状结构缝，有利于页岩气开采。而高黏土矿物含量的页岩塑性强，吸收能量，以形成平面裂缝为主，不利于页岩体积改造。美国产气页岩中石英含量为 28%～52%、碳酸盐含量为 4%～16%、总脆性矿物含量为 46%～60%。

对我国的 3 种不同类型页岩的矿物组成进行测试后发现，无论是海相页岩、海陆过渡相碳质页岩，还是陆相页岩，其脆性矿物含量总体比较高，均达到 40% 以上，例如：上扬子区古生界海相页岩石英含量为 24.3%～52.0%、长石含量为 4.3%～32.3%、方解石含量为 8.5%～16.9%，总脆性矿物含量为 40%～80%；四川盆地上三叠统须家河组黏土矿物含量一般为 15%～78%，平均为 50% 左右，石英、长石等脆性矿物含量一般为 22%～85%，平均为 50% 左右。鄂尔多斯盆地上古生界含煤层系碳质页岩石英含量为 32%～54%，平均为 48%，总脆性矿物含量为 40%～58%；鄂尔多斯盆地中生界陆相页岩石英含量为 27%～47%，平均为 40%，总脆性矿物含量为 58%～70%。

岩石矿物组成对页岩气后期开发至关重要，具备商业性开发条件的页岩，一般其脆性矿物含量要高于 40%，黏土矿物含量小于 50%，蒙皂石类膨胀性黏土矿物不利于对后期储层压裂造缝。此外研究表明，页岩气储层中黏土矿物含量与吸附气含量具有一定的关系，其中最主要的是伊利石。

（四）孔隙度、渗透率特征

全球页岩油气资源十分丰富，至今尚未得到广泛勘探开发，其根本原因在于页岩的基质渗透率低（小于 0.001mD），开发难度增大。在已经投入商业性开发的页岩油气田中，页岩的天然裂缝系统通常比较发育，比如密执安盆地北部 Antrim 页岩生产带，主要发育北西向和北东向两组近垂直的天然裂缝，Fort Worth 盆地 Newark East 气田 Barnett 页岩气产量高低与岩石内部微裂缝发育程度密切相关。裂缝既可以作为页岩油气的储集空间，也可以成为油气的渗流通道，构成页岩油气从基质孔隙流入井底的重要通道。页岩油气开采储量的大小最终取决于储层内裂缝的产状、密度、组合特征以及张开程度。页岩储层与砂岩储层特征对比见表 1–3。

为了满足非常规油气储层精细刻画的要求，开发阶段对岩石物性特征的研究与勘探阶段对比，除了需要高密度采样以外，还需要包括岩石的孔隙度、渗透率及流体饱和度等实验分析项目。主要物性参数包括岩石渗透率、矿物组分、岩石脆性材料、岩石表面能及有关岩石孔隙结构特征的孔隙分布、孔喉半径等。

1. 页岩孔隙度与渗透率

页岩矿物粒径通常小于 63μm，微孔隙、微裂隙小于 50μm，孔隙度极小，有效孔隙度一般小于 10%，渗透率一般为 1×10^{-6}～1×10^{-4}mD，储集能力和渗透能力均较差。由于天然气中的主要成分甲烷分子的直径约 0.38nm，可以吸附的方式存在于有机质及黏土矿物表面，或以游离方式赋存于微孔隙、微裂隙中，因而页岩中的微孔隙、微裂隙也是有效的储集空间。从孔隙度与渗透率的关系来看，未经改造的原始泥页岩储层孔隙度与渗透率之间总体呈正相关关系，储层内裂缝的发育对渗透率的影响较大。当有裂缝发育时，较小的孔隙度也可以有较高的渗透率。反之，当裂缝不发育时，尽管孔隙度较大，但由于空隙间的连通性较差而可能导致储层渗透率很低。页岩层系中粉砂质岩类、细砂质岩类、碳酸盐岩夹层以及开启或未完全充填的天然裂缝也可提高储层渗透性。

表 1–3　页岩储层与砂岩储层特征对比表

对比项目	页岩储层	砂岩储层
岩石成分	矿物质、有机质	矿物质
生气能力	页岩本身有生气能力	无
储气方式	吸附、游离	游离
孔隙度	一般小于10%	一般大于5%
孔隙大小	多为中微孔	大小不等且以宏观孔隙为主
孔隙结构	双重孔隙结构	单孔隙或多孔隙结构
裂隙	发育裂隙系统	发育或不发育
渗透率	小	大
比表面积	大	小
开采范围	较大面积	圈闭以内
压裂	一般需要压裂	低渗透储层需要压裂

非常规油气储集体的岩石特征与常规油气储集体相比，在岩石孔渗特征、储集特征等方面有很大差别，主要表现在渗透率远远低于常规油气藏岩石的渗透率，平均孔隙半径远远小于常规岩石的平均孔隙半径，可应用脉冲衰竭法超低渗透率测试方法测定纳达西级别的岩石渗透率。

2. 孔隙结构

孔隙结构指储层中孔隙、喉道以及微裂缝之间的配置结构和关系，不同孔隙（裂缝）结构的储层具有不同的储集特征。根据毛管压力曲线形态及主要参数，可对泥页岩的微观储集特征进行分析。压汞饱和度是反映岩石颗粒大小、均一程度、胶结类型、孔隙度、渗透率及裂缝的一个综合指标。以我国南方渝东南地区渝页1井剖面龙马溪页岩为例，对近50块的压汞曲线进行了分析，均表现为排驱压力高、细歪度和孔喉直径小等特点。

（五）微裂缝特征

泥页岩内的微裂缝是游离相石油和天然气聚集的重要场合，微裂缝发育程度是决定泥页岩油气藏品质的重要因素。一般来说，泥页岩油气藏内微裂缝越发育，其天然储集和渗流条件就越优越，后期改造效果也就越好，所形成的油气藏品质也就越高。泥页岩微裂缝发育同时受到外因和内因的控制。外因主要与生烃过程、地层孔隙压力、地应力特征、断层与褶皱特征等地质因素相关，内因主要取决于成岩作用、页岩矿物学及岩石力学等特征。脆性矿物（如硅质、碳酸盐等）富集的泥页岩比主要由黏土矿物构成的岩石更容易压裂并产生裂缝。一般认为，当力学背景相同时，泥页岩中的矿物成分及含量是影响裂缝发育程度的主要因素。那些富含有机质且石英含量较高的富有机质泥页岩脆性较强，容易在外力的作用下形成构造裂缝，有利于油气富集程度的提高。当塑性矿物含量较高时，裂缝发育程度相对较低。Nelson（1985）认为，石英、长石和白云石含量的增加将导致页岩可压裂程度的提高。

目前，井壁成像测井和阵列声波测井是评价页岩地层裂缝的最佳手段，其次是双侧向测井、微球形聚焦测井以及孔隙度测井。

第二节 "甜点"评价技术

页岩气"甜点"指最佳的页岩气勘探与开发的区域或层位，主体上表现为具有较大的页岩厚度和规模，有机质含量高，处于"生气窗"，含气率高，具有较强的可压裂性，地表条件良好等。针对开发页岩气"甜点"也可分为地质"甜点"区、工程"甜点"区。在整个页岩气的压裂改造中主要是寻找油气显示较好区、裂缝区或者是具有较好脆性而易形成破碎带和裂缝的区域，通过在这样的"甜点"区域内实施压裂作业，可达到提高压裂效果、节约施工成本的目的。

页岩气"甜点"区的选取要根据页岩的有机碳含量和矿物组成进行合理选取评价，见表1-4。钙质页岩有机质含量少，吸附气、游离气含量也少，但是易受压破裂，为工程"甜点"区；砂质页岩中孔隙和生油岩近源，往往有油气储存，兼有地质甜点区和工程"甜点"区的特征；黑色黏土质页岩则有机质丰富，根据热演化的程度往往赋存有丰富的吸附气和游离气，大多为地质"甜点"区。

表1-4 "甜点"区评价参数汇总表

地质参数	工程参数
脆性矿物含量、黏土矿物含量、页岩厚度、总孔隙度、有机质孔隙度、热演化程度、总含气量、游离气比例、基质渗透率、天然裂缝发育程度、压力系数、杨氏模量和泊松比	脆性指数（基于施工曲线中脆性区和弹性区的面积及对应的排量计算）、施工液量和加砂量

根据以上页岩不同的特性可知：钙质页岩工程"甜点"性较地质"甜点"性好，砂质页岩地质及工程"甜点"性均较好，黑色黏土质页岩地质"甜点"性优于工程"甜点"性。因此，压裂段应选取地质及工程"甜点"性均较好的区域。

一、地质甜点评价技术

（一）地质"甜点"评价参数

1.页岩有效厚度
页岩有效厚度指含气页岩储层的厚度，也即黑色岩系中高伽马富有机质页岩储层（气层）的厚度。要达到页岩气的规模、效益化开发目标，一般要求页岩气储层在区域上呈连续稳定分布（数千至上万平方千米），而且在纵向上连续分布的厚度也较大。页岩有效厚度越大，页岩气资源越丰富，其勘探潜力亦越大。一般而言，页岩气藏的页岩有效厚度最好大于 15m，核心区的页岩有效厚度最好在 30～50m。

2. 矿物含量及组分

页岩的矿物成分较复杂，石英含量高，且多呈黏土粒级，常以纹层形式出现。而有机质、石英含量都很高的页岩脆性较强，容易在外力作用下形成天然裂缝和诱导裂缝，有利于天然气渗流，说明岩性、岩石矿物成分是控制裂缝发育程度的主要内在因素。由于页岩具有低孔隙度、低渗透率的特性，产气量不高，而其中的天然裂缝弥补了这一不足，大大提高了页岩气产量。裂缝改善了页岩的渗流能力，裂缝既是储集空间，也是渗流通道，是页岩气从基质孔隙流入井底的必要途径。并不是所有优质烃源岩都能够形成具有经济开采价值的裂缝性油气藏，只有那些低泊松比、高弹性模量、富含有机质的脆性页岩才是页岩气资源的首要勘探目标。

3. 孔隙度

在常规储层中，孔隙度是描述储层特性的一个重要方面，页岩储层也是如此。作为储层，页岩多显示出较低的孔隙度，一般介于 4%～6%，当然也可以有很大的孔隙度，且在这些孔隙里储存大量的游离气，即使在较老的岩层，游离气也可以充填孔隙的 50%。游离气含量与孔隙体积的大小密切联系。一般来说，孔隙体积越大，所含的游离气量就越大。

4. 总有机碳含量 TOC

在裂缝性页岩气系统中，页岩对气的吸附能力与页岩的总有机碳含量之间存在线性关系，原因有两方面：其一，由于页岩气运移距离短，含气面积常常与页岩的分布面积相当；TOC 高，生气潜力大，由于运移不出去，其单位面积页岩的含气率也高。其二，由于有机质含有大量微裂隙，有机质颗粒对气体有较强的吸附能力，同时烃类气体在无定形和无结构的基质沥青质体中的溶解作用也有利于增加气体的吸附能力。一般情况下，页岩的颜色越暗，总有机碳含量越高。

在相同压力下，总有机碳含量较高的页岩比其含量较低的页岩的甲烷吸附量明显要高。页岩气除了被有机质表面所吸附之外，还可以吸附在黏土的表面（干燥）。在有机碳含量接近和压力相同的情况下，黏土含量高的页岩所吸附的气体量要比黏土含量低的页岩高，而且随着压力的增大，差距也随之增大。

5. 热成熟度 R_o

在热成因的页岩气储层中，有机质的热成熟度可用来评价其烃源岩的生烃潜力。适中的有机质热成熟度有利于大型页岩气藏的形成。热成熟度不仅能够影响有机物质表面的天然气吸附数量，而且随着热演化程度增高，烃类的增加将导致页岩地层压力增大，从而提高气体的吸附性能；另外随着热成熟度不断增加，页岩地层压力增大到一定程度，导致微裂缝产生，给游离气提供了很好的储集空间。因此，掌握页岩的有机质热演化程度有助于预测具有商业开发价值的页岩气藏。

一般认为页岩气藏的热演化成熟度较理想的范围在 0.6%～2.0%，其最小临界值是 0.4%～0.6%，当 R_o 大于 0.4% 时，页岩中既然有烃类气体产生，也就有可能在页岩中聚集形成气藏。

6. 含气性

页岩气区根据含气性可划分为核心区、外围区。页岩含气量是衡量页岩气核心区是否具经济开采价值和进行资源潜力评价的重要指标。页岩含气量包括游离气、吸附气及溶解气等。哈里伯顿公司认为商业开发远景区的页岩含气量最低为 2.8m³/t。目前北美已实现商业开发的页岩，其含气量最低约为 1.1m³/t，最高达 9.91m³/t。实测发现四川盆地下寒武统筇竹寺组黑色页岩含气量为 1.17～6.02m³/t，平均为 2.82m³/t，龙马溪组黑色页岩含气量为 1.73～3.28m³/t，与北美地区产气页岩的含气量相比均达到了商业性页岩气开发下限，具备商业性开发价值。

（二）地质"甜点"参数测量方法

页岩压裂地质"甜点"在地球化学、储层评价和脆性评价方面表现为：（1）有机碳含量较高。有机碳含量对于非常规页岩地层开发来说是其物质基础，它决定了一个储层是否有开采价值。（2）天然裂缝发育。天然裂缝的发育程度直接与压后产量相关，储层中的天然裂缝不仅储藏着大量的游离气，同时也是页岩气产出的通道。（3）孔隙度和渗透率高。孔隙度极大地影响着烃类的总含量，它直接决定着储层中最终能开采的气量。（4）气测显示较高。气测是一种直接的方法来显示储层中含气量的多少，气测含气量较高的部位应该是 TOC、孔隙度、渗透率都较高的部位。（5）水平井穿行在储层中的有利位置。水平井在储层中的有利部位，有利于压裂时纵向沟通更多的页岩气，它也决定着储层中最终能开采的气量。

1. 测井方法

测井技术关乎页岩气层、裂缝、岩性的定性与定量识别。成像测井可以识别出裂缝和断层，并能对页岩进行分层。声波测井可以识别裂缝方向和最大主应力方向。电阻率测井能够识别油气水层，通常情况下，油气层电阻率较高而水层电阻率较低。密度测井也可以识别油气水层，油气水层密度大小依次为：水层＞油层＞气层。中子测井可以定性判断储层中束缚水及有机质含量的高低。地层元素测井通过测量的图谱进行分析，可以确定岩石黏土、石英、碳酸盐、黄铁矿等含量，可以准确判断岩性，进而识别储层特征。应用声波扫描测井、中子密度测井、成像测井来综合计算岩石力学参数，有利于确定有利层段、优选射孔位置、合理设计压裂工艺。此外，通过岩心与测井对比建立解释模型，还可以获取含气饱和度、含水饱和度、含油饱和度、孔隙度、有机质丰度、岩石类型等参数。

近年来，以成像、核磁共振、阵列声波、高分辨率感应等为代表的测井新技术正在非常规油气藏的勘探中发挥着越来越重要的作用。目前应用效果较好的测井新技术系列有元素俘获能谱测井（ECS）、阵列声波测井、井壁成像测井、核磁共振测井、自然伽马能谱测井、感应测井等，不同测井新技术的评价参数见表1–5。

表 1-5　不同测井新技术的评价参数

技术系列	技术项目	评价页岩储层的参数
录井技术系列	地球化学录井	TOC
	核磁录井	孔隙度、有效孔隙度、渗透率、含油饱和度
	XRF 及 XRD 录井	脆性矿物、黏土含量
测井技术系列	自然伽马能谱	TOC、黏土矿物成分及含量
	核磁共振成像	孔隙结构、有效孔隙度、渗透率、含油饱和度
	微电阻率扫描成像（FMI）	研究页岩沉积、构造、裂缝、地应力方向、岩性
	ECS	计算页岩矿物组成、岩性、脆性矿物含量、TOC、含气量

元素俘获能谱测井可以定量确定地层中硅、钙、铁、硫、钛等元素的含量，进而精确分析页岩的矿物成分。此外，ECS 与常规测井结合，还可以确定干酪根类型，计算有机碳含量。

阵列声波测井可提供纵波、横波和斯通利波等信息。利用快慢横波分离信息，可以评价由于裂缝（或地应力）引起的地层各向异性；利用斯通利波信息可以分析裂缝及其连通性。

声、电井壁成像测井能够提供高分辨率井壁图像，可用于裂缝类型与产状分析，定量计算裂缝孔隙度、裂缝长度、宽度、裂缝密度等评价参数。另外，利用井壁成像进行的力学分析和纵向非均质性评价，对指导页岩气的储层改造和高效开发具有重要的意义。

自然伽马能谱测井能够得到地层中铀、钾、钍的含量。通常情况下，干酪根的含量与铀的含量呈正相关关系，而放射性元素钍和钾的含量与干酪根含量没有相关性，因此常用钍铀比来评价地层有机质含量和生烃潜力。

核磁共振测井可以排除复杂岩性的影响，更加准确地得到页岩储层孔隙度、孔隙流体类型以及流体赋存方式等信息，从而更精确地评价页岩油气藏。"核磁共振"中的"核"指氢原子核，"磁"指磁性，包括氢核的磁性和外加磁场，而"共振"是用与 Larmor 相同频率的射频脉冲磁场 B₁ 激发它，此时发生核磁共振现象。核磁共振测井直接探测地层中氢核的磁响应特征，借以直接确定孔隙度大小、并区分油、气、水层。

页岩压裂地质甜点在常规测井曲线上具有"四高四低"的典型响应特征，即高自然伽马、高电阻率、高声波时差、高中子、低体积密度、低补偿中子、低钍、低钾。

（1）自然伽马测井呈高值。其原因包括两方面：① 页岩中泥质、粉砂质等细粒沉积物含量高，放射性强度随之增强；② 页岩中富含干酪根等有机质，干酪根通常形成于一个放射性铀元素富集的还原环境，因而导致自然伽马测井相应升高。

（2）电阻率测井表现为低值背景上的相对高值。一般来说，页岩中泥质含量高，且含有较多的束缚水，导致储层呈现低阻背景，而有机质和烃类具有的高电阻率物理特征，致使含油气页岩电阻率测井值升高。

（3）声波时差测井呈高值。随着页岩中有机质及含气量的增加，声波速度降低，声波时差增大，在含气量较大或者含气页岩内发育裂缝的情况下，声波测井值将急剧增大，甚至出现周波跳跃现象。

（4）中子测井响应呈高值。页岩中束缚水及有机质含量较高，可以显著抵消由于天然气造成的氢含量下降，致使含油气页岩中子测井响应表现为高值。

（5）密度测井值呈低值。一般页岩密度较低，随着页岩中有机质和烃类气体含量增加，密度测井值将进一步减小；如遇裂缝段，密度测井值将变得更低。另外，页岩段一般出现扩径现象，且有机质含量越高、脆性越好的页岩段，扩径越明显。

（6）补偿中子测井反映地层的含氢指数，黏土含量较高，页岩束缚水含量较高，具有较高的中子测量值；而富有机质含气页岩中干酪根和天然气含氢指数低于黏土矿物中的结晶水，使中子测量值偏低，且高 SiO_2 的优质页岩黏土矿物含量较低，中子测量值一般较低。

（7）自然伽马能谱测井采用能谱分析的方法，可定量测定 U、Th、K 的含量及地层总的伽马放射性强度，由于不同黏土矿物中铀、钍、钾的含量以及对放射性元素的吸附能力不同，因而对自然伽马能谱测井的响应值各不相同。根据自然伽马能谱测井，富有机质页岩段铀的含量增大，而钍和钾的含量相对较低。

2. 室内物理实验方法

通过岩心实验、流体性质分析，分析页岩层物理特征（孔隙度、渗透率、流体饱和度等）和岩性特征，包括全岩矿物成分与含量、脆性矿物成分与含量、黏土矿物成分与含量、脆性指数。开展酸溶性实验、流体敏感性实验分析，有利于识别有利层段，标定测井，优化完井和压裂设计。

1）岩石薄片鉴定与化学分析技术

通过粉碎后均一化岩石样品的 X 射线衍射分析，确定岩石中常见矿物的相对组成。通过岩石薄片的透射光和正交偏光光学鉴定，了解岩石中碎屑矿物、自生矿物和成岩胶结物的共生关系。通过岩石光片（或薄片）的透射光和荧光鉴定、镜质组反射率测定，明确岩石中有机质类型和成熟度。

2）天然气组分和稳定碳同位素分析技术

针对页岩中不同赋存状态的气体，通过不同的物理化学方法使之解吸出来，分析气体成分和单体碳、氢同位素组成特征，进而对页岩气组成、成因类型、分布规律和赋存机理进行研究。美国休斯敦 GeoMank Rewarch 实验室研究指出利用页岩气的组分含量与同位素的变化规律还可进行页岩气潜力评价及高含气量区块预测；基于同位素分馏效应，检测页岩中游离气和吸附气之间同位素的差异可判识页岩基质孔隙度和渗透率较好的地区。

3）页岩气含气量测试技术

页岩含气量是确定页岩气有无开采价值的决定性参数，为页岩储层评价、有利区优选提供依据。目前可采用直接测试技术和分类测定方法。直接测试通过保压取心和密封取心方式，保存大部吸附气和部分游离气，防止岩心中油气水散失，所取得的数据资料更能真实反映地层情况。而目前通过分别计量页岩中的解吸气量、残余气量和损失气量来获取页岩气的总含气量的分类测定方法应用较为广泛。其中，损失气量特指钻遇页岩层后到岩样被装入样品解吸罐密封之前从页岩样中释放的气体量；解吸气量是指将岩样放入热稳压解吸罐中密封后，从页岩样中解吸出来的气体量；残余气量定义为解吸后仍残留在样品中的气体量，通过岩石破碎提取。其中，损失气含量是影响含气量测试精度的最主要部分，常用 USBM 直线回归法进行估算，避免或少用不稳定数据点进行计算可以更准确地求得损失气量。针对当前页岩解吸实验装备的缺陷，中国地质大学（北京）提出一种改进的解吸气测量设备及其实验方法，能够更准确地测定解吸气量。依据井场作业环境，对热稳压解吸罐、岩石密闭破碎装置以及体积计量设备进行系统设计整合，实现页岩含气量的现场快速准确测试是其技术发展的必然趋势。

4）页岩油气资源岩石物性特征

页岩主要物性参数包括岩石渗透率、孔隙度、流体饱和度、岩石润湿性、比表面积、岩石表面能及有关岩石孔隙结构特征的孔隙分布、最大孔喉半径、平均孔喉半径、迂曲度等。非常规油气储集体的岩石特征与常规油气储集体相比，在岩石孔渗特征以及储集特征等方面有很大差别，主要表现在渗透率远远低于常规油气藏岩石的渗透率，平均孔隙半径远远小于常规岩石的平均孔隙半径，但是比表面积和表面能远远高于常规油气藏岩石，针对常规岩石分析而建立的岩心分析方法不能完全适用于非常规油气层岩心分析。针对非常规油气藏岩心分析的相关方法、技术设备主要包括：

（1）脉冲衰竭法超低渗透性测试研究。利用该方法可以测定渗透率为纳达西级别的岩石渗透率。

（2）BET 吸附法（GB/T 19587—2017《气体吸附 BET 法测定固态物质比表面积》）孔隙结构及比表面积测定。利用该方法可以测定岩石的孔隙度、孔径分布、比表面积，并以此推算其表面能，该方法只能测定半径小于 200nm 的孔隙分布，大于该尺寸的孔径分布应用压汞法或者离心毛管压力法进行测定。

（3）页岩孔隙结构微观可视化研究。页岩孔隙结构的微观特征可以通过高清晰光学显微镜和扫描电镜等手段进行直接观测，也可以通过核磁共振成像、X 射线 CT 成像技术进行观测。

（4）页岩油气微观赋存特征与岩石物性相关性研究。直接测定方法难以获得有关流体在致密砂岩和页岩中油气的微观赋存状态的可靠结果。最恰当的方法是将带压取心技术、高压核磁共振成像、岩石润湿性分析、色谱分析等多种手段结合。

3. 地球物理与地球化学方法

1）地球物理方法

地球物理评价重点描述页岩段的地应力场（包括最大水平主应力、最小水平主应力、地应力方位、地应力剖面）和天然裂缝特征（密度、方位、原地状况等）。其中，地应力场分析在该部分暂不讨论。

利用地震资料进行裂缝检测的研究，先后经历了横波勘探、多波多分量勘探和纵波裂缝检测等几个阶段。近几年来，在用纵波地震资料进行裂缝勘探方面取得了长足的进步，并开始由以前的定性描述向利用纵波资料定量计算裂缝发育的方位和密度方向发展。在利用三维地震资料进行构造、断层（包括小断层）的精细解释基础上，采用三维可视化技术、泥岩裂缝储层特征反演技术、地震资料相干分析和曲率分析技术、全方位地震信息进行的 AVAZ 和 VVAZ 技术、地震频率、振幅变化率、波形、地震层速度等多种方法，综合识别和预测泥页岩裂缝发育区。

2）地球化学方法

利用地球化学分析技术，在页岩生烃潜力评价方面，分析有机碳含量、有机质类型、有机质热演化程度，在页岩岩心实验和评价方面，分析自由气、吸附气含量，分析岩相和流体关系，间接识别储层流体性质和有利目的层段。

二、工程"甜点"评价技术

（一）工程"甜点"评价参数

1. 矿物含量

页岩是由多种矿物成分组成的一种复杂岩石，黏土矿物往往是其主要成分之一，主要为伊利石、蒙皂石和高岭石。除了黏土矿物之外，页岩中还含有大量的碎屑矿物和自生矿物，包括石英、方解石、长石和云母等。页岩气进行体积压裂作业时，可压裂性是决定页岩气产量的一个重要因素。页岩的可压裂性取决于页岩中脆性矿物的含量，脆性矿物含量越高，其可压裂性就越强，也就越有利于增产处理。蒙皂石水敏性强，遇水易膨胀、分散和运移，导致岩石渗透率下降，因此要求储层中膨胀性蒙皂石含量不能太高。美国目前发现的含气页岩中石英含量一般分布在 28%～52%，碳酸盐岩占 4%～16%，黏土矿物占 8%～25%，石英和碳酸盐岩等脆性矿物含量之和一般超过 40%，Barnett 页岩全岩矿物分析见表 1–6。

表 1–6 Barnett 页岩全岩矿物分析结果

矿物组分	最小值（%）	最大值（%）	平均值（%）
方解石	0	73	16.1
（铁）白云石	0	41	5.6
菱铁矿	0	2	1
石英	8	58	34.3
长石	3	12	6.6
黄铁矿	1	46	9.7
磷酸盐	0	14	3.3
黏土矿物	7	48	24.2

四川盆地南部地区下古生界龙马溪组和筇竹寺组页岩脆性矿物主要为石英，其次为斜长石、方解石、白云石和黄铁矿，其中石英平均含量分别为 37.3% 和 41.4%，黏土矿物平均含量分别为 35.2% 和 28.5%，矿物成分和含量与 Barnett 页岩相近。黏土矿物主要为伊利石，其次为绿泥石和伊/蒙间层，较 Barnett 页岩演化程度高（表 1-7）。

表 1-7　四川盆地南部下古生界黏土矿物含量表

层位		黏土矿物含量（%）				间层比（%）
		伊利石	伊/蒙间层	高岭石	绿泥石	
龙马溪组	平均值	49.6	24.2	0	25.8	—
	最小值	3	0	0	0	10
	最大值	100	94	0	95	40
筇竹寺组	平均值	65	12.3	0	22.7	—
	最小值	18	0	0	4	10
	最大值	95	78	0	70	10

2. 岩石力学性质

页岩一般选择体积压裂的增产改造方式，因此，页岩储层的岩石力学性质是储层评价的重要内容，是判断脆性程度的重要参数。页岩的岩石力学性质可通过泊松比、杨氏模量和岩石脆性等参数来刻画。北美地区页岩气勘探开发实践表明，并不是所有优质烃源岩都能够形成具有经济开采价值的裂缝性油气藏，只有那些低泊松比、高弹性模量、富含有机质的脆性页岩才是页岩气资源的首要勘探目标。

1）泊松比和杨氏模量

岩石的泊松比是岩石横向应变与纵向应变的比值，也叫横向变形系数，它是反映岩石横向变形的弹性常数。泊松比的大小反映了岩石弹性的大小。岩石的杨氏模量指其所受张应力与张应变的比值，它是描述岩石抵抗形变能力的物理量，即反映岩石的刚性大小。

美国主要产气页岩杨氏模量一般为 15～44GPa，泊松比介于 0.11～0.35，具有高弹性模量、低泊松比特征。川南地区下古生界龙马溪组和筇竹寺组泊松比和杨氏模量分别为 0.1～0.27 和 15.8～40.8GPa（表 1-8），与美国主要产气页岩相当，具有高弹性模量、低泊松比特征，质地硬而脆，适宜人工压裂造缝。

表 1-8　四川盆地下古生界富有机质页岩岩石力学参数

井位	层位	泊松比	杨氏模量（GPa）
威 201	龙马溪组	0.22	15.8
	筇竹寺组	0.23	59.1
长芯 1	龙马溪组	0.10～0.25	8.6～40.8
宁 201	龙马溪组	0.20～0.27	19.4～37.6

2）岩石脆性

对不同性质的岩石进行连续加压时，岩石可能表现为脆性、塑性和塑脆性三种变形形态。在外力作用下，岩石只改变其形状和大小而不破坏自身的连续性，称为岩石的塑性。而在外力作用下，直至破碎并无明显的形状改变，称为岩石的脆性。岩石力学性质评价中，当无法获取杨氏模量及泊松比参数时，可采用 X 射线衍射全岩矿物组成法对岩石脆性进行分析。Dan Jarvie 等定义了基于矿物含量的脆性计算公式：

$$\beta = \frac{C_{quarte}}{C_{quarte} + C_{clay} + C_{carbonate}} \times 100\% \qquad (1-1)$$

式中　β——基于矿物含量的脆性指数；

$\quad C_{quarte}$——石英含量，%；

$\quad C_{clay}$——黏土矿物含量，%；

$\quad C_{carbonate}$——碳酸盐岩含量，%。

利用岩石力学参数也可计算脆性指数，该脆性指数基于页岩岩石力学参数。公式如下：

$$\begin{cases} YM_{BI} = \dfrac{YMS_c - 1}{8 - 1} \times 100\% \\[2mm] PR_{BI} = \dfrac{PR_c - 0.4}{0.15 - 0.4} \times 100\% \\[2mm] BI = \dfrac{YM_{BI} + PR_{BI}}{2} \end{cases} \qquad (1-2)$$

式中　BI——基于岩石力学参数的脆性指数；

$\quad YM_{BI}$——归一化杨氏模量；

$\quad PR_{BI}$——归一化泊松比；

$\quad YMS_c$——静态杨氏模量，10GPa；

$\quad PR_c$——静态泊松比。

3. 地应力条件

地应力研究仍属于岩石力学性质分析范畴，对致密页岩储层进行水平井钻井和压裂时，必须精确确定页岩气储层地应力。地应力指存在于地壳中未受人为干扰的天然内应力，主要由地壳内部的构造运动、岩体的自重及其他内部作用力构成。油气储集区域的地层构造应力大小和方向与油气井钻探和开发有着密切关联，现今地应力方向的分析可以为压裂和注水等生产措施提供依据。通常认为，地应力主要由上覆岩层压力、地层孔隙压力和构造应力等构成。

1）上覆岩层压力

上覆岩层压力是覆盖于地层之上的岩石和岩石孔隙总重对地层造成的压力，通常认为上覆岩层压力与垂向应力基本相等。

2）孔隙压力

孔隙压力也称为孔隙流体压力，根据封闭条件的不同，地层主要分为正常压力地层和异常压力地层，当地层孔隙流体压力比正常地层压力高出 1.2 倍时，称为异常高压地层，若低于正常压力的 0.8 倍，则称为异常低压地层。页岩气藏进行体积压裂后开采方式通常为衰竭式开采，若地层孔隙压力较高，有利于页岩气藏稳产提高采收率。涪陵区块龙马溪组及五峰组地层压力系数在 1.25～1.48，为异常高压气藏。

3）水平主应力

在地下的岩体中存在着三个在方向上相互垂直的主地应力（图 1-3），即由岩体自重引起的垂向地应力 σ_v、最大水平应力 σ_H 和最小水平应力 σ_h，其中水平地应力主要是由构造应力构成。根据三个主应力间的关系，又可分为三种类型，即：正常地层应力类型（ $\sigma_v > \sigma_H > \sigma_h$ ）、走滑地层应力类型（ $\sigma_H > \sigma_v > \sigma_h$ ）和反转地层应力类型（ $\sigma_H > \sigma_h > \sigma_v$ ）。对于页岩压裂而言，邻层的最小主应力与目的层最小主应力之差是决定裂缝纵向延伸的主要因素；最小水平主应力决定着裂缝宽度的大小；最大水平主应力与最小水平主应力的差值决定着在体积压裂过程中能否在地层形成复杂裂缝网络。通常以水平应力差异系数 ζ 表示，当 $\zeta < 0.3$ 时，认为进行体积压裂后能够在储层中形成复杂裂缝网络；当 $0.3 < \zeta < 0.5$ 时，认为体积压裂后在储层中形成的裂缝网络一般；当 $\zeta > 0.5$ 时，认为体积压裂在储层中不能形成复杂裂缝网络。

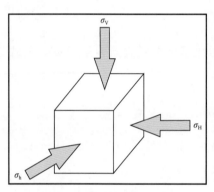

图 1-3　地应力空间示意图

$$\zeta = \frac{\sigma_H - \sigma_h}{\sigma_h} \tag{1-3}$$

式中　ζ——水平应力差异系数；

　　　σ_H——最大水平应力，MPa；

　　　σ_h——最小水平应力，MPa。

4. 固井质量

目前，页岩气井固井主要存在三个问题：（1）水泥石力学性能难以满足要求，页岩气水平井一般都需要大型体积压裂，需水泥石具有高强的弹韧性及耐久性；（2）第二界面封固质量差，这是由于页岩气水平井采用油基钻井液，处于油润湿环境，下水泥浆与井壁、套管壁的胶结不易；（3）水平段套管居中度差，影响顶替效率，主要由于套管居中度差，底边窜槽。

良好的固井胶结质量和水泥石性能是页岩气水平井长期生产寿命和水力压裂有效性的重要保证。页岩气井水泥浆设计不仅要考虑层间封隔和支撑套管，而且要考虑到后续的压裂增产措施。页岩气井固井要求水泥浆稳定性好、无沉降，不能在水平段形成水槽；失水量小，储层保护能力好；具有良好的防气窜能力，稠化时间控制得当；流变性控制合理，顶替效率高；水化体积收缩率小等。

水泥石属于硬脆性材料，形变能力和止裂能力差、抗拉强度低。页岩气水平井的储层地应力高且复杂，套管居中度差引起水泥环不均匀，射孔和压裂施工时水泥环受到的冲击力和内压力大，这些因素易引起水泥环开裂破坏。被破坏后的水泥环将失去层间封隔和保护套管的作用，将严重影响压裂效果和产能。因此，页岩气井固井不仅要求水泥环有适宜的强度，而且还要有较好的抗冲击能力和耐久性，在井的整个生命周期中都能保证力学完整性。此外，高温高压条件下，地层腐蚀介质对水泥石的长期腐蚀也是需要重视的一个问题。

（二）工程"甜点"参数测量方法

工程"甜点"参数测试方法与地质"甜点"参数测试方法相同，主要分为测井、室内物理实验及地球物理三种方法。

1. 测井方法

测井技术主要用于对页岩气层、裂缝、岩性的定性与定量识别以及岩石力学参数的测试。

声波测井可以识别裂缝方向和最大主应力方向，通过横纵波时差可以计算岩石动态弹性模量、泊松比及剪切模量。应用声波扫描测井、中子密度测井、成像测井来综合计算岩石力学参数，有利于确定有利层段，优选射孔位置、合理设计压裂工艺。应用偶极子声波测井可以研究页岩岩石力学参数、各向异性及地应力等。

2. 室内物理实验方法

通过岩心实验、流体敏感性实验、孔隙压力、三轴应力分析，可以得到准确的岩石力学参数，评价基于力学参数表征的脆性指数以及水平应力差异系数，综合评价储层能否形成复杂裂缝网络。

页岩的岩石力学特性不同于砂岩和碳酸盐岩，主要表现在微观和宏观非均质性及裂缝对油气产量的影响：

（1）页岩岩石力学参数测试。通过岩石力学系统测定岩石的杨氏模量、泊松比、脆性、破裂压力、应力应变曲线等岩石力学参数，目前常用的岩石力学系统有单轴加载岩石力学机、两轴向岩石力学机及三轴向岩石力学系统等。

（2）页岩开发过程中的应力敏感性特征研究。研究开发条件下，随着储层压力下降，裂缝闭合和孔隙喉道压缩对渗透性的影响。

需要指出的是，目前页岩工程"甜点"参数测试主要是通过室内物理实验得到的，且该测试方法准确性较高，具有较好的参考价值。

3. 地球物理方法

通过研究表明，拉梅系数λ能够反映地下应力场的分布。因此可以通过AVO（Amplitude Versus Offset，振幅随偏移距变化）反演分析地下应力场的变化，从而预测有利的压裂区域。通过将孔隙压力和构造运动等因素整合到水平方向上的主应力计算中，将其称为水平方向上的最小闭合压力，即岩石破裂产生裂缝所需要的最小压力。水平闭合压力越小，工程压裂时越容易产生裂缝，从而提高页岩的产量。如果想利用 AVO 反演结果来预测最小闭合压力的空间分布，需要将弹性性质项、孔隙压力和构造运动项与介质的拉梅系数建立一定的联系。利用这种联系进行过渡，从而通过拉梅系数能够直接反映储层的最小闭合压力分布。Perez 详细地讨论了拉梅系数对最小闭合压力的影响，孔隙压力对最小闭合压力的影响和构造运动对最小闭合压力的影响，并将这种关系转换到了 $\lambda\rho-\mu\rho$ 域，用来研究 $\lambda\rho$、$\mu\rho$ 与岩石的弹性性质项、孔隙压力和构造运动项之间的关系。

通过综合分析得出：（1）低 λ/μ 对应较小的最小闭合压力；（2）低 $\lambda\rho$ 意味着较高的孔隙压力，从而预示较小的最小闭合压力；（3）高 $\mu\rho$ 值和低 $\lambda\rho$ 值的方向对应于裂缝走向垂直的方向，因而预示着较小的最小闭合压力。在井约束条件下，可以对它们之间的关系进行控制和校正。因此，利用计算可以对 AVO 反演结果进行直接解释，从而预测最小闭合力的空间分布。综合脆性预测结果和最小闭合压力的预测结果，能够更好地圈定有利的压裂区域。

第三节　页岩气水平井体积压裂技术概况

页岩虽然具有厚度和较大的平面展布，具有分布广、比表面积大、规模大、储量大等特点，但页岩又具有孔隙度小、渗透率低、连通性差等特点，页岩气以吸附和游离状态赋存于页岩微小孔隙中。依据常规油气藏理论，页岩是不能形成气藏的，也不具备开采的经济价值。但是，随着认识和工艺技术的进步，特别是水平井钻井和分段压裂技术的发展与成熟，通过水力压裂的方式，使天然裂缝不断扩张和脆性岩石产生剪切滑移，形成天然裂缝与人工裂缝相互交错的裂缝网络，从而增加改造体积，形成体积裂缝，增大裂缝壁面与储层基质的接触面积，使得油气从任意方向的基质向裂缝的渗流距离最短，降低渗流时间和压降损失，达到流体流动体积最大化。施工中利用直井分层压裂技术和水平井分段压裂技术，采用大排量、大液量、低黏液体以及转向材料等工艺技术，形成体积裂缝，最大限度提高储层动用率，提高页岩气单井产能。因此，水平段压裂技术成为开发页岩气的关键技术。

一、体积裂缝

常规水力压裂技术是建立在以线弹性断裂力学为基础的经典理论下形成的，该技术的最大特点就是假设水力压裂人工裂缝起裂模式为张开型，且沿井筒射孔层段形成双翼对称裂缝。这种常规认识的压裂裂缝形态以一条高导流的人工裂缝实现对储层渗流能力的改善，人工裂缝的垂向上仍然是基质向裂缝的"长距离"渗流，该方式最大的缺点是储层垂向主裂缝的渗流能力未得到改善，仅以人工裂缝为主要流动通道，无法改善储层的整体渗流能力。后期的研究中尽管研究了裂缝的非平面扩展，但也限于多裂缝、弯曲裂缝、T形缝等复杂裂缝的分析与表征，基本理论方向没有突破。

水力压裂时，延伸过程中当裂缝的净压力大于两个水平主应力的差值与抗张强度之和时，在人工裂缝延伸的同时容易产生分叉缝，多个分叉缝存在时就会形成"缝网"系统。主裂缝为"缝网"系统的主干，分叉缝在距离主裂缝延伸一定长度后又恢复受应力方向的进一步延伸，最终形成纵横交错的"网状缝"系统，这就是现在说的"体积裂缝"。

目前，体积压裂具有广义和狭义区别，广义的体积压裂概念为：提高储层纵向动用程度的分层压裂和提高储层渗流能力及增大储层泄油面积的水平井分段改造技术。狭义的体积压裂概念为：通过水力压裂对储层实施改造，在形成一条或者多条主裂缝的同时，使天然裂缝不断扩张和脆性岩石产生剪切滑移，实现对天然裂缝、岩石层理的沟通，以及在主裂缝的侧向强制形成次生裂缝，并在次生裂缝上继续分支形成二级次裂缝，以此形成天然裂缝与人工裂缝相互交错的裂缝网络，从而进行渗流的有效储层打碎，实现对储层在长、宽、高三维方向的"立体改造"，增大渗流面积及导流能力，提高初始产量和最终采收率。

因此，页岩气的体积压裂是以改造出裂缝体积为目标，压裂改造体积（SRV）是Mayhofer于2006年提出的概念，指微地震波监测到的增产区面积与页岩气储层厚度的乘积。这些相互连通的裂缝成为天然气的储集空间及渗流通道，根据部分检测数据表明，形成的裂缝体积与压后的效果呈明显的正相关，这也是页岩气储层体积压裂的意义所在。

二、体积压裂

（一）体积压裂技术发展概况

页岩气储层改造，考虑其与常规储层的差异，经过30多年的发展逐渐形成自己的特色技术，在完井方式、压裂工艺、压裂材料、压裂规模等方面逐渐走向成熟。页岩储层压裂工艺大体经历了4个阶段：

第1阶段：1997年之前，页岩储层开展大规模水力压裂试验；1981年，Mitchell Energy公司进行了第一口页岩气井氮气泡沫压裂；1985年，22口直井进行了常规压裂；1986年，开始以氮气助排的大型压裂技术：1900m³瓜尔胶压裂液，44～680t支撑剂（20/40目，排量≥6m³/min）；1990年，所有Barnett页岩气井都采用大型压裂技术，产量达到（1.55～1.94）×10⁴m³/d；1992年，美国第一口水平井进行压裂实施。

第2阶段：1997年以后，美国页岩气井开始大规模采用滑溜水压裂技术。1997年，首次采用清水压裂（用水6000m³以上，支撑剂100m³以上，成本降低25%）；1998年，采用大规模滑溜水压裂和重复压裂，发现滑溜水压裂比大型冻胶压裂效果好，产量增加25%左右，达到3.54×10⁴m³/d。

第3阶段：2002年以后，水平井分段压裂技术开始实验。2002年，许多公司尝试水平井压裂（水平段长450～1500m），水平井产量达到直井产量的3倍以上；2004年，随着水平井分段压裂工具与工艺技术的日渐成熟，水平井分段改造和滑溜水压裂快速普及，水平井多段水力压裂能获得更好的效果。

第4阶段：2005年以后，页岩气开发"井工厂"的模式逐渐出现，并试验两井同时压裂技术，即初期的同步压裂，实现了压裂开发管理与压裂工艺的思想转换，体积裂缝的设计理念形成。

（二）体积压裂工艺特征与方法

非常规油气藏岩石力学性质及其矿物组成是压裂设计中的主要考虑因素，它们大都可以通过测井及实验室测试相结合的方法获得。如测井资料与页岩气藏岩石力学特征、矿物组成、酸溶解度、毛管压力密切相关，而储层岩性、脆性、酸溶解度、毛管压力及储层流体敏感性有助于页岩气藏完井方式选择与优化。

对于页岩油气藏、致密砂岩油气藏及煤层气藏等非常规储层，表1-9列出了压裂设计考虑的因素，这些信息是非常规油气藏压裂设计所必需的，但在具体设计方法及理念上这三类非常规油气藏却具有各自的特点，结合页岩储层、设计原则和工艺方法具有特殊性。

表1-9　压裂设计考虑的因素

岩石力学相关因素	关联性	确定的方法
岩石脆性	压裂液的选择	岩石物理模型
闭合应力	支撑剂的选择	岩石物理模型
支撑剂用量和尺寸	避免砂堵	岩石物理模型
裂缝起裂点	避免砂堵	岩石物理模型
岩石矿物组成	压裂液的选择	X射线衍射（XRD）
水敏性	水基压裂液盐度	毛管吸收时间测试（CST）
能否酸化	酸蚀程度	酸溶解度测试（AST）
支撑剂返排	气体产量	现场测试
表面活性剂的使用	裂缝导流能力	流动测试

（三）体积压裂设计原则

页岩气储层的压裂改造不同于常规气藏，页岩气储层完井后依靠自身能量无法实现产能，故必须经过压裂投产。另外，改造时压裂模式、加砂规模等均与常规压裂不同，页岩气储层改造的主要目的是在沟通天然微裂缝系统的同时形成新的水力裂缝，以尽量增大改造体积，因此在施工参数上需结合体积裂缝设计模型进行优化设计。

在整个页岩气开发过程中，美国形成的主体工艺为滑溜水压裂、水平井多级分段压裂、重复压裂及同步压裂等。页岩储层水力压裂工艺技术根据其完井方式、井下工具及工艺形式的不同各具特点，且有其适用性（表1-10）。

表 1-10　压裂工艺技术特点与适应性

技术类型	技术特点	适应性
水平井多级压裂	多段压裂，分段压裂；技术成熟，使用广泛	产层较多，水平井段长的井
滑溜水压裂	减阻水为压裂液主要成分，成本低，但携砂能力有限	天然裂缝系统发育的井
水力喷射压裂	定位准确，无需机械封隔，节省作业时间	裸眼完井的生产井
重复压裂	通过重新打开裂缝或裂缝重新取向增产	老井和产能下降的井
同步压裂	多口井同时作业，节省作业时间且效果好于依次压裂	井眼密度大，井位距离近
氮气泡沫压裂	地层伤害小，滤失低、携砂能力强	水敏性地层和埋深较浅的井
大型水力压裂	使用大量凝胶，完井成本高，地层伤害大	对储层无特殊要求，使用广泛

页岩储层极低的渗透率决定了其一般采用网络压裂优化设计方法，这就涉及"体积压裂"的概念，它可简单定义为裂缝网所能沟通区域的整体储层体积。针对脆性和塑性页岩，一般分为"三高两低"和"两高一低"的两种技术模式：

脆性地层："三高两低"——高排量、高液量、高砂量、低黏度、低砂比；

塑性地层："两高一低"——高黏度、高砂比、低排量。

具体技术对策：网络裂缝控近扩远（射孔优化、变排量、变黏度、多段塞、二次/多次停泵、诱导转向测试等）。

第二章　页岩气水平井体积压裂参数优化

在页岩气藏中钻水平井，虽然增大了井筒与储层的接触面积，但页岩气储层极小的孔隙度和渗透率，决定了不压裂基本无自然产能。此外，由于页岩气极其致密的储集空间，常规水平井分段压裂往往只能形成多条水力裂缝，储层改造区域极其有限，压后仍然低产。只能通过大规模体积压裂沟通天然裂缝与水力裂缝，形成复杂的裂缝网络，才能大幅度提高产量。

所谓体积压裂，即是通过较高的液体规模、支撑剂数量、泵压和排量，使油气储层中的天然裂缝逐渐变大和延伸，同时让脆性岩石产生了剪切滑移，从而实现了目标储层三维方向的全面改造。目前体积压裂主要是通过分段多簇压裂技术使储层内形成很多主裂缝和次生裂缝，在主裂缝和多级次生裂缝的互相交织下就形成了裂缝网络系统，强大的裂缝网络系统使储层的渗流能力大幅度提高，被改造后的目标储层的产量也就大大提高了。

在给定的页岩储层条件下，实施页岩气水平井体积压裂前，需要明确采用何种裂能形态，改造区域有多大，需要压裂多少条裂缝，裂缝如何布置，形成的水力裂缝长度多少，满足气藏条件的裂缝参数能否通过现场施工实现，这些参数是否满足经济要求，要回答这些问题，就要对水平井分段多簇压裂水力裂缝进行优化（影响页岩气开发的关键因素如图 2-1 所示）。

首先，应明确优化的对象。在既定的储层条件下，诸如储层物性等因素是客观存在的，不能人为改变，也就谈不上优化，能够优化的都是可以改变的要素，比如裂缝条数、裂缝长度、裂缝导流能力、裂缝位置等裂缝参数，以及规模、排量、砂液比等施工参数，这些影响产能、施工、经济评价的裂缝参数和施工参数即是优化的对象。此外，水平段方位和长度会影响到所产生的裂缝形态和产能，在优化水力裂缝时，也要考虑合理布井的问题。

其次，要明确优化所要达到的目标。裂缝参数在满足气藏要求的情况下，要考虑能否在现场实现，经济上是否有效益，比如弹性开采条件下裂缝条数越多、储层改造区域越大意味着初产越高，同时也意味着对施工能力要求的提高。施工风险的增大和经济投入的增多，最终能否实现效益开发还需要进行具体评价，因此，水力裂缝优化应综合考虑页岩储层、施工和经济的因素，优化的目标就是使优化的裂缝参数和施工参数能够同时满足储层、施工和经济的要求。

此外，要明确实现优化目标的方法。对于水平井分段多簇压裂水力裂缝优化，所采取的方法是：通过气藏数值模拟进行水力裂缝参数产能优化，得到裂缝条数、裂缝长度、裂缝导流能力、裂缝位置等裂缝参数，在此基础上，通过压裂裂缝模拟进行施工参数优化，得到施工规模等施工参数，对优化的裂缝参数和施工参数进行经济评价，最终确定满足经济要求的裂缝和施工参数。

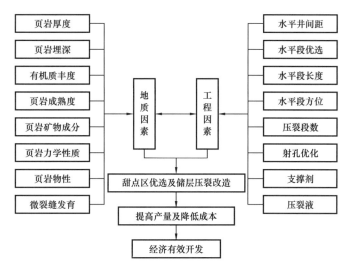

图 2-1　影响页岩气开发的关键因素

第一节　体积压裂裂缝参数优化

一、裂缝参数优化理论基础

（一）页岩气渗流理论

1. 页岩气赋存方式

页岩气可以在页岩的天然裂缝和有效的大孔隙中以游离态存在，而在干酪根和黏土颗粒表面以吸附状态存在，极少在干酪根、液态原油甚至残水中以溶解状态存在。页岩气以游离态和吸附态为主，溶解态含量很少。早在 1996 年，胡文宣等就指出，在 CH_4—CO_2—H_2O 三元体系中，作为天然气主要组成成分的 CH_4，其溶解态含量仅占 0.1%。气体在页岩层中以何种相态存在，主要取决于它们在流体体系的溶解度。即未饱和时，只存在吸附态和溶解态；而一旦达到饱和，就会出现游离状态。在气体赋存方式上面，页岩气和煤层气的不同之处在于页岩气藏中存在大量的游离气。

2. 页岩气和煤层气的共同点与区别

我国煤层气地质研究比较深入，但是开发的相关技术、装备及队伍还略显薄弱；我国页岩气开发尚处于起步阶段，如何快速、经济、持续、高效地开发页岩气藏至关重要。

煤层气和页岩气无论从宏观上的成藏特征、多孔介质类型以及开采方法和技术，还是从微观上天然气赋存特征、基质孔隙尺度以及基质吸附和流动特征方面，都具有类似性，但也有一点的区别，而且页岩气的开发很大程度上借鉴于已有的煤层气的开发经验，从而研究符合页岩气和煤层气统一的微观吸附、解吸附特征以及开发流动规律。

页岩气和煤层气的赋存方式都有三种，即吸附气、游离气和溶解气。对于页岩气来说，吸附气一般介于 20%～85% 之间，游离气一般介于 25%～30% 之间，溶解气一般小于 0.1%；而对于煤层气来说，吸附气一般介于 80%～90% 之间，游离气一般介于 8%～12% 之间，溶解气一般小于 1%。

对于页岩气的赋存状态问题，Ancell 等通过实验研究发现，页岩气中存在许多极小值的矿物颗粒，从而能形成很小的流通通道，这些通道以其巨大的比表面积吸附气体（Ancell，1979）。后来 Curtis 进一步研究发现，页岩气总共以三种方式存在于页岩储层中：天然裂缝或者粒间孔隙中的游离气，干酪根和黏土颗粒表面的吸附气，干酪根和沥青中的溶解气（Curtis,2002）。Javadpour 等（2009）认为天然气在页岩干酪根内部的赋存状态为：以游离气占据纳米孔隙，以吸附气的形式吸附在干酪根表面，以溶解气的形式分布在干酪根物质内部。

3. 页岩气藏基质孔隙降压解吸及游离气扩散理论

页岩气在储层中的流动是一个从纳微米孔隙到天然裂缝，再到人工裂缝，最后流向水平井井筒的多尺度流动过程。随着渗流尺度增加，页岩气在不同孔隙类型中的流动规律则不同。因此，只有全面了解气体在纳米级孔隙、微米级孔隙和微裂缝中的微观流动机理，才能为后面从宏观上深入研究页岩气藏中气体流动规律及建立相应的产能预测模型提供坚实的理论基础。

在页岩气产出过程中主要考虑游离气和吸附气的运移，共计两类、五种运移机制，具体包括：

（1）游离气运移：① 黏性流动；② 滑脱流动；③ Knudsen 扩散。

（2）吸附气运移：① 吸附气解吸；② 吸附气表面扩散。

对于页岩气，上述运移机制同时存在，是一个相互影响、相互制约的整体过程。同时，孔径、压力、温度也会对运移机制产生显著的影响，影响程度可以采用无因次量——Knudsen 数表征。Knudsen 数 Kn 被定义为气体平均自由程 λ 和孔喉尺寸 d 的比值，并且广泛用来判断流体是否适合连续假设的无量纲量。Knudsen 数定义表达式为：

$$Kn = \frac{\lambda}{d} \tag{2-1}$$

其中，气体平均分子自由程的表达式为：

$$\lambda(p, T) = \frac{k_{\mathrm{B}}T}{\sqrt{2}\pi\delta^2 p} \tag{2-2}$$

式中　λ——平均分子自由程，nm；

　　　d——孔喉直径，nm；

　　　k_{B}——玻尔兹曼常数，1.3805×10^{-23}J/K；

　　　T——温度，K；

　　　p——压力，MPa；

　　　δ——气体分子碰撞直径，m。

表 2-1 给出了甲烷、乙烷、丙烷、氮气和二氧化碳 5 种常用气体的分子碰撞直径。其中：氮气的分子碰撞直径最小，为 0.4nm；丙烷的分子碰撞直径最大，为 0.57nm；甲烷分子的分子碰撞直径为 0.42nm。

表 2-1　不同气体对应的分子碰撞直径表

气体名称	分子碰撞直径（nm）
甲烷	0.42
乙烷	0.47
丙烷	0.57
氮气	0.4
二氧化碳	0.44

根据式（2-2）计算了不同温度条件下甲烷气体平均分子自由程与压力的关系曲线，计算结果如图 2-2 所示，结果表明甲烷气体的分子平均自由程随着温度的增加而增加，随着压力的增加而降低。在温度为 300K、350K、400K 条件下，随着温度的升高，甲烷分子运动更加剧烈，从而甲烷的平均分子自由程变大，但在不同温度条件下差异不大。页岩气藏开发过程中地层温度变化较小，因此在研究页岩气体运移时可以忽略温度变化。相比之下，平均分子自由程对压力变化情况较为敏感，随着压力的减小，平均分子自由程迅速增大，这种变化趋势在低压条件时尤为明显，因此在研究页岩气体运移时不可忽略气藏压力变化的影响。

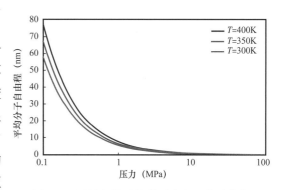

图 2-2　甲烷气体平均分子自由程关系曲线
（d=50nm）

将公式（2-2）代入公式（2-1），可以得到更加详细的气体 Kn 数的表达式：

$$Kn\left(p,\ T\right)=\frac{k_{\mathrm{B}}T}{\sqrt{2}\pi\delta^2 p}\cdot\frac{1}{d} \qquad (2-3)$$

根据 Knudsen 数的数值可以把气体流动形态分为四类（表 2-2）：（1）连续流；（2）滑脱流；（3）过渡流；（4）自由分子流。

表 2-2　气体流动阶段划分表

Knudsen 数	$Kn\leqslant 0.001$	$0.001<Kn\leqslant 0.1$	$0.1<Kn\leqslant 10$	$Kn>10$
流态	连续流	滑脱流	过渡流	自由分子流

图 2-3 给出了不同尺寸孔隙在不同压力条件下所对应的 Knudsen 数及流态，根据该图可以对不同储层中的流态进行划分：

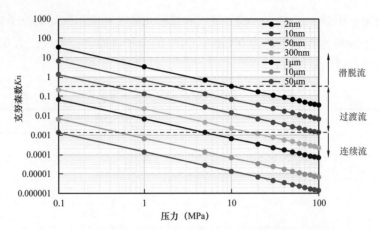

图 2-3　不同尺寸孔隙在不同压力下所对应的流态图版

（1）对于页岩储层微米级孔隙（或者更大尺度孔隙），页岩气体渗流大多处于连续流状态，此时可以采用连续介质渗流理论进行描述。当孔隙尺度只有几个微米时，随着孔隙尺度和压力的降低，会出现滑脱流现象，此时需要采用气体滑脱渗流方程进行描述。

（2）对于页岩储层纳米级孔隙，此时气体流态为过渡流和滑脱流。随着孔隙尺度和压力的降低，在纳米孔隙中存在由过渡流向滑脱流逐渐转变的过程，此时连续介质渗流理论不再适用。在对页岩纳米孔气体运移机理进行描述时，必须考虑气体的过渡流和滑脱流状态。

（二）游离气运移机理

游离气赋存于基质孔隙以及裂缝中，主要发生黏性流、滑脱及 Knudsen 扩散作用。

1. 黏性流

黏性流示意图如图 2-4 所示。

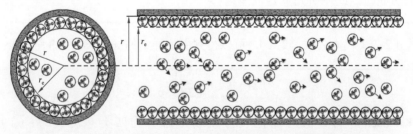

图 2-4　黏性流示意图（蓝色箭头表示进行黏性流传输的气体分子）

当页岩气体平均运动自由程 λ 远远小于孔隙直径 d 时，即 Knudsen 数远小于 1 时，气体分子的运动主要受分子间碰撞支配，此时分子与壁面的碰撞较少，气体分子间的相互作用要比气体分子与孔隙表面（孔隙壁）的碰撞频繁得多，气体以连续流动为主，可采用黏性流质量运移方程描述。

在单组分气体之间存在压力梯度所引起的黏性流动，可以用达西定律来表示描述黏性流的质量运移方程：

$$J_{\text{vicious}} = -\rho \cdot \frac{K_{\text{D}}}{\mu} \cdot \nabla p$$

$$= -\rho \cdot \frac{r^2}{8\mu} \cdot \nabla p$$

（2-4）

式中　J_{vicious}——黏性流质量流量，kg/（$m^2 \cdot s$）；

　　　　ρ——气体密度，kg/m^3；

　　　　r——孔隙喉道半径，m；

　　　　μ——气体黏度，$Pa \cdot s$；

　　　　p——孔隙压力，Pa；

　　　　∇——压力梯度算子符号；

　　　　K_{D}——固有渗透率，m^2。

2. 滑脱效应

当页岩孔隙尺度减小，或者气体压力降低，此时气体分子自由程增加，气体分子自由程与孔隙直径的尺度具有可比性，气体分子与孔隙壁面的碰撞不可忽略。在 $10^{-3} < Kn < 10^{-1}$ 时，由于壁面页岩气分子速度不再为零，如图 2-5 所示，此时存在滑脱现象。

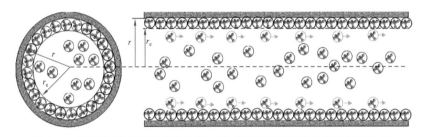

图 2-5　滑脱效应示意图（绿色箭头表示进行滑脱效应传输的气体分子）

Klinkenberg 等最早发现油气渗流的滑脱效应现象，他在研究中发现低压状态气体的流动速度比达西公式计算的流动速度要大，他把这种现象归结为壁面处气体滑脱效应所致，并提出了其计算公式：

$$K_{\text{slip}} = K_{\text{D}} \cdot \left(1 + \frac{b_{\text{k}}}{p_{\text{aver}}}\right)$$

（2-5）

式中　K_{slip}——考虑滑脱效应渗透率，m^2；

　　　　b_{k}——滑脱因子（滑脱系数），与气体性质、孔隙结构相关，Pa；

　　　　p_{aver}——岩心进出口平均压力，Pa。

为了能将滑脱效应在渗流方程中使用，国内外学者通过实验或者理论的方式得到了滑脱系数的不同表达式，见表 2-3。

3. 克努森扩散

当孔道直径减少或者分子平均自由程增加（在低压下），$Kn > 10$ 时，气体分子更容易与孔隙壁面发生碰撞而不是与其他气体分子发生碰撞，这意味着气体分子达到了几乎能独立于彼此的点，称为 Knudsen 扩散（图 2-6）。

表 2-3　不同学者研究的滑脱系数表达式

编号	滑脱系数表达式	作者
1	$b_k = 4c\lambda p_{aver}/r$	Klinkenberg 等
2	$b_k = (8\pi RT/M_g)^{0.5}\mu/r(2/\alpha-1)$	Javadpour 等
3	$b_k = \mu[\pi RT\varphi/(\tau M_g k_d)]^{0.5}$	Civan 等
4	$b_k = 3\pi D_k T\mu(2r^2-1)$, $D_k = 2/3r[8RT/(\pi M_g)]^{0.5}$	Wang 等
5	$b_k = \alpha Kn + 4Kn/(1-bKn) + 4\alpha Kn^2/(1-bKn)$	Deng 等

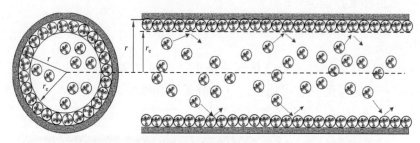

图 2-6　Knudsen 扩散示意图（紫色箭头表示 Knudsen 扩散的分子）

Roy 和 Javadpour 等定义了纳米孔隙中的 Knudsen 扩散系数 D_k，表达式如式（2-6）所示：

$$D_k = \frac{2r}{3} \cdot \left(\frac{8RT}{\pi M}\right)^{0.5} \tag{2-6}$$

气体密度表达形式可写为：

$$\rho = \frac{pM}{ZRT} \tag{2-7}$$

将式（2-6）代入式（2-7），可得：

$$J_{knudsen} = \frac{M}{ZRT} \cdot D_k \cdot \nabla p \tag{2-8}$$

因此，Knudsen 扩散质量运移方程可表述为：

$$J_{knudsen} = -\rho \cdot \frac{D_k}{p} \cdot \nabla p \tag{2-9}$$

式中　$J_{knudsen}$——克努森扩散质量流量，kg/（m²·s）；

　　　D_k——克努森扩散系数，m²/s。

（三）吸附气运移机理

吸附气以吸附态形式赋存于孔隙壁面和页岩固体颗粒表面，会在压力梯度或浓度梯度作用下发生解吸附作用、表面扩散作用。

1. 页岩气解吸附

页岩气解吸附如图 2-7 所示。

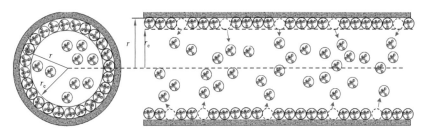

图 2-7　页岩气解吸附示意图（红色箭头表示解吸的气体分子）

由于 Langmuir 等温吸附模型形式简单、应用方便，在页岩气吸附解吸模型中被广泛采用。Langmuir 等温吸附模型假设在一定温度和压力条件下，壁面吸附气和自由气处于瞬间动态平衡，其表达式为：

$$G = G_L \frac{p}{p_L + p} \qquad (2-10)$$

式（2-11）可表示为吸附质量的表达形式：

$$q_{ads} = \frac{\rho M}{V_{std}} \cdot \frac{V_L p}{p + p_L} \qquad (2-11)$$

在开发过程中，地层压力逐渐下降，若 t_1 时刻地层压力为 p_1，t_2 时刻地层压力为 p_2，则可计算出地层压力由 p_1 下降为 p_2 时吸附态页岩气的解吸量：

$$\Delta q_{ads} = \frac{\rho M V_L}{V_{std}} \cdot \left(\frac{p_1}{p_1 + p_L} - \frac{p_2}{p_2 + p_L} \right) \qquad (2-12)$$

式中　q_{ads}——页岩单位体积的吸附量，kg/m^3；

V_{std}——页岩标况下摩尔体积，m^3/mol；

p_L——Langmuir 压力，Pa；

V_L——Langmuir 体积，m^3/kg。

2. 表面扩散作用

页岩气在微纳米孔隙表面不仅存在解吸附效应，还存在沿吸附壁面的运移，即表面扩散作用（图 2-8）。不同于压力梯度或浓度梯度作用的其他运移方式，页岩气表面扩散在吸附势场的作用下发生运移，影响页岩气表面扩散的因素很多，包括压力、温度、纳米孔壁面属性、页岩气体分子属性、页岩气体分子与纳米孔壁面相互作用等。

根据 Maxwell-Stefan 的方法，表面扩散气体运移的驱动力是化学势能梯度，其表达式为：

$$J_{\text{surface}} = -L_{\text{m}} \frac{C_{\text{s}}}{M} \frac{\partial \psi}{\partial l}$$ （2-13）

式中　J_{surface}——表面扩散质量流量，kg/（m²·s）；

　　　L_{m}——迁移率，mol·s/kg；

　　　ψ——化学势，J/mol。

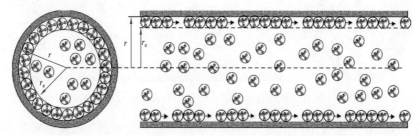

图 2-8　表面扩散作用示意图（黑色箭头表示进行表面扩散的分子）

页岩气在实施体积压裂前，需要明确如何合理布置水力裂缝，确定压裂段数、裂缝长度、施工规模等裂缝和施工参数，这都是页岩水平井体积压裂优化设计技术。由于多段水力裂缝和复杂裂缝网络的存在，以往用于直井和常规储层水平井压裂的优化设计技术已不在适用于采用大规模、大排量压裂的页岩气井，需要进行针对体积压裂水平井的水力裂缝优化研究。本节介绍了页岩气体积压裂水平井水力裂缝优化方法，水力裂缝优化建模方法和步骤，并辅以实例说明。

二、裂缝参数优化

一般而言，油藏数值模型建模过程为：根据模拟研究的任务、目的和具体要求，收集并整理各项必需的原始资料和数据。分析其完整程度和可靠性，进行气藏描述，建地质模型，进行模拟计算和历史拟合校正模型，形成可用于动态预测的气藏模型。

（一）数值模拟软件 Eclipse 简介

大多数商业数值模拟器都只能模拟分析常规气藏，常规气藏中的天然气储存在单一孔隙介质中，而页岩气藏中的天然气储存在基质和裂缝构成的双重孔隙介质中。商业数值模拟软件 Eclipse 认为页岩储层中的天然气同时储存在基质系统和天然裂缝系统内，其中吸附气赋存于基质内，并吸附在页岩有机物上，游离气则赋存于页岩储层的裂缝孔隙和基质孔隙内。

Eclipse 页岩气模块可对多孔隙系统进行描述，即在双重介质系统基础上，对页岩基质网格进行离散化处理，将原先定义的基质网格离散成多个嵌套子网格，再将子网格分为基岩体积和孔隙体积，其中吸附气储存在基岩体积中，游离气则储存在孔隙体积中，原理如图 2-9 所示，该做法更能准确表征流体在低渗透率基质网格块中的瞬间流动。在建立气藏单井模型时，页岩气藏的特性，如基质、裂缝系统渗透率、Langmuir 压力常数、基质—

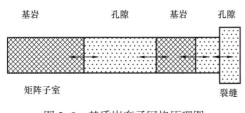

基岩　　孔隙　　基岩　　孔隙

矩阵子室　　　　　　　裂缝

图 2-9　基质嵌套子网格原理图

裂缝耦合因子（Sigma）、气体扩散系数、有机质含量以及甲烷等温吸附曲线函数等都可以很容易地包括在模型中。同时 Eclipse 模拟器还可以很好地对水平井及分段压裂进行模拟，通过油气藏模拟可以对影响气井产能的多种因素（气藏自身参数和水平井分段压裂参数）进行敏感性分析，为提高气井产量提供理论指导。

（二）建立压裂裂缝数值模型

1. 裂缝的处理及网格的加密

页岩储层裂缝参数优化最复杂、最困难的是如何表征复杂的水力裂缝形态。页岩水平井在压裂后以射孔段为中心形成复杂裂缝网络，支撑剂分布在裂缝网络中，每一簇复杂裂缝网络的渗透率远远高于附近储层的渗透率，因此可视为沿井筒方向分布的高渗透带。根据等效渗流理论，将高渗透带向井筒的渗流等效为高渗透带中基质向井筒渗流和缝网向井筒渗流两部分。目前模拟这种复杂裂缝网络的模型主要有线网模型和非常规裂缝模型。

线网模型将裂缝网络简化为沿井筒正交对称的两组平行、间距一致裂缝面组成的椭球体（图 2-10），模型的计算过程以压裂施工时物质守恒为基础条件，应用岩石力学的方法考虑压裂过程中椭球体的实时扩展，并计算了支撑剂在裂缝网络中的分布情况。非常规裂缝模型考虑了天然裂缝的影响，研究储层的应力分布和力学性质对裂缝扩展形态的影响，可以模拟不对称、不规则的网状裂缝扩展，但其不足在于天然裂缝的分布依赖于地质建模的结果，对输入参数的精确性要求较高。

在建立含水力裂缝的页岩气水平井体积压裂数值模拟模型时，如何恰当处理裂缝是保证模型收敛、运行正常，同时正确反映裂缝内流动的关键，下面以常用的气藏数值模拟软件 Eclipse 为例说明体积压裂裂缝网络的处理和裂缝网格加密方法。

1）裂缝处理

在 Eclipse 软件中，对裂缝的处理主要是通过网格的尺寸和对网格的赋值来完成。对网格的赋值易实现，网格的尺寸较为困难。目前软件提供的模块只能处理裂缝的方位与水平井筒成 0 和 90°两种情况，如图 2-11 所示。由于井筒及裂缝附近压力梯度变化比较大，为保证数值计算的稳定性，

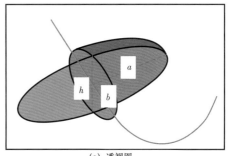

(a) 透视图

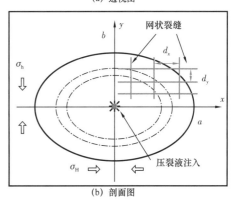

(b) 剖面图

图 2-10　线网模型示意图

需要在井筒周围及裂缝附近进行网格加密。具体做法是，在井筒周围及裂缝附近用密网格，在远离井筒及裂缝的地方用稀网格。另外，将裂缝与地层作为统一渗流体系，裂缝在网格系统中占单独一排网格。实际的裂缝宽度一般只有3～5mm，如果按照实际的裂缝宽度输入模型，为保证方程收敛及数值计算的稳定性，要求有裂缝壁面向储层延伸的网格步长不能有剧烈的变化，及裂缝附近网格宽度同样要很小，这样就势必大大增加网格总数，从而增加了计算机时和内存占用。因此，对裂缝的常规处理方法为"等效导流能力法"，所谓"等效导流能力法"，就是在保持裂缝导流能力（裂缝宽度与裂缝渗透率的乘积）不变的情况下，适当地加大裂缝宽度，等比例减少裂缝渗透率的方法。以往的研究表明，用"等效导流能力法"处理裂缝时，在"缝宽"小于1.0m的情况下，井的产量变化不大，该方法实用可靠。

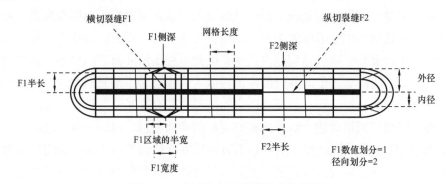

图2-11　水平井水力裂缝处理示意图

2）网格加密

网格加密的主要方法有直角网格加密和非结构网格加密，其中：

（1）直角网格加密是最简单最普通的加密方法，也是计算方法最为完善的方法。通过指定所需要加密的主网格的范围，再指定其加密的程度，即通过划分主网格的数量，实现对主网格的加密，如图2-12所示。

（2）非结构网格加密方法灵活多变，但其解法仍未定论，在计算过程中误差较大，目前不推荐使用。但由于其可以模拟直角网格无法模拟的形状，因此预计在不久的将来会得到更多应用。如图2-13所示为PEBI网格加密。

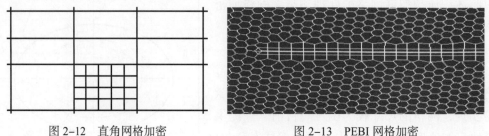

图2-12　直角网格加密　　　　　图2-13　PEBI网格加密

PEBI（Perpendicular Bisection，垂直平分）网格是一种垂直平分网格，是近10年来提出并得到发展的一种非结构化网格技术。它是由Heineman于1989年提出的，实际上它是计算几何领域中 Voronoi（泰森多边形法）图在气藏数值模拟领域的应用。PEBI 网格任意两个相邻网格块的交界面一定垂直平分其相应网格节点连线，如图 2-14 所示，类似 0，1，2，6 和 7 的这些点（用半径较大的圆表示）称为 PEBI 网格节点。虚线称为 PEBI 网格节点之间的连线（在气藏数值模拟中，认为流体是沿着这些虚线流动的）。线段 3-4 和线段 4-5 分别垂直平分线段 0-2 和线段 0-6。PEBI 是通过改变渗流方程的离散方式来改变对水力裂缝的模拟方法，实质是一种新的显式网格加密方法和等值渗流阻力法或等连通系数法的结合，在气藏数值模拟中，认为流体是沿 PEBI 网格节点之间的连线流动。

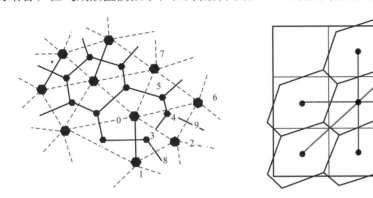

图 2-14　PEBI 网格

　　PEBI 网格的主要特点是灵活方便，为建立混合网格和局部加密网格带来方便，其优势在于可以对任意方位的水力裂缝进行描述，能完成任意形状的气藏区域网格划分。

　　2. 油气藏的描述

　　网格定义后，应对网格进行属性赋值，输入流体 PVT、相对渗透率、气藏压力等数据并建立井史数据。需要赋值的气藏数据包括气藏顶部深度、厚变、孔隙度、渗透率，净毛比、传导率等，其中，渗透率和孔隙度通常由测井和岩心分析资料得到，有时采用地质统计方法来获取；流体 PVT 数据包括油气体积系数、黏度随压力变化，水的体积系数，黏度，以及油、气、水地面密度等，黑油模型中流体物性由各种流体物性表所组成，组分模型按照状态方程或气液平衡值来描述流体物性，岩石数据包括相对渗透率曲线和毛细管压力，相对渗透率和毛细管压力为流体的饱和度的函数，数据来自实验室的特殊岩心分析，没有实验室数据时常由相关式计算得到；气藏初始压力和流体的饱和度数据来自测井资料和不稳定试井，饱和度分布通常通过定义流体接触面来模拟并允许利用毛细管压力数据来求解气藏条件，井史数据包括布井位置，生产历史、生产控制，事件和时步数据等。

　　3. 模型的校正

　　在定义并给网格赋值后，依次输入流体 PVT 数据、相对渗透率数据，初始化模型，建立井史数据，在完成了上述工作后就初步建好了模型，还要通过历史拟合来完成对模型的校正。要进行历史拟合，需提供关于井的措施和生产数据，包括完井数据（射孔、补孔、压裂、堵水、解堵日期、层位、井指数等），生产数据（平均日产油、日产水、日产气、平均气油比和含水比等），压力数据（井底流压、网格压力等），动态监测资料（分层测试、吸水、产液剖面等）等。气藏模拟器通过反复迭代计算流体饱和度和压力分布，与实际生产数据进行比对，完成对模型参数的校正。一旦调整好模拟模型，即可添加约束条件并运行模型预测产量，优化开发方案。

4. 水平井多段压裂模型建立步骤

（1）启动 Data Manager。运行 Eclipse 软件后，新建工程，在 Office 界面中点击"Data"，启动 Data Manager，开始建模，如图 2-15 所示。

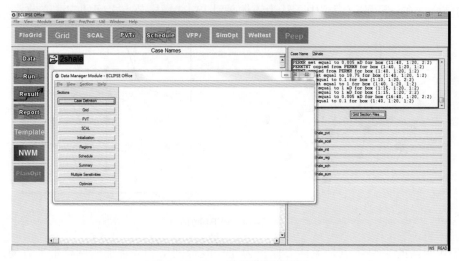

图 2-15　Data 数据管理器界面

（2）输入模型基本参数。点击"Case Definition"，在 Case Definition Manager 里选择模拟器类型，然后分别在 General 选项卡中输入模拟开始的时间、三维方向上的网格数、模拟参数采用的单位等，在 Reservoir 选项卡中输入采用的网格类型、水体类型、岩石的可压缩性等，在 PVT 选项卡中选择基本的流体类型等基本参数，如图 2-16 所示。

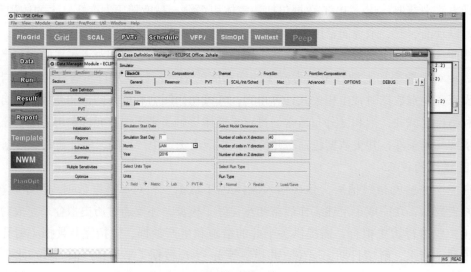

图 2-16　Data 数据管理器中 Case Definition

（3）定义网格及其属性。点击"Grid"，打开 Grid Keyword Section，在 Keyword Type 中找到 Geometry，利用其包含的关键字定义网格，在 Properties 中给网格属性复制并采用"等效裂缝导流能力"进行裂缝处理，如图 2-17 所示。

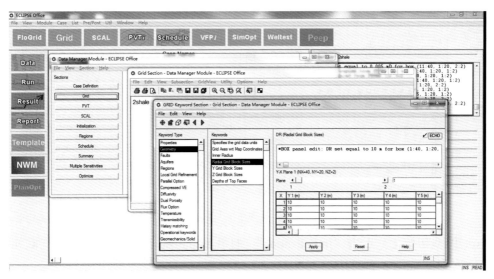

图 2-17　Data 数据管理器中 Grid 数据输入窗口

（4）输入流体高压物性参数。点击"PVT"，打开 PVT Section，输入岩石和流体的 PVT 参数，如图 2-18 所示。

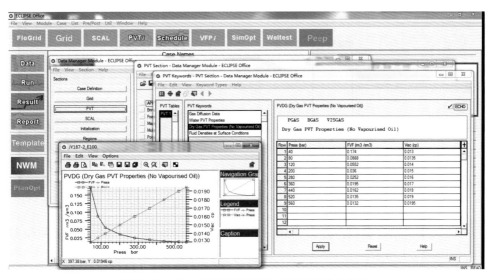

图 2-18　Data 数据管理器中 PVT 数据输入窗口

（5）输入相对渗透率曲线。点击"SCAL"，打开 SCAL Section，输入油水和油气相对渗透率曲线，如图 2-19 所示。

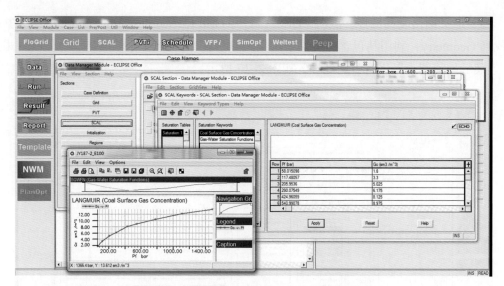

图 2-19 Data 数据管理器中 PVT 数据输入窗口

（6）模型初始化。点击"Initialization"，打开 Initialization Section，输入气藏初始参数，添加水体，如图 2-20 所示。

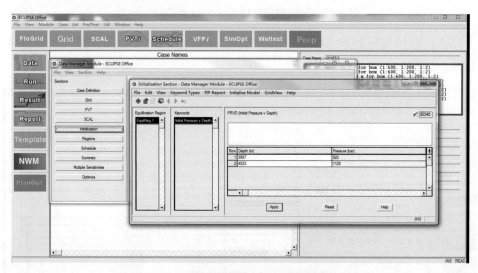

图 2-20 Data 数据管理器中初始化数据输入窗口

（7）输入生产动态参数。点击"Schedule"，打开 Schedule Section，定义井和生产控制条件，如图 2-21 所示。

（8）运行模型，查看建模结果。在完成 Schedule Section 中井的定义后，至此气藏模型所需的参数已输入完，即完成了一个模型的建立。点击"Summary"，选择输出控制参数，点击"Run"，运行所建立的模型，点击"Result"，查看模拟结果，如气藏压力的变化动态、原油、天然气和水的产量，以及含水率、液体前缘位置、区域采出程度、油气藏最终采收率等，如图 2-22 所示。

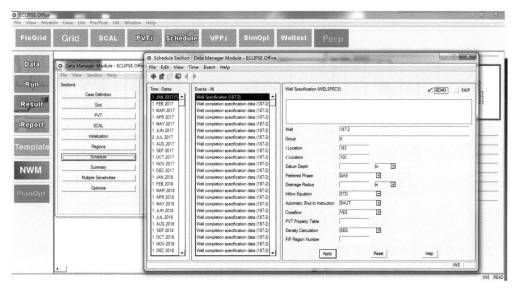

图 2-21　Data 数据管理器中 Schedule 输入窗口

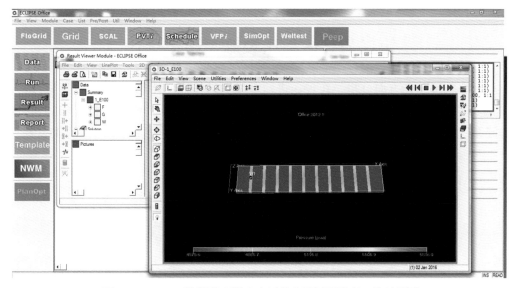

图 2-22　Result 数据管理器中水平井多段压裂模型三维显示图

（三）优化压裂裂缝参数

裂缝参数优化方法框图如图 2-23 所示。

优化的步骤为：

（1）利用气藏数值模拟软件建立含有多段裂缝的水平井压裂模型，进行气藏数值模拟，研究裂缝条数、长度及布放方式对产量的影响；

（2）在步骤（1）的基础上，利用压裂设计软件建立模型，进行水平井压裂裂缝模拟，研究裂缝几何尺寸与压裂规模的关系；

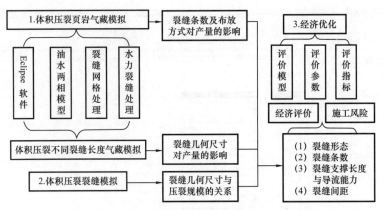

图 2-23　页岩气水平井体积压裂裂缝优化方法框图

（3）在步骤（1）和步骤（2）的基础上，用经济评价模型，输入评价参数和评价指标，分析研究不同裂缝形态、裂缝条数、裂缝位置与间距、裂缝长度与导流能力下的经济效益与施工风险，对这些参数进行经济优化，从而得到最优的裂缝形态、裂缝条数、裂缝位置与间距、裂缝长度与导流能力等参数。

第二节　体积压裂施工参数优化

从压裂施工工艺方面分析，在现场进行开发时，按照"体积压裂"的思路，即采用"低黏度压裂液＋高排量＋大液量"技术，通过不同液体类型，多段塞注入，达到形成复杂缝网系统、增加改造体积的目的，从常规压裂形成裂缝"面"向"体"的压裂特点转变，如图 2-24 所示。

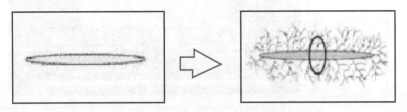

图 2-24　体积压裂缝网系统示意图

页岩储层中天然裂缝的存在是压裂过程中形成缝网的先决条件，要充分认识缝网的形成机理，首先必须准确认识水力裂缝相交天然裂缝的作用过程和机理。在裂缝性地层中，天然裂缝对水力裂缝延伸的影响，是裂缝性储层压裂施工中的关键性问题。

一、施工参数优化理论基础

（一）单条水力裂缝扩展理论

在二维压裂模型中，假设裂缝在延展过程中高度不变，宽度和长度可变。最常见的二维模型是 KGD、PKN 和径向裂缝模型。PKN 和 KGD 几何模型如图 2-25 和图 2-26 所示，表 2-4 为两个模型的特征比较。

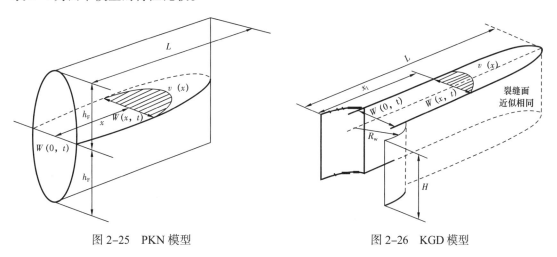

图 2-25　PKN 模型　　　　　　　　　　图 2-26　KGD 模型

表 2-4　PKN 模型与 KGD 模型特征比较

项目	PKN 模型	KGD 模型
几何形状	垂直剖面为椭圆形； 水平剖面为（2n+2）次抛物线形； 裂缝长而窄	垂直剖面为矩形； 水平剖面为椭圆形； 裂缝短而宽
应变	平面应变发生于垂直剖面，层间无滑动； 裂缝张开在垂直剖面求解	平面应变主要发生于水平剖面，层间有滑动； 裂缝张开在水平剖面求解
压力行为	井底压力随时间增加而升高，随缝长增加； $p(t)z \propto t^e$, $\dfrac{1}{4n+4} < e < \dfrac{1}{2n+3}$	井底压力随施工时间逐渐降低，随缝长增加而递减； $p(t) \propto t^\varepsilon$, $\varepsilon = -\dfrac{1}{3}$

KGD 模型假设裂缝高度固定，仅在水平面上考虑岩石的刚度，在垂直方向上宽窄不同的矩形裂缝内计算流体的流动阻力来确定延展方向的液体压力梯度，进而得出裂缝长度和裂缝宽度的变化规律。

PKN 模型同样假定裂缝高度固定，裂缝被限制在给定的压裂层范围内，在正交于裂缝延伸方向的垂直平面上处于平面应变状态，因而每个垂直截面的变形与其他截面无关，裂缝呈椭圆形扩展。该模型适用于低滤失系数的地层和短时间的施工设计。

裂缝长度表达式为：

$$L = \frac{Q\sqrt{t}}{\pi HC} \tag{2-14}$$

式中　L——裂缝长度，m；

　　　Q——注入流量，m³/min；

　　　H——裂缝高度，m；

C——滤失系数，$\mathrm{m}^3/\min^{\frac{1}{2}}$；

t——注入时间，min。

流量沿裂缝长度的分布为：

$$q(x)=Q\left[1-\frac{2}{\pi}\sin\left(\frac{x}{L}\right)\right] \tag{2-15}$$

沿缝长上的分布为：

$$W(x,\ t)=W(0,\ t)\left\{\frac{x}{L\sin\left(\frac{x}{L}\right)}+\left[1-\left(\frac{x}{L}\right)^2\right]^{1/2}-\frac{\pi}{2}\frac{x}{L}\right\}^{1/4} \tag{2-16}$$

式中：

$$W(0,\ t)=4\left[\frac{2(1-\gamma)\mu Q^2}{\pi^3 GCH}\right]^{1/4}t^{1/8} \tag{2-17}$$

PKN 模型和 KGD 模型在力学假定上的区别为：前者认为与裂缝扩展方向垂直的横截面中的压力 p 为常数，而后者认为 p 为变量；前者认为垂直平面存在岩石刚度，而后者仅考虑水平面岩石的刚度，裂缝宽度与裂缝高度无关，该理论是建立在平面应变条件的基础上，得到的裂缝相对前者更符合实际。一般 PKN 模型适用于深而薄的储层，KGD 模型适用于浅而厚的储层。径向裂缝模型设想裂缝的径向延展是轴对称的。

（二）水力裂缝与天然裂缝相交扩展理论

1. 水力裂缝与天然裂缝交互后的延伸行为

天然裂缝、节理、断层、层面等地质不连续体对水力压裂实施过程及水力裂缝的几何形态有着显著的影响。主要的影响表现在以下几个方面：影响裂缝的起裂位置及其延伸方向，阻碍裂缝垂向延伸，同时增加了压裂液体在裂缝内的滤失，并且在近井和远井带形成多裂缝，影响裂缝的扩展。

压裂过程中水力裂缝与天然裂缝的交互情况如下：

（1）水力裂缝接近过程中引起天然裂缝发生破坏，大量微地震监测数据表明压裂中主裂缝附近存在大量发声点源，这说明水力裂缝延伸过程中尽管没有沟通天然裂缝，但其引起的应力变化可能促使天然裂缝发生破坏；

（2）水力裂缝与天然裂缝相交时，作用于天然裂缝壁面上的应力发生变化，促使天然裂缝开启或发生剪切滑移。当水力裂缝遇到天然裂缝时水力裂缝存在三种延伸模式，如图 2-27 所示：① 水力裂缝直接穿过天然裂缝继续延伸，此时天然裂缝可能未开启，也可能张开形成分支；② 当水力裂缝沿天然裂缝转向延伸后重新起裂延伸；③ 水力裂缝沿天然裂缝转向延伸。

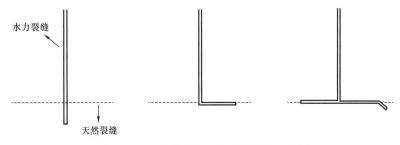

图 2-27 天然裂缝与水力裂缝的相互作用

（3）当水力裂缝沿天然裂缝转向延伸后，可能在天然裂缝尖端处或者天然裂缝薄弱处重新起裂延伸，如图 2-28 所示：

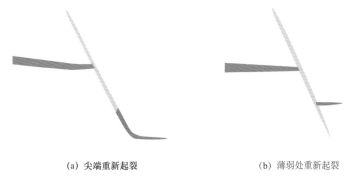

(a) 尖端重新起裂　　　　　　　　(b) 薄弱处重新起裂

图 2-28 水力裂缝沿天然裂缝转向延伸后重新起裂延伸

2. 典型裂缝相交准则

通过实验分析，已经认识到了水力裂缝与天然裂缝相交后，水力裂缝可能出现直接穿过天然裂缝、沿天然裂缝延伸的情形；Blanton 等将实验结果理论化，建立了相关的裂缝相交作用判断准则。

1）Blanton 准则

Blanton 裂缝相交作用准则中，水平主应力差和裂缝逼近角两个参数对水力裂缝相交天然裂缝后的延伸模式有着关键影响，Blanton 准则主要考虑了水力裂缝张开天然裂缝与水力裂缝直接穿过天然裂缝延伸这两个方面。

天然裂缝张开准则如下：当水力裂缝与天然裂缝交点处的流体压力超过垂直作用在天然裂缝面上的正应力时，天然裂缝将张开破裂，张开破裂准则的数学表达式为：

$$p_o > \sigma_n \qquad (2-18)$$

式中　σ_n——作用在天然裂缝面上的正应力，MPa；

　　　p_o——水力裂缝与天然裂缝交点处的流体压力，MPa。

水力裂缝直接穿过天然裂缝的准则如下：当裂缝内的流体压力小于天然裂缝面上的正应力时，天然裂缝不会张开，此时水力裂缝可能直接穿过天然裂缝；为保证穿过的发生，必须要求天然裂缝内的流体压力能克服平行于天然裂缝面上的应力与岩石的抗张强度，即水力裂缝直接穿过天然裂缝的判断准则为：

$$p > \sigma_t + T_o \qquad (2\text{-}19)$$

式中　σ_t——平行天然裂缝面的正应力，MPa；

　　　T_o——岩石的抗张强度，MPa。

2）Warpinski 准则

在 Warpinski 裂缝相交准则中，首先认为在裂缝相交前，天然裂缝尖端被钝化，因此将忽略裂缝尖端的奇异性。根据线性摩擦理论，当天然裂缝面本身的力学强度不能阻止裂缝面相互滑动时，天然裂缝便会发生剪切滑动，作用在裂缝面上的正应力和剪应力的临界滑动状态关系式为：

$$|\tau_n| = \tau_0 + K_f(\sigma_n - p_0) \qquad (2\text{-}20)$$

式中　τ_0——天然裂缝的内聚力，MPa；

　　　τ——远场应力作用的天然裂缝上的剪切力分量，MPa。

考虑应力场和天然裂缝方位，作用在天然裂缝面上的正应力和剪应力可以通过二维应力解得到，表达式为：

$$\sigma_n = \frac{\sigma_1 + \sigma_3}{2} + \frac{\sigma_1 - \sigma_3}{2}\cos(180 - 2\theta) \qquad (2\text{-}21)$$

$$\tau = \frac{\sigma_1 - \sigma_3}{2}\sin(180 - 2\theta) \qquad (2\text{-}22)$$

天然裂缝的张开准则与 Blanton 准则考虑的一样，当天然裂缝内的流体压力高于作用在裂缝面上的正应力时，天然裂缝就会被张开，判别表达式见式（2-22）。

3）Renshaw 准则

Renshaw 与 Pollard 建立了水力裂缝与天然裂缝正交时的裂缝穿过判断准则，该准则考虑了水力裂缝尖端的奇异性，在天然裂缝不发生剪切滑移的前提下，建立起了水力裂缝与天然裂缝正交时的穿过延伸判断准则。Gu 等考虑了应力场与天然裂缝的方位角，将 Renshaw 等建立的准则进行了优化，使其适用性得到了极大的提升。

水力裂缝与天然裂缝相交后，首先根据式（2-23）来判断天然裂缝是否发生剪切滑移。水力裂缝在天然裂缝另一面重新起裂，则要求裂缝尖端形成的总的最大主应力达到天然裂缝面上的岩石抗张强度，即：

$$\sigma_1' = T_0 \qquad (2\text{-}23)$$

式中　σ_1——裂缝尖端总的最大主应力，MPa。

由于考虑了水力裂缝尖端的奇异性，则最大主应力应由远场主应力与裂缝尖端的集中应力两部分组成；在 Gu 等考虑了裂缝方位角后，应力的叠加采用了较为简单的线性叠加方式处理。Renshaw 等给出的裂缝正交条件下穿过准则如下：

$$\frac{-\sigma_3}{T_0-\sigma_1} > \frac{0.35+\dfrac{0.35}{K_f}}{1.06} \tag{2-24}$$

通过对以上裂缝相交准则的回顾，可以得到以下两点认识：

（1）Blanton 与 Warpinski 认为裂缝尖端被天然钝化，没有将裂缝端部的奇异性考虑进准则中；而 Renshaw 则重点分析了裂缝尖端的奇异性，将裂缝尖端的集中应力与远场应力进行了叠加分析。

（2）Blanton 对裂缝的穿过与张开进行了量化分析，而没有考虑到天然裂缝的剪切滑移问题；Warpinski 则重点关注了裂缝的剪切滑移问题，又忽视了水力裂缝直接穿过天然裂缝延伸的问题；Renshaw 建立的裂缝穿过准则是在天然裂缝不发生剪切滑移的条件下进行的，但其没有考虑天然裂缝被张开的问题。

（三）体积压裂缝网常用模型及理论

在页岩层进行体积压裂时，由于页岩特殊物理性质及其内部天然裂缝的影响，会产生一个水力裂缝与天然裂缝相互连通的复杂缝网系统。而传统水力压裂模型（二维、拟三维、全三维模型）都是基于双翼对称裂缝理论，假设裂缝为单一形态裂缝，不适用于天然裂缝及层理发育、各向异性突出的页岩气体积压裂缝网系统的分析，因此国外在研究的过程中，先后建立了线网模型（HFN）、UFM 模型、离散化缝网模型（DFN）等复杂裂缝模型来模拟缝网压裂过程中缝网的形成。

1. 线网模型

线网模型又称 HFN 模型，首先由 Xu 等提出，该模型基于流体渗流方程及连续性方程，同时考虑了流体与裂缝及裂缝之间的相互作用。

HFN 模型基本假设如下：（1）压裂改造体积为沿井轴对称 $2a \times 2b \times h$ 的椭柱体，由直角坐标系 XYZ 表征，X 轴平行于 σ_H 方向，Y 轴平行于 σ_h 方向，Z 轴平行于 σ_v 方向；（2）将缝网等效成两簇分别垂直于 X 轴、Y 轴的缝宽、缝高均恒定的裂缝，缝间距分别为 d_x、d_y；（3）考虑流体与裂缝以及裂缝之间的相互作用；（4）不考虑压裂液滤失。基于以上假设，做出 HFN 模型的几何模型示意图（图 2-29）。

HFN 数学模型如下所示：

（1）连续性方程。

在不考虑压裂液滤失的情况下，泵入压裂液的体积与所形成裂缝的总体积相等。即：

$$qt_i = h\left(\sum_{i=1}^{N_x} L_{xi}\omega_x + \sum_{j=1}^{N_y} L_{yj}\omega_y\right) \tag{2-25}$$

式中　q——压裂液流量，m^3/min；

　　　t_i——施工时间，min；

　　　h——裂缝缝高，m；

N_x，N_y——分别为垂直于 X 轴、Y 轴的裂缝的条数；

L_{xi}，L_{yi}——分别为垂直于 X 轴的第 i 条裂缝和平行于 Y 轴的第 j 条裂缝的长度，m；

w_x，w_y——分别为垂直于 X 轴裂缝和垂直于 Y 轴裂缝的缝宽，mm。

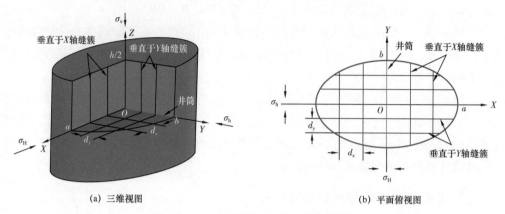

(a) 三维视图   (b) 平面俯视图

图 2-29　HFN 几何模型三维、平面俯视图

（2）流体渗流方程。

由于缝网内裂缝宽度很小，因此可以假设流体在裂缝中的流动遵循流体渗流方程，则椭圆渗流方程为：

$$\frac{1}{x}\frac{\partial}{\partial x}\left[\frac{B(1+\gamma)x\omega_x K_{fx}}{\pi\gamma\mu d_x}\frac{\partial p}{\partial x}\right]=\frac{\partial\phi}{\partial t} \qquad (2-26)$$

$$\frac{1}{y}\frac{\partial}{\partial y}\left[\frac{B(1+\gamma)x\omega_y K_{fy}}{\pi\gamma\mu d_y}\frac{\partial p}{\partial y}\right]=\frac{\partial\phi}{\partial t} \qquad (2-27)$$

式中　B——第二类椭圆积分；

　　　γ——椭圆纵横比，$\gamma=b/a$；

　　　K_{fx}，K_{fy}——分别为垂直于 X 轴、Y 轴方向的裂缝渗透率，mD；

　　　μ——压裂液黏度，mPa·s；

　　　ϕ——裂缝孔隙度。

（3）缝宽方程。

假设相互平行的裂缝缝宽相同，则垂直于 ζ 方向的裂缝缝宽方程为：

$$\omega_\zeta=\frac{\pi h(1+v)(p-\sigma_c-\Delta\sigma_{\zeta\zeta})}{E} \qquad (2-28)$$

式中　ζ——代表 x 和 y；

　　　w_ζ——垂直于 ζ 方向的裂缝缝宽，mm；

　　　E——弹性模量，MPa；

　　　v——泊松比；

p——缝内流体压力，MPa；

σ_c——垂直于 ζ 方向的水平主应力 σ_h 或 σ_H，MPa；

$\Delta\sigma_{\zeta\zeta}$——缝间干扰应力，MPa。

将方程（2-28）代入方程（2-25）（2-26）（2-27），并联立方程式（2-25）、式（2-26）和式（2-27）可以获得线网模型的方程组：

$$\begin{cases} F_1\left(p,\ q,\ t_i,\ \mu,\ E,\ \upsilon,\ h,\ a,\ b,\ \Delta\sigma,\ d_x,\ d_y\right)=0 \\ F_2\left(p,\ q,\ t_i,\ \mu,\ E,\ \upsilon,\ h,\ a,\ b,\ \Delta\sigma,\ d_x,\ d_y\right)=0 \\ F_3\left(p,\ q,\ t_i,\ \mu,\ E,\ \upsilon,\ h,\ a,\ b,\ \Delta\sigma,\ d_x,\ d_y\right)=0 \end{cases} \quad （2-29）$$

其中：$\Delta\sigma=\sigma_H-\sigma_h$。

方程组（2-29）含有 12 个变量，在已知其中 9 个变量的前提下，即可通过求解该方程组求得另外 3 个变量。因此在利用 HFN 模型进行缝网压裂优化设计时，可先通过微地震监测获得缝网几何形态参数（h，a，b），通过岩石力学常规三轴实验获得岩石物性参数（E，v），根据压裂施工方案获得施工参数（p，q，t，μ），然后利用半解析法求解方程组（2-29），获得缝网分布参数（d_x，d_y）及差应力（$\Delta\sigma$）。反之，若已知缝网分布及差应力，则通过计算 HFN 模型，可以获得缝网几何形态参数（h，a，b）。

HFN 模型考虑了压裂过程中改造体积的实时扩展以及施工参数的影响，能够对已完成压裂进行缝网分析，同时可以基于该分析对之后的压裂改造方案进行二次优化设计。其不足之处在于模拟缝网几何形态较为简单，需借助于地球物理技术的帮助获取部分参数，同时由于不能模拟水平裂缝的起裂及扩展问题，以及忽略了滤失问题，所以使用时具有较大的局限性。

2. 离散化缝网模型

离散化缝网模型（DFN）最早由 Meyer 等提出。该模型基于自相似原理及 Warren 和 Root 的双重介质模型，利用网格系统模拟解释裂缝在 3 个主平面上的拟三维离散化扩展和支撑剂在缝网中的运移及铺砂方式，通过连续性原理及网格计算方法获得压裂后缝网几何形态。

DFN 模型基本假设如下：（1）压裂改造体积为 $2a\times 2b\times h$ 的椭球体，由直角坐标系 XYZ 表征，X 轴平行于最大水平主应力（σ_H）方向，Y 轴平行于最小水平主应力（σ_h）方向，Z 轴平行于垂向应力（σ_v）方向；（2）包含一条主裂缝及多条次生裂缝，主裂缝垂直于 σ_h 方向，在 X—Z 平面内扩展，次生裂缝分别垂直于 X，Y 及 Z 轴，缝间距分别为 d_x，d_y 及 d_z；（3）考虑缝间干扰及压裂液滤失；（4）地层及流体不可压缩。基于以上假设，作出 DFN 模型几何模型的示意图（图 2-30）：

DFN 模型主要数学方程如下所示：

（1）连续性方程。

在考虑滤失的情况下，压裂液泵入体积与滤失体积之差等于缝网中所含裂缝的总体积。即：

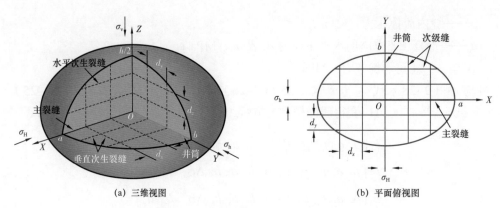

(a) 三维视图　　　　　　　　　　(b) 平面俯视图

图 2-30　DFN 几何模型三维、平面俯视图

$$\int t_0 q(\tau)\,\mathrm{d}\tau - V_1(t) - V_{sp}(t) = V_f(t) \tag{2-30}$$

式中　　q——压裂液流量，$\mathrm{m^3/min}$；

V_1——滤失量，$\mathrm{m^3}$；

V_{sp}——初滤失量，$\mathrm{m^3}$；

V_f——总裂缝体积，$\mathrm{m^3}$。

（2）流体流动方程。

假设压裂液在裂缝中的流动为层流，遵循幂率流体流动规律，其流动方程为：

$$\frac{\mathrm{d}p}{\mathrm{d}x} = -\left(\frac{2n'+1}{4n'}\right)^{n'} \frac{k'(q/a)^{n'}}{\Phi(n')^{n'} b^{2n'+1}} \tag{2-31}$$

式中　　p——缝内流体压力，MPa；

n'——流态指数；

k'——稠度系数，$\mathrm{Pa \cdot s^n}$；

a，b——分别为椭圆长轴半长及短轴半长，m；

$\Phi(n')$——积分函数。

（3）缝宽方程。

主裂缝缝宽方程为：

$$\omega_x = \Gamma_w \frac{4(1-v^2)}{E}(p - \sigma_h - \Delta\sigma_{xx}) \tag{2-32}$$

假设所有垂直于 ζ 轴的次生缝缝宽相同，与主裂缝缝宽之比为 λ_ζ，则次生裂缝缝宽方程为：

$$\omega_\zeta = \lambda_\zeta \omega_x \tag{2-33}$$

式中　　ω_x——主裂缝缝宽，mm；

Γ_w——功能函数；

E——弹性模量，MPa；

v——泊松比；

σ_h——最小水平主应力，MPa；

$\Delta\sigma_{xx}$——缝间干扰应力，MPa；

ζ——代表 x，y 及 z；

w_ζ——垂直于 ζ 轴的次生缝缝宽，mm；

λ_ζ——垂直于 ζ 轴的次生缝缝宽与主裂缝缝宽之比。

应用离散化缝网模型进行压裂优化设计时，需要首先设定次生裂缝缝宽、缝高、缝长等参数与主裂缝相应参数的关系，假设次生裂缝几何分布参数；然后按设计支撑剂的沉降速度以及铺砂方式，将地层物性、施工条件等参数代入以上数学模型，通过数值分析方法求得主裂缝的几何形态和次生裂缝几何形态；最后得到压裂改造后的复杂缝网几何形态。

具体计算过程如下：① 假设某时刻用于扩展主裂缝的压裂液体积；② 假设主裂缝缝长，并对其离散；③ 求解离散单元上流量；④ 利用四阶龙格—库塔方法求解离散单元的缝高、缝宽及缝内压力；⑤ 返回③计算下一单元；⑥ 利用压裂液在主裂缝中的质量守恒方程验证缝长，若不满足，返回②重新假设缝长，若满足进行下一步；⑦ 计算次生缝几何形态及压裂液滤失体积；⑧ 利用质量守恒方程验证流量分配，若不满足，返回①重新假设，若满足，返回①进行下一时刻的计算；⑨ 输出计算结果。

DFN 模型是目前模拟页岩气体积压裂复杂缝网的成熟模型之一，特别是考虑了缝间干扰和压裂液滤失问题后，更能够准确描述缝网几何形态及其内部压裂液流动规律，对缝网优化设计具有重要意义。其不足之处在于需要人为设定次生裂缝与主裂缝的关系，主观性强，约束条件差，且本质上仍是拟三维模型。

（四）影响缝网形成的工程因素

影响页岩储层压裂裂缝延伸的工程因素包括施工净压力、压裂液黏度和压裂规模 3 个方面。

1. 施工净压力

Olson 等针对裂缝性储层压裂时多裂缝同时延伸过程中它们与天然裂缝之间的相互作用，采用边界元法进行了延伸模拟研究，提出了采用净压力系数 Rn 来表征施工净压力对裂缝延伸的影响：

$$Rn = \frac{p_f - \sigma_{min}}{\sigma_{max} - \sigma_{min}} \tag{2-34}$$

式中 p_f——裂缝内的流体压力，MPa；

σ_{max}，σ_{min}——分别为水平最大主应力和水平最小主应力，MPa。

考虑天然裂缝沿水平主应力方向分布，方位与人工裂缝延伸方向垂直，从水平井段的 5 个射孔点同时延伸，图 2-31（a）和图 2-31（b）的 Rn 分别为 1 和 2，对比可见，施工净压力系数越大，动态扩展裂缝的延伸形态越复杂。

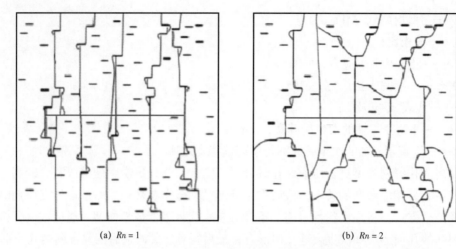

(a) $Rn = 1$　　　　　　　　(b) $Rn = 2$

图 2-31　不同施工净压力下裂缝性储层水平分段压裂模拟的水力裂缝延伸形态

由图 2-32 可以抽象出水力裂缝与天然裂缝相交作用的平面构架，水力压裂时，水力裂缝相交天然裂缝后如果沿天然裂缝端部起裂扩展，将会导致水力裂缝的分支和转向从而形成复杂的裂缝网络。这时相交点的流体压力需要克服从相交点到天然裂缝端部的流体压力降，同时需要满足端部破裂条件。

根据弹性力学理论，考虑水力裂缝沿天然裂缝延伸，从天然裂缝端部起裂延伸需要满足以下数学表达式：

$$p_i - \Delta p_{nf} > \sigma_n + T_o \qquad (2-35)$$

式中　σ_n——作用在天然裂缝上的正应力，MPa；

　　　T_o——岩石抗张强度，MPa；

　　　Δp_{nf}——交点与裂缝端部间的流体压力降，MPa；

　　　p_i——交点处的流体压力，MPa。

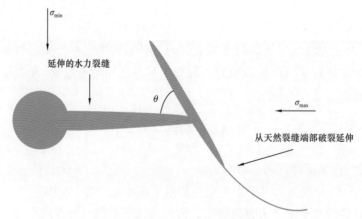

图 2-32　水力裂缝从天然裂缝端部破裂转向延伸示意图

考虑水力裂缝在相交点被天然裂缝钝化，在水力裂缝与天然裂缝相交点的流体压力为：

$$p_i = \sigma_{\min} + p_{net} \qquad (2\text{--}36)$$

式中　p_{net}——施工净压力，MPa。

作用在天然裂缝面上的正应力为：

$$\sigma_n = \frac{\sigma_{\max} + \sigma_{\min}}{2} + \frac{\sigma_{\max} - \sigma_{\min}}{2}\cos\left(180° - 2\theta\right) \qquad (2\text{--}37)$$

式中　θ——水力裂缝与天然裂缝的夹角，（°）。

将式（2--36）和式（2--37）代入到式（2--35）可得：

$$p_{net} > \frac{1}{2}\left(\sigma_{\max} - \sigma_{\min}\right)\left(1 - \cos 2\theta\right) + T_o + \Delta p_{nf} \qquad (2\text{--}38)$$

Δp_{nf} 可由天然裂缝内流体的流动方程计算得到：

$$\Delta p_{nf} = \frac{4\left(p_i - p_0\right)}{\pi}\sum_{n=0}^{\infty}\frac{1}{2n+1}\exp\left[-\frac{(2n+1)^2\pi^2 K_{nf}t}{4\phi_{nf}\mu C_t L_{nf}^2}\right]\sin\frac{(2n+1)\pi}{2} \qquad (2\text{--}39)$$

式中　K_{nf}——天然裂缝渗透率，mD；

　　　ϕ_{nf}——天然裂缝孔隙度；

　　　μ——地层流体黏度，mPa·s；

　　　C_t——天然裂缝综合压缩系数，MPa^{-1}；

　　　p_0——储层的初始流体压力，MPa；

　　　t——时间，s；

　　　L_{nf}——天然裂缝长度，m。

由图 2--33 可以看出，施工净压力越高，水力裂缝沿天然裂缝转向延伸的逼近角和水平应力差涵盖范围越大，水力裂缝越容易发生转向延伸，且更容易形成复杂的裂缝网络。基于数值模拟计算和理论分析结果可见，对于页岩储层压裂改造，采用大排量施工提高施工净压力有利于形成复杂的缝网。

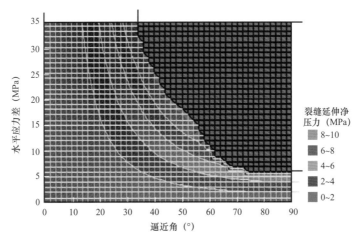

图 2--33　不同逼近角和水平应力差下水力裂缝沿天然裂缝转向延伸的施工净压力分布图

2. 流体黏度

页岩储层的压裂施工作业流体黏度对裂缝扩展复杂度具有重要影响，压裂流体黏度越高，裂缝扩展的复杂度将显著降低。下面分别从室内实验、矿场压裂实践和理论分析3个方面分析压裂液流体黏度对缝网扩展复杂度的影响。

Beugelsdijk等就裂缝性储层压裂液流体黏度对水力裂缝延伸的影响进行室内实验研究，实验结果如图2-34所示。实验发现，低流体黏度注入时施工压力曲线没有裂缝起裂特征显示，岩石体观察发现在延伸裂缝方向上没有主裂缝存在，裂缝沿天然裂缝起裂延伸；而采用高流体黏度注入时存在明显的主裂缝扩展，水力裂缝几乎不与相交的天然裂缝发生作用。从实验结果可见，低流体黏度更易形成复杂的裂缝延伸形态；高流体黏度更易形成平直的单一裂缝。

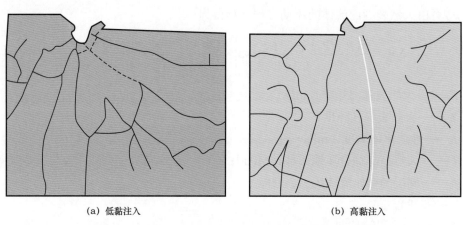

(a) 低黏注入   (b) 高黏注入

图2-34　流体黏度对裂缝延伸形态的室内实验结果对比

矿场施工数据表明，采用高黏流体将降低缝网的复杂度。Cipolla等基于一口Barnett页岩水平井采用不同作业流体两次施工的微地震监测结果，对比计算了滑溜水和冻胶压裂液的油藏改造体积。由图2-35可以看出，滑溜水的油藏改造体积比冻胶压裂液要大得多，更易形成复杂的裂缝展布，这为页岩体积改造优选低黏液体提供了重要的矿场依据。

基于式（2-35）式（2-39）的理论模型，图2-36和图2-37分别给出了滑溜水压裂液体系和弱交联压裂液体系水力裂缝相交天然裂缝后转向延伸的净压力分布图。

对比图2-36和图2-37可以发现，作业流体的黏度越低，在相同逼近角和水平应力差条件下，水力裂缝沿天然裂缝转向延伸净压力越低，水力裂缝沿天然裂缝转向延伸越容易。这主要是由于压裂液黏度越低，流体压力在天然裂缝内的传播越容易，天然裂缝缝内流体压力降越小，天然裂缝端部的压力越容易达到天然裂缝端部起裂压力门限值，因此，采用低黏压裂液更容易形成复杂的裂缝系统。

综合以上室内实验、矿场压裂实践和理论分析可见，压裂液流体黏度对缝网扩展复杂度具有重要作用和影响，选择低黏的压裂流体更加有利于形成复杂的缝网体系。

3. 压裂规模

传统的经典压裂理论认为，压裂改造规模越大，水力裂缝半长越长。然而，对于页岩储层的缝网压裂来说，压裂改造规模与缝网扩展程度同样存在较大的相关性。Mayerhofer 等 2006 年在研究 Barnett 页岩的微地震监测与压裂裂缝形态变化特征时首次提出了油藏改造体积（SRV）这个概念，同时研究表明 SRV 越大，页岩井产量越高，进而提出了页岩储层通过增加改造体积提高改造效果的技术思路。2008 年 Mayerhofer 等以论文标题为"什么是油藏改造体积"系统阐述了 SRV 的内涵和运用，进一步提出了改造体积越大，增产效果越好的观点，并给出了 Barnett 页岩 5 口井压裂规模与裂缝网络总长度之间的相关关系，如图 2-38 所示，表明注入压裂液体积越多，缝网扩展形态更为复杂，裂缝网络总长度越长。

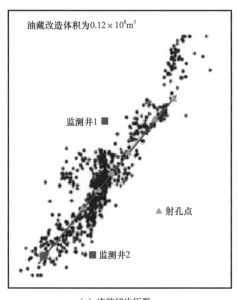

（a）冻胶初次压裂

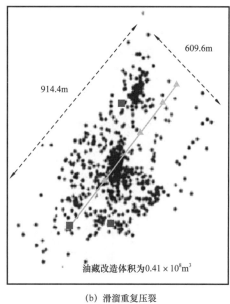

（b）滑溜重复压裂

图 2-35　冻胶与滑溜水对页岩储层改造体积对比

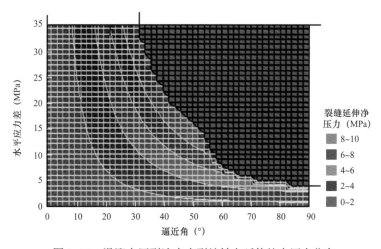

图 2-36　滑溜水压裂液水力裂缝转向延伸的净压力分布

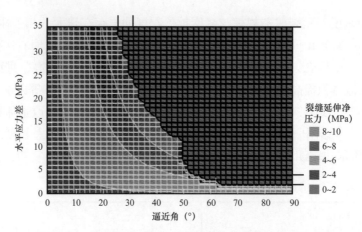

图 2-37　弱交联压裂液下水力裂缝转向延伸的净压力分布

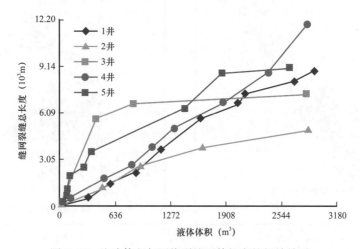

图 2-38　注液体积与网络裂缝延伸长度的相关关系

不少研究者对页岩储层的改造规模对压后产量的影响进行了研究。其中 Mayerhofer 等结合微地震监测结果和数值模拟方法对缝网展布下的页岩储层压后产量进行了定量分析，如图 2-39 所示，研究表明，储层的改造体积（SRV）越大，产量越高。

对于页岩储层，压裂规模越大，缝网在储层中的延伸体积越大，则相应的压后井产量就越高，采用大规模压裂增加 SRV 是提高井产量的重要措施。

二、施工参数优化

体积压裂和常规压裂所需施工条件不同，区别主要有以下三点：（1）大排量：体积压裂相比常规压裂排量要大，对于水平井体积压裂，通常排量要大于 $10m^3/min$，对于直井尚无界定；（2）大液量：体积压裂单井用液量达到几千方；（3）低黏度：国内常用的体积压裂所用压裂液多为滑溜水，常规配方为"清水＋表面活性剂＋黏土稳定剂＋减阻剂"。

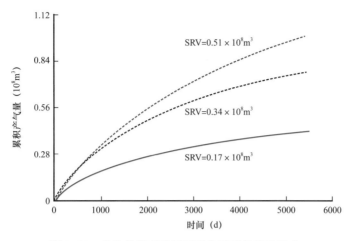

图 2-39　改造体积对缝网压裂井压后产量的影响

压裂施工排量、前置液比例、压裂规模（压裂液总量）等是影响体积压裂是否成功的重要人为因素。对丁满足体积压裂地质条件的地层，施工程序的好坏将直接影响体积压裂的最终效果。研究压裂施工排量、前置液比例、压裂液总量对储层改造体积的影响规律，对于体积压裂优化设计具有重要的指导意义。通过油藏数值模拟得到优化的水力裂缝参数后，再通过缝网模拟以优化施工参数。

（一）建立体积压裂缝网扩展模型

1. 压裂优化设计软件简介

常用的压裂优化设计软件有 FracproPT、StimPlan、Meyer、Gohfer、TerraFrac 和 FracCADE 等，表 2-5 对它们的功能进行了对比，其中水平井压裂优化设计方面，FracproPT、StimPlan 和 Meyer 软件应用较多。

表 2-5　常用压裂设计优化软件功能对比表

软件名称	压裂模拟	自动设计	小型压裂分析	压裂防砂模拟	酸化压裂模拟	产能预测	净现值最优化	独特功能
FracproPT	√	√	√	√	√	√	√	集总模型
StimPlan	√	√	√	√	×	√	√	压力分析、防砂
Meyer	√	√	√	√	√	√	√	注水井压裂
Gohfer	√	√	√	√	√	√	√	复杂应力场/数据库
TerraFrac	√	×	×	×	×	×	×	复杂裂缝模拟
FracCADE	√	√	√	√	√	×	√	压裂防砂

下面介绍如何通过 Meyer 软件建立裂缝模拟模型，实现施工参数优化。

2. 体积压裂缝网扩展模型（Meyer 软件）

（1）Meyer 的 Mshale 模块主要特点及基本操作步骤。

该模块的主要特点有：① 采用离散缝网模型 DFN；② 预测裂缝和孔洞双孔介质储层中措施裂缝的形态；③ 模拟非常规油气藏层页岩气和煤层气等措施形成的多裂缝、复杂、离散缝网。

Mshale 模块的基本操作步骤见表 2-6：

表 2-6　Mshale 模块的基本操作步骤

步骤	软件中对应的操作位置
打开一个已有的 Mshale 数据文件（*.mshale）或新建一个数据文件	File 菜单
定义单位制（选择性操作）	Units 菜单
选择程序选项	Data 菜单
如果是实时数据分析或已施工数据分析，打开 Mview 导入相应数据	Mview 模块
输入软件运行所需参数	Data 菜单
运行软件	Run 菜单
运行后查看图形输出结果	Plot 菜单
生成报告	Report 菜单

（2）利用 Mshale 模块模拟页岩气缝网较普通裂缝设置模块 Mfrac 不同点如下：

① 通过图 2-40 所示路径进入 Zones Data 设置界面。

② 网状裂缝选项（图 2-41）：裂缝参数（条数、间距）；缝间干扰；支撑剂铺置情况。

③ 裂缝选项（图 2-42 至图 2-47）：多裂缝；簇状复杂裂缝；用户定义的离散网状缝；固定的离散网状缝；Run 菜单→Plot 菜单→Discrete Fracture Network/Three Dimentional。

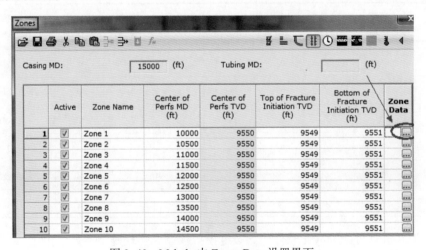

图 2-40　Mshale 中 Zones Data 设置界面

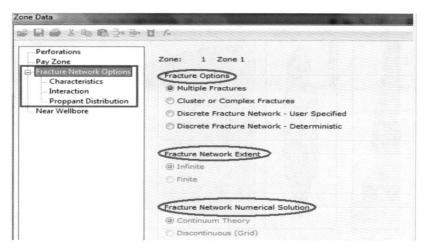

图 2-41　Zones Data 中 Fracture Network Option

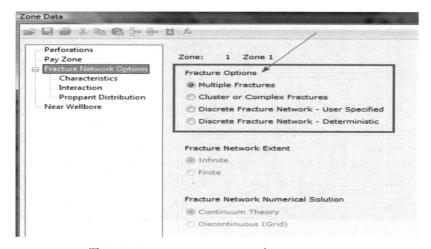

图 2-42　Fracture Network Option 中 Fracture Option

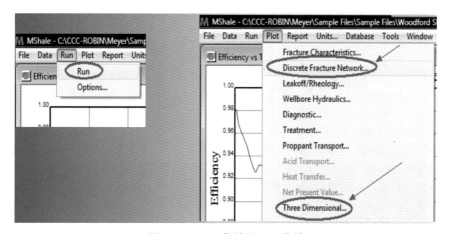

图 2-43　Run 菜单及 Plot 菜单

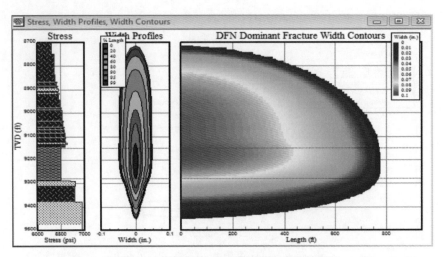

图 2-44　裂缝应力场及宽度截面运行结果

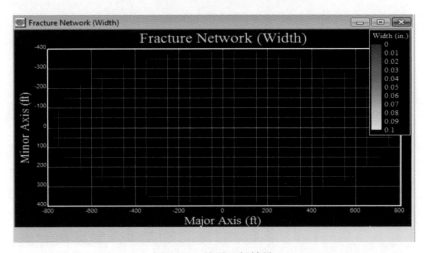

图 2-45　缝网运行结果

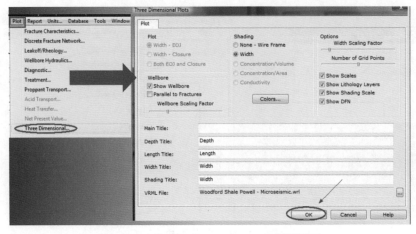

图 2-46　Plot 中 Three Dimentional 设置界面

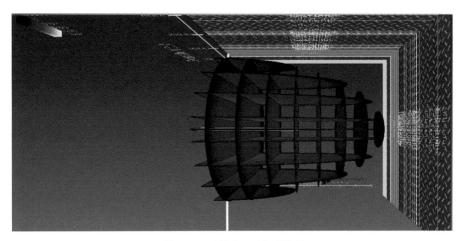

图 2-47　缝网 3D 运行模型

（二）优化压裂施工参数

通过油藏数值模拟得到优化的水力裂缝参数后，需要进行缝模拟以获取优化的施工参数。

1. 压裂施工规模优化

压裂施工规模优化是指使用压裂液总量，单位是 m^3。

压裂施工规模是影响压裂储层改造体积的关键参数。在体积压裂中，通过增大压裂液总量，从而获得较长的大水力裂缝，以更好地连通并扩展天然裂缝，形成复杂裂缝网络，从而增大储层改造体积。

应用压裂优化设计软件建立水平井压裂裂缝模拟模型，计算不同加砂规模条件下压裂裂缝尺寸，根据油藏数值模拟优化的水力参数确定合理的施工规模。

2. 排量优化

排量是指单位时间内压裂液注入体积，常用单位是 m^3/min。

排量是影响体积压裂效果的重要因素。研究表明，排量越大，裂缝净压力越大，越容易形成复杂的裂缝网络。但是，在实际施工过程中，排量受压裂管线等施工设备的制约，不能无限制增大。

首先根据车组和地面管线限压得到施工最高排量，之后再根据施工规模与支撑缝长关系，以某一缝长及其对应规模为基础进行施工排量的优化。

3. 施工压力预测

施工井口压力计算公式如下：

$$p_t = p_破 - p_静 + p_摩 \qquad (2-40)$$

式中　p_t——井口压力，MPa；

　　　$p_破$——岩石破裂压力，MPa；

　　　$p_静$——静液注压力，MPa；

$p_{摩}$——摩阻，MPa。

4. 前置液百分比优化

前置液百分比是指前置液量占压裂液总液量的体积比，常用单位是百分比。

前置液的主要作用是破裂地层并造出具有一定几何尺寸的裂缝，以备后续的携砂液进入。同时在温度较高的地层中，其还起到降温的作用，来保证携砂液具有较高的黏度。一旦前置液耗尽，裂缝可能在宽度窄的裂缝区内桥塞。这样，泵注充分的前置液量是关键，才能造出预期的缝长。另一方面，太多的前置液在某些情况下甚至可能引起更多的伤害，特别是对于要求高裂缝导流能力的情况。泵注停止后，裂缝继续延伸，在裂缝的端部附近遗留下较大的未支撑区。压后裂缝的残余塑性流动在裂缝中可能发生，支撑剂将携带至端部，并最终形成较差的支撑剂分布。

因此，在压裂设计中，前置液的百分比是一个重要的施工参数，是优化设计的基础和保证施工成功的前提。前置液用量的设计目标有两个：一是造出足够的缝长，另一方面是造出足够宽度的裂缝，保证支撑剂能够进入，并保证足够的支撑宽度，满足地层对导流能力的需求。

与排量优化类似，前置液比例的优化也是在确定施工规模、排量的情况下考察前置液比例对裂缝参数的影响，根据支撑缝长与动态缝长之比在80%~90%之间，优选前置液比例。

5. 砂比优化

砂比是指在压裂施工过程中加砂量与所用携砂液的体积比，单位是 m^3/m^3，常用百分数表示。

体积压裂所需要的支撑剂粒径较低，这是因为压裂液的黏度较低，若支撑剂粒径太大则会引起压裂液无法有效携带。但是为了使压后裂缝具有较高的导流能力，一般在压裂后期尾随一定量的大粒径支撑剂。

与前述类似砂液比的优化也是在确定施工规模、排量的情况下考察砂液比对裂缝参数，主要是对裂缝平均导流能力的影响。然后根据水力裂缝优化得到的最优导流能力决定平均砂液比。

第三章 体积压裂施工工艺技术

体积压裂施工具有施工规模大，施工设备多，对压裂材料要求高，施工工艺复杂等特点。为更好了解体积压裂技术，本章将从体积压裂施工的角度出发介绍体积压裂施工组织，压裂材料以及施工工艺技术。

第一节 施工组织

一、现场设备布置

页岩气井因施工规模大、设备多，施工现场布置也必须根据施工规模、施工排量等要求进行合理布置，确保施工顺利进行。

目前页岩气井单段施工规模在 $1000\sim1500m^3$，施工排量在 $10\sim12m^3/min$，支撑剂分 3 种粒径（单种粒径支撑剂最多 $90m^3/$ 段），一般配备 $12\sim15$ 台主压车，2 台混砂车（1 台备用），压裂液分滑溜水、线性胶、冻胶，所以现场一般配备 $40m^3$ 液罐 40 具左右，一般采取 "Ⅱ" 型或 "L" 型（图 3-1、图 3-2），施工场地 60m×50m 基本能满足施工要求。但是也存在液罐距混砂车太远，上水排量受限，并依靠连续混配车在线补充 $5\sim7m^3/min$ 排量或低压汇管连接供液泵中途加压，以保证施工排量稳定。

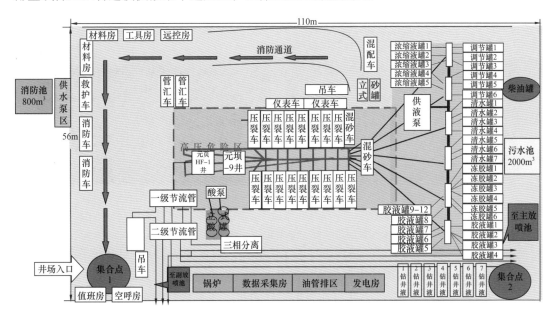

图 3-1 某井 "Ⅱ" 型液罐布置图

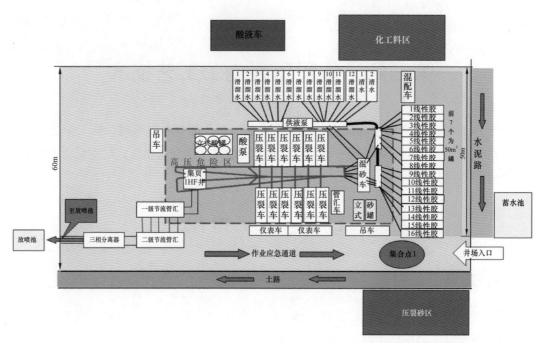

图 3-2 "L"型液罐布置图

目前，某井页岩气压裂现场布置主要采用"L"型液罐、压裂车对称直型摆放，若施工规模 2000～2500m³，施工排量 15～18m³/min，单段加砂 150～200m³，则存在混砂车供液距离远、混砂车砂比低、压裂车上水远、立式砂罐不足、混配车不足，井场需 60～70 具 40m³ 液罐、场地最小 80m×（90～100）m 等因素，不能满足施工需求。施工现场布置图确定后，应严格遵照落实，两排液罐摆放距离不可过远，否则将造成混砂车远离供液汇管（混砂车连接 2 根上水管线如图 3-3 所示）。

图 3-3 混砂车连接 2 根上水管线

研究页岩气大型压裂现场摆放方式，分下面几种：

"一"字型（井场长条形，现场设备一条线摆开，现场设备集中，低压流程连接较远，远端压裂车上水困难，高压管线多路连接混乱）——不合理的布置方式。

"十"字型（井场为方形，井口在方形边框角落，压裂设备分 2 处直角摆放，补液分 2 处，流程连接复杂）——可选的布置方式。

"Ⅱ"或"△"字型（井场不受限，井口位于一边中部，机组2侧连接，供液集中，低压流程简洁，供液方便；高压多路管线连接清晰、方便）——最佳布置方式，国外多采用，如图3-4所示。

"工"字型（井场窄长，压裂机组两端摆设，高、低压流程连接简洁、方便；补液、补砂分2处，补液流程较远）——可选的布置方式。

页岩气压裂国外泵注排量：10～20m³/min，最高为32m³/min，液量：每段2000m³以上，单井最大达60000m³，支撑剂每段60～180m³，单井900～1800m³。井场布置多采用2套机组分别独立施工、井口汇合。

图3-4　国外页岩气大型压裂现场摆放模式

二、现场分工及安全环保

（一）现场分工

（1）作业队一定要在地面检查好所有入井工具（入井油管、接头及短节等井下工具），检查好螺纹，按设计要求准确下井。下井前必须丈量和记录入井工具的型号、内外径、长度等数据，并记录在工程班报中，井下工具位置必须符合设计要求，井口紧固，不刺不漏，压力表、指重表齐备完好。

（2）配液站在拉液、配液前必须彻底洗好所有储液罐，施工前按设计要求配制好工作液，所有施工用水 pH 值在 6～7 之间，机械杂质含量＜2mg/L，配液时要记录用水及所有添加剂量，保证液体性能满足施工要求，所有配液参数及试验结果都要提交给施工单位。

（3）压裂队要按设计配备所有上井施工的车辆、设备和仪表。

（4）施工前开好安全会及施工交底会，做到五清楚（施工设计清楚；油层特性清楚；管串结构清楚；安全措施清楚；岗位分工清楚）；五稳（封隔器坐封稳、降压稳、加砂稳、操作稳）和六不（不卡不堵；不憋不掉；不刺不漏）。

（5）施工所有单位在确保施工质量要求的前提下一律听从压裂队指挥，坚守岗位，听从指挥，不得随意进入高压区。

（6）压裂施工资料有压裂队统一整理，及时上交。

（7）工作人员要戴好劳保用品，非工作人员不得随意进入现场。

（8）施工中如发生意外情况，有现场施工领导小组共同研究决定措施。

（9）井控工作按《井下作业井控工作手册》（试行）的要求执行。

（二）安全环保要求

1．执行标准
执行标准见表 3-1。

表 3-1　执行标准表

序号	名称	文号／标准号
1	中华人民共和国安全生产法	
2	中华人民共和国环境保护法	
3	石油天然气工业健康、安全与环境管理体系	SY/T 6276—2014
4	硫化氢环境人身防护规范	SY/T 6277—2017
5	水力压裂和砾石充填作业用支撑剂性能测试方法	SY/T 5108—2014
6	油气水井压裂设计与施工及效果评估方法（附英文版）	SY/T 5289—2016
7	油气水井井下作业资料录取项目规范	SY/T 6127—2017
8	石油天然气钻采设备压裂成套设备	SY/T 5211—2016
9	压裂工程质量技术监督及验收规范	Q/SY 31—2007
10	压裂设计规范及施工质量评价方法	Q/SY 91—2007
11	酸化压裂助排剂技术要求	Q/SY 1376—2011
12	油气井压裂设计规范	Q/SY 1025—2010
13	西南油气田分公司井下作业井控实施细则	西南司工程［2015］5 号

2. 健康、安全与环境管理基本做法

（1）遵守国家、当地政府有关健康、安全与环境保护法律、法规等相关文件规定。

（2）严格按照中国石油天然气集团公司《健康、安全与环境管理体系规范》（Q/CNPC 104.1—2004）执行。

（3）将健康、安全与环境管理贯穿于修井作业的全过程。

（4）严格落实《天然气井试气作业计划书》《天然气井试气作业指导书》《天然气井试气作业现场检查表》等"两书一表"及各类应急预案。

（5）加强施工作业过程的控制与管理，将各类《应急预案》落实贯穿于试气作业的全过程。

1）安全要求

（1）施工作业应有安全照明措施。作业车辆和液罐的摆放位置与各类电力线路保持安全距离。

（2）压裂施工前，由现场指挥、井口操作人员与压裂准备作业方指定人员对施工井进行检查，确认达到设计要求。

（3）施工前，由现场指挥向施工人员进行压裂设计交底，并进行现场安全教育。

（4）施工人员穿戴劳保用品，分工明确，服从统一指挥，非施工人员严禁进入施工现场。

（5）地面流程承压时，未经现场指挥批准，任何人员不得进入高压危险区。因需要进入高压危险区时，应符合下列安全要求：

① 经现场指挥允许。

② 危险区以外有人监护。

③ 执行任务完毕迅速离开。

④ 操作人员未离开危险区时，不得变更作业内容。

⑤ 压裂施工应按设计要求对压裂设备、地面流程和井口装置试压。如管线或井口有泄漏，处理后应重新试压。

⑥ 进行循环试运转，检查管线是否畅通，仪表是否正常。

⑦ 起泵应平稳操作，逐台启动，排量逐步达到设计要求。

⑧ 现场有关人员应佩戴无绳耳机、送话器，及时传递信息。

⑨ 施工过程中管汇、管线、井口装置等部位发生泄漏，应在停泵、关井、泄压后处理，不应带压作业。

⑩ 压裂施工完毕，应按设计要求关井，拆卸地面管线。

⑪ 按设计要求关井，扩散压力，观察压力变化。按设计要求排液。

2）环保要求

（1）严格执行 SY/T 6276—2014《石油天然气工业健康、安全与环境管理体系》要求。

（2）严禁将压裂用化工料随意散落在井场，做好环境保护工作。

（3）要求将放喷返排液排入专用储液罐，防止返排液污染井场。

3）井控要求

井控工作的原则是"立足一次井控，杜绝二次井控"。井控工作的重点在试油（气）队，关键在班组，要害在岗位。

（1）压裂施工前做好井控教育与演练工作，从开始施工到完毕，要落实专人坐岗，观察井口，发现溢流，及时报告。

（2）起下管柱过程中密切注意井口溢流情况，对需要压井的井，井场备好压井液。

（3）正常情况下，严禁将防喷器当采油树使用，作业过程中必须安装防喷器，严禁在未打开闸板防喷器的情况下进行起下管柱作业，在装采油树和防喷器切换过程中，确保互换过程中动力系统完好。

（4）防喷器在现场安装前认真保养，并检查闸板芯子尺寸应与所使用管柱尺寸吻合，检查配合三通钢圈尺寸、螺孔尺寸应与防喷器、套管四通尺寸相吻合。

（5）防喷器安装必须平正，各控制闸门应灵活、可靠、压力表应准确，上齐上全连接螺栓。

（6）对于采用液压控制的防喷器，安装在距井口25m以外，保证灵活好用。

（7）全套井控设备在现场安装完毕好后，用清水对井控装置试压。

（8）放喷管线安装在当地风向的下风方向，接出井口35m以外，通径不小于62mm，放喷管线如遇特殊情况需要转弯时，要用钢弯头（或钢制弯管）。转弯夹角不小于120°，每隔10～15m用地锚或水泥墩固定牢靠。压井管线安装在上风向的套管闸门上。

（9）井下作业队伍要配备与井下管柱相匹配的内防喷工具。

（10）四通两侧的压井防喷管线和与之匹配连接的阀门，在作业施工前要按设计要求进行试压，保留试压记录，并在整个施工作业过程中采取防堵、防冻（冬天）措施，保证其畅通并处于完好状态。

（11）在防喷器或采油树大四通上法兰面上起下管柱作业时，上法兰必须装保护装置，以保护法兰面和钢圈槽。

（12）施工作业单位施工前必须对井场周围一定范围内的居民住宅、学校、厂矿进行现场勘察，并在施工设计中标注说明，制定相应的防喷措施。

（13）因特殊情况需要变更井控装置时，由井下作业方提出申请，需经甲方现场技术负责人审核同意后方可实施，实施前作业单位要制定相应的井控措施。

（14）严格按SY/T 6690—2016《井下作业防喷技术规程》做好防喷工作。

（15）压裂施工前，通知正在施工的邻井，观察压裂施工对该邻井的影响，做好应急措施。

井下作业井控技术是确保气井试气、压裂施工的必备技术。做好井控工作，既有利于试气、测试中发现和保护好气层，通过压裂改造提高单层、单井产量，顺利完成试气作业，又可防止和避免井喷及其失控事故，实现作业过程的安全生产。

4）压裂施工中应急预案

（1）施工压力异常高而无法达到设计排量：根据现场具体情况减小加砂规模及降低砂比、或不加砂。

（2）压力上升过快：降低砂比或停止加砂。

（3）井口或地面管线泄漏：立即停泵，关井口闸门，管线卸压。整改后，如是注前置液阶段，前置液量要重新计算；如是加砂初期阶段，现场指挥可根据施工压力情况试启泵，观察压力，如压力正常，可继续施工。如压力不正常，则开始顶替，如已无法顶替，开井放喷。如是加砂后期阶段，现场指挥可根据施工压力情况试启泵，进行顶替，如已无法顶替，开井放喷。

（4）施工砂堵的处理：立即停泵，开井放喷，如放喷不出，关井，待压力扩散后，下管柱冲砂洗井。

第二节 压裂材料

一、压裂液

由多种添加剂与水按一定配比形成的非均质不稳定的化学体系，称之为压裂液，它是对油气层进行压裂改造时使用的工作液，其主要作用是将地面设备形成的高压传递到地层中，使地层破裂形成裂缝并沿裂缝输送支撑剂。

压裂液是压裂入井流体的一个总称，在不同的压裂过程中，注入井内的压裂液在不同施工阶段有各自的任务，所以根据其任务的不同，压裂液组成可分为：

（1）前置液。其作用是破裂地层并造成一定几何尺寸的裂缝，同时还起到一定的降温作用。为提高其工作效率，特别是对高渗透层，前置液中需加入降滤失剂，加细砂或粉陶（粒径100~320目，砂比10%左右）或5%柴油，堵塞地层中的微小缝隙，减少液体的滤失。

（2）携砂液，它起到将支撑剂（一般是陶粒或石英砂）带入裂缝中并将砂子放在预定位置上的作用。在压裂液的总量中，这部分占的比例很大。携砂液和其他压裂液一样，都有造缝及冷却地层的作用。

（3）顶替液，其作用是将井筒中的携砂液全部替入到裂缝中。

（一）常用压裂液体系

1.常用压裂液种类

在压裂作业中，有多种不同种类的压裂液可供选择，包括水基压裂液、油基压裂液、乳化压裂液、泡沫压裂液、液化气压裂液、酸基压裂液等。由于水的可用性、经济有效性、其自身液柱重量以及无火灾之险等特点，促使水基压裂液发展的较快，尤其是目前的压裂新技术，基本都集中在水基压裂液方面。因此，目前国内最常用的压裂液类型为水基压裂液，其他类型的压裂液应用相对较少。

1）水基压裂液

水基压裂液是以水作溶剂或分散介质，向其中加入稠化剂、添加剂配制而成的。主要采用三种水溶性聚合物作为稠化剂，即植物胶（瓜尔胶、田菁、魔芋等）、纤维素衍生物及合成聚合物。这几种高分子聚合物在水中溶胀成溶胶，交联后形成黏度极高的冻胶。具有黏度高、悬砂能力强、滤失低、摩阻低等优点。目前国内外使用的水基压裂液分以下几种类型：主要包括稠化水压裂液、水基冻胶压裂液、水包油压裂液、水基泡沫压裂液，稠化水压裂液是将稠化剂溶于水配成了；根据添加剂的不同，也可分为天然植物胶压裂液、纤维素压裂液、合成聚合物压裂液等。天然植物胶压裂液，包含如瓜尔胶及其衍生物羟丙基瓜尔胶，羟丙基羧甲基瓜尔胶，延迟水化羟丙基瓜尔胶；纤维素压裂液，包含如羧甲基纤维素，羟乙基纤维素，羧甲基—羟乙基纤维素等；合成聚合物压裂液，包含如聚丙烯酰胺、部分水解聚丙烯酰胺、甲叉基聚丙烯酰胺及其共聚物。

2）油基压裂液

油基压裂液是以油为溶剂或分散介质，加入各种添加剂形成的压裂液，与水基压裂液比较，油基压裂液优势有：（1）油的相对密度小，液柱压力低，有利于低压油层压裂后的液体返排，但需提高泵注压力；（2）油与地层岩石及流体相容性好，基本上不会造成水堵，乳堵和黏土膨胀与迁移而产生的地层渗透率降低。

但是油基压裂液具有以下不足：（1）容易引起火灾；（2）易使作业人员、设备及场地受到油污；（3）基油成本高；（4）溶于油中的添加剂选择范围小，成本高，改性效果不如水基液；（5）油的黏度高于水，摩阻比水大；（6）油的滤失量大；（7）油基压裂液适用于低压、强水敏地层，在压裂作业中所占比重较低。

2. 压裂液用添加剂

压裂液添加剂对压裂液的性能影响非常大，不同添加剂有不同作用。目前常用的压裂液有水基压裂液和油基压裂液，其中，配制水基压裂液的添加剂主要有：稠化剂、降阻剂、液体滤失添加剂、破乳剂、黏土稳定剂、pH 控制剂、表面活性剂、阻垢剂、消泡剂、交联剂、冻胶稳定剂、破胶剂、杀菌剂及其他特殊添加剂等；配制油基压裂液的添加剂主要有稠化剂（也称胶凝剂）、交联剂（也称活化剂）、破胶剂、降阻剂及降滤失剂等。掌握各种添加剂的作用原理并能正确选用添加剂，可以配制出物理化学性能优良的压裂液，既是顺利施工和减少对油气层伤害的重要保证，也是改造好、保护好油气层的重要条件。

（二）页岩气常用压裂液体系

1. 减阻水压裂液体系

减阻水压裂液是指在清水中加入一定量支撑剂及少量的减阻剂、表面活性剂、黏土稳定剂等添加剂的一种压裂液，又叫滑溜水压裂液，在现场应用中要注意各添加剂之间以及添加剂与基液和成胶剂之间的配伍性。

相比传统凝胶压裂液体系，减阻水压裂液体系具有减少地层伤害的特点，由于传统的凝胶压裂液体系凝胶浓度较高，易形成残留物和滤饼，这些物质极易造成堵塞地层，并大大影响页岩气储层的裂缝导流能力。而减阻水压裂液中化学添加剂的比例极小，易于返排，有效降低了地层及裂缝伤害，从而有效提高气井产气量。

由于减阻水中化学添加剂所占比例较小，故成本较低，就一口井压裂施工而言，相比其他压裂液体系，减阻水压裂液系统可节省施工成本 40%～60%，由于压裂施工成本远低于其他压裂液体系，许多原来无开采价值的储层便可以得到有效开发。

目前减阻水已成为国内外页岩气压裂的主流压裂液，涪陵页岩气压裂施工使用的高效变黏滑溜水压裂液体系，其体系组成为：0.1%～0.2% 高效减阻剂 +0.1%～0.3% 复合防膨剂 +0.1% 复合增效剂。该体系具有低摩阻、低伤害、易造缝、配置简单等特点，其降阻率大于 75%，年度可调范围为 12～15mPa·s，伤害率小于 10%，表面张力小于 28mN/m，适应性强。

2. 胶液

线性胶压裂液体系是由水溶性聚合物稠化剂与其他添加剂（如黏土稳定剂、破胶剂、助排剂、破乳剂和杀菌剂等）组成。

在不同的注入管径和排量下，线性胶压裂液体系的摩阻为清水摩阻的 23%～30%，大大降低了施工压力及缝内静压力，降低了压裂液在缝内的流动阻力，有助于缝高的控制。线性胶压裂液体系具有易流动性，一般为非牛顿流体，在低砂浓度情况下有利于压裂液携带支撑剂移动至较远距离。线性胶压裂液体系能在要求的时间内彻底破胶，有利于压后及时返排，降低伤害。因此，线性胶压裂液体系具有低伤害、低摩阻和一定的携砂能力。

对于加砂困难的层段，采用前置胶液降滤造缝，同时，在加砂中后期注入携砂能力较强的胶液，充分扩展主裂缝并携带大粒径支撑剂，并顺利进入地层裂缝，以保持近井地层获得有效的主裂缝支撑及高导流能力。目前，涪陵焦石坝页岩气压裂用线性胶液体系水化性好，基本无残渣，悬砂能力强，返排效果好，性能稳定。线性胶液体系的主体配方为 0.2%～0.35% 低分子稠化剂 +0.2%～0.3% 流变助剂 +0.15% 复合增效剂 +0.07%～0.1% 黏度调节剂 +0.02% 消泡剂，胶液水化性好，无残渣，悬砂好，裂缝有效支撑好，返排效果好。

3. 复合压裂液体系

不同于上面两种压裂液体系，复合压裂液体系主要应用在黏土含量高、塑性较强的页岩气储层。使用复合压裂液不仅可以形成一定规模的缝宽，还可以提高压裂液体系的携砂能力，保证砂子填充地层的效果。复合压裂液一般采用前置滑溜水与冻胶交替注入的方式进行压裂施工，这种方式可以充分利用低黏度活性水携砂在冻胶中发生黏滞指进现象，有效降低了支撑剂沉降速率，为地层提供更高的裂缝导流能力。

二、支撑剂

支撑剂的作用在于分隔开并有效支撑裂缝两个壁面，使压裂施工结束后裂缝始终能够得到有效支撑，从而消除地层中大部分径向流，使地层流体以线性流方式进入裂缝。

支撑剂的应满足以下性能要求：

（1）强度高。保证在高闭合压力作用下仍能获得最有效的支撑裂缝。支撑剂类型及组成不同，其强度也不同，强度越高，承比能力越大。

（2）粒径均匀、圆球度好。支撑剂粒径均匀可提高支撑剂的承压能力及渗透性。目前使用的支撑剂颗粒直径通常为 0.45～0.9mm（即 40/20 目）。

（3）杂质少。以免堵塞支撑裂缝孔隙而降低裂缝导流能力。支撑剂中的杂质是指混在支撑剂中的碳酸抉盐、长石、铁的氧化物及黏土等矿物质。

（4）密度低。体积密度最好小于 2000kg/m³，以利于压裂液输送支撑剂并有效充填裂缝。

（5）高温盐水中呈化学惰性。不与压裂液及储层流体发生化学反应，以避免污染质支撑裂缝。

（6）货源充足，价格便宜。

（一）常规支撑剂

1. 石英砂

天然石英砂是首先而又广泛使用的支撑剂（约占 55%），主要化学成分是二氧化硅（SiO_2），同时伴有少量的铝、铁、钙、镁、钾、钠等化合物及少量杂质。石英含量是衡量石英砂质量的重要指标，我国压裂用石英砂的石英含量一般在 80% 左右，国外优质石英砂的石英含量可达 98% 以上。

石英砂具有下列特点：

（1）圆球度较好的石英砂破碎后，仍可保持一定的导流能力。

（2）石英砂密度相对低，便于泵送。

（3）0.15mm 或更细粉砂可作为压裂液降滤剂，充填与主裂缝沟通的天然裂缝。

（4）石英砂的强度较低，开始破碎压力约为 20MPa，破碎后将大大降低渗透率，而且受嵌入、微粒运移、堵塞、压裂液伤害及非达西流动影响，裂缝导流能力可降低到初始值的 10% 以下，因此适用于低闭合压力储层。

（5）价格便宜，在许多地区可以就地取材。我国压裂用石英砂产地甚广，如甘肃兰州砂、福建福州砂、湖南岳阳砂等。

2. 人造陶粒

为满足深层高闭合压力储层压裂的要求，研制开发出了人造陶粒支撑剂。包括：

（1）中强度陶粒支撑剂。用铝矾土或铝质陶土（矾和硅酸铝）制造，其中氧化铝或铝质重量含量为46%～77%，硅质含量为13%～55%，以及少量其他氧化物。我国宜兴东方厂生产低密度中强度支撑剂。

（2）高强度陶粒支撑剂。由铝矾土或氧化铝物料制造，其中氧化铝含量为85%～90%，氧化硅3%～6%，氧化铁4%～7%，氧化钛（TiO_2）3%～4%。我国成都和唐山都生产高强度陶粒支撑剂。

陶粒支撑剂强度很高，在高闭合压力下可提供更高裂缝导流能力；而且随着闭合压力增加和承压时间延长，导流能力递减比石英慢得多。但陶粒密度较高（2700～3600kg/m³），泵送困难；加工工艺困难，价格昂贵；而且随着铝含量增加，陶粒抗压强度增大，但密度相应增加，两者应取得平衡。

（二）页岩气常用支撑剂组合

页岩气在支撑剂选择上主要考虑孔眼与地层的磨蚀，施工成功率，天然裂缝和人工裂缝的支撑及后期长期稳产能力（图3-5）。示范区前期页岩压裂实践表明，采用100目粉陶与100目石英砂、40/70目低密度高强度陶粒组合方式，其中100目石英砂主要用于微裂缝支撑，100目粉陶用于分支裂缝支撑，40/70目陶粒用于主裂缝支撑（支撑剂体积密度见表3-2）。

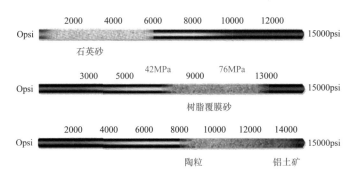

图3-5　页岩气压裂用支撑剂优选原则示意图

表3-2　支撑剂体积密度

支撑剂名称	粒径（目）	体积密度（g/cm³）
粉陶	100	1.58
石英砂	100	1.52
低密度陶粒	40/70	1.59

100目粉陶、100目石英砂性能要求：根据SY/T 5108—2014《水力压裂和砾石充填作业用支撑剂性能测试方法》，100目粉陶的性能指标应满足如下要求：筛析实验的标准筛组合为300μm/212μm（上限值）/180μm/150μm/125μm/106μm/75μm/底盘。落在粒径规格

内的样品质量应不低于样品总质量的 90%，小于支撑剂粒径规格下限的样品质量应不超过样品总质量的 2%，大于顶筛孔径的支撑剂样品质量应不超过样品总质量的 0.1%。落在支撑剂粒径规格下限筛网上的样品质量应不超过样品总质量的 10%。陶粒的球度、圆度应不低于 0.80；酸溶解度的允许值≤7.0%；浊度应不高于 100FTU；86MPa 闭合压力下，破碎率≤10.0%。

40/70 目陶粒性能要求：根据 SY/T 5108—2014《水力压裂和砾石充填作业用支撑剂性能测试方法》，40/70 目陶粒的性能指标应满足如下要求：落在粒径规格内的样品质量应不低于样品总质量的 90%，小于支撑剂粒径规格下限的样品质量应不超过样品总质量的 2%，大于顶筛孔径的支撑剂样品质量应不超过样品总质量的 0.1%。落在支撑剂粒径规格下限筛网上的样品质量应不超过样品总质量的 10%。陶粒的球度、圆度应不低于 0.80；酸溶解度的允许值≤7.0%；浊度应不高于 100FTU；86MPa 闭合压力下，破碎率≤10.0%。

第三节　施工设备

一、压裂泵车

2012 年年初，页岩气水平井压裂泵车主力机型为 2500 型和 2000 型压裂车。2012 年 8 月，第三套 2500 型压裂机组出厂投入使用，同年 10 月，2 套 2500 型 15 台泵车参与元页 HF-1 井 10 段压裂施工。该井最高施工压力达 97MPa，施工瞬间最大排量达到 15.5m³/min。对比 2500 型（表 3-3）和 2000 型泵车挡位及压力表，2000 型泵车动力下降，明显不能满足施工需求；2500 型 4 挡排量 1.02m³/min，抗压仍能达到 100MPa，16 台压裂车（表 3-4）总水马力达到 40000HHP。

表 3-3　2500HHP 压裂车挡位、压力、排量对照表

挡位	压力（MPa）	排量（m³/min）	压力（MPa）	排量（m³/min）
	3.75in 柱塞		4in 柱塞	
1	137	0.486	123	0.553
2	137	0.608	123	0.692
3	137	0.762	123	0.867
4	124	0.901	109	1.025
5	99	1.131	86.9	1.27
6	79	1.41	69.7	1.605
7	64	1.738	56.6	1.977
8	51	2.172	45.27	2.471

表 3-4 16 台 2500 型（4in 柱塞）泵车各种限压下施工排量

限压（MPa）	90	80	70	60	50
挡位	4	5	6	6	7
泵效	85%～87%	87%～90%	90%	93%	93%～95%
理论排量（m³/min）	16.3	20.32	25.6	25.6	31.52
实际排量（m³/min）	13.8～14.2	17.6～18.2	23	23.8	29.3～29.9

压裂泵车配置除考虑压裂设计总功率外，还需根据泵车的连续工作时间选择泵车功率储备系数（表 3-5），由此确定压裂泵车的型号和数量。

表 3-5 压裂泵车功率系数确定原则

泵车连续工作时间（h）	1～2	3～4	5～6	6h 以上
压裂车功率储备系数	1.2～1.4	1.4～1.6	1.6～1.8	1.8～2.0

在使用泵车时可以参考 SPM 压裂泵（QWS2500 "CLASSIC"）工作周期曲线（图 3-6）来确定单台泵车的压力、排量和工作时间。图中蓝色区域对大泵的使用最为有利，大泵可以长时间的工作。泵车施工压力在额定工作压力 80% 以下，并且泵车排量在允许的最大排量 80% 以下，有利于保证大泵的使用寿命。但通常这个条件难以满足，特别是压力方面，就需要从大泵的工作时间进行有效安排，尽量减小高功率下的工作时间。

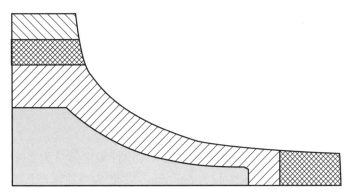

图 3-6 QWS2500 "CLASSIC" 泵工作周期曲线

依据上述原则，对照表 3-3、表 3-4、表 3-5 确定选用 2500HHPϕ101.6mm（4in）柱塞压裂车作为水平井分段大型压裂用车，能充分满足目前页岩气水平井压裂施工所需的高压、大排量、充足富余水马力要求的需要。

对于压裂泵车的选用需要根据施工需求，合理安排泵车数量及施工档位。页岩气井每段施工规模大、排量大、施工时间长，泵车水马力应保持 20%～30% 富余量。

二、仪表车

仪表车用于远距离遥控压裂车和混砂车，采集和显示施工参数，进行实时数据采集、施工监测及裂缝模拟并对施工的全过程进行分析。由于不同的压裂设备具有不同的仪表车操控、采集系统，不能互联、互换使用，现场2套压裂机组共同施工时，采用主机组压裂车接入仪表车泵车控制系统，辅助机组使用便携式泵车操作箱。

三、低压系统

（一）混砂车

目前尚未配套额定排量 $20m^3/min$ 的混砂车，额定排量 $16m^3/min$ 的混砂车为主力机型，按85%的泵效计算，混砂车施工排量 $\leqslant 13.6m^3/min$ 的压裂施工，能够满足 $10\sim13m^3/min$ 施工需求；同时，为保证页岩气水平井压裂施工液量大、施工时间长的需求，现场备用了1台混砂车。但是，对于施工排量要求达到 $15m^3/min$ 甚至更高时，必须2台混砂车同时使用。元页 HF-1 井施工时，就是采用2台混砂车同时供液，才保证了瞬间 $15.5m^3/min$ 施工排量需求，焦页 1HF 井只有1台混砂车，在供液管线较长的情况下，满足 $12m^3/min$ 比较困难，尤其是混配车不能在线补液时，排量降的较多，且不稳定。施工排量与混砂车最大砂比对应见表3-6。

2500型混砂车共性问题：混砂车输砂搅龙能力 10000kg。目前页岩气水平井多采用石英砂、树脂覆膜砂、陶粒砂，粒径为 100 目、$40\sim70$ 目、$30\sim50$ 目，密度范围 $1.45\sim1.7kg/m^3$。

表3-6 施工排量与混砂车最大砂比对应表

施工排量（m^3/min）	10	11	12	13	14	15	16	17	18
砂比	34～29	31～26	28～24	26～22	24～21	22～19	21～18	20～17	19～16

（二）连续混配车

目前配套的四机厂 CSGT-480 压裂液混配车，设计额定排量为 $8.0m^3/min$，实际使用配置滑溜水排量最大 $7m^3/min$，线性胶为 $6m^3/min$。尽管为当前国产最大排量的压裂液混配车，仍与混砂车的额定排量不匹配。

连续混配车自投产以来，先后施工泌页 HF-1 井、涪页 HF-1 井、彭页 HF-1 井、元页 HF-1 井、焦页 1HF 井配液及中原内部多口滑套水平井配液工作，配液量已超过 $150000m^3$，在焦页 1HF 井施工第十四段中期，因台上打气泵损坏原因，突然停泵，险些造成施工事故。

（三）低压供液系统

对于页岩气水平井，配备2台额定排量为 $800m^3/h$ 的离心泵用于储水池向液罐供水，能满足目前施工需求，焦页 1HF 井出现1台供液泵启动不着，推迟了半小时施工。

定制加工了一批 10in 低压汇管及配套 10in 胶皮管线。通过低压汇管的串联，可实现供液罐之间及与混砂车的合理有效连接。低压供液部分采用滑溜水与线性胶液分区供液，供液类型清晰、不易混乱，倒换快捷。

（四）立式砂罐

页岩气水平井压裂则通常采用 2 种或 3 种粒径的支撑剂，研究、定制加工的 2 具 100m³ 立式砂罐，可以对 2 种支撑剂进行分装，依靠重力自流，单罐的供砂速度 3m³/min。当需要加 3 种粒径的支撑剂时，其中用量最少的粉砂采取吊装加入混砂车砂斗的方法，初步满足了现场压裂加砂的需要。

四、管汇、压裂专用井口连接器及高压管线

目前配套用于水平井压裂的高压管汇，管件额定工作压力为 103MPa，能够满足压裂施工需要。对于大排量、大液量的页岩气水平井压裂，为减少含砂液体高速度、长时间对高压管件的冲刷磨蚀，必须采用双管汇系统，通过 4 路 3in 高压管线连接至压裂专用井口。施工中损坏的高压设备、设施见表 3-7。

表 3-7　施工中损坏高压设备、设施统计表

序号	规格序号	单位	数量
1	2500 型泵头	套	3
2	2000 型泵头	套	3
3	高压弯头	只	6
4	旋塞阀	只	5
5	高压短节	只	3
6	低压管线	根	4
7	台上发动机	台	2

第四节　施工工艺技术

一、泵送桥塞射孔联作工艺技术

（一）技术原理

桥塞射孔联作分段压裂技术第一段采用 TCP（油管传输）射孔，而后进行套管压裂，第一层压裂完成后通过泵送方式将连接在一起的桥塞和射孔枪泵送至第二层坐封射孔位

置，进行坐封和射孔作业，坐封压裂桥塞和射孔可实现由一趟电缆完成（其中可进行多级点火射多段孔），射孔后起出电缆进行光套管压裂，压后再进行下一级的桥塞和射孔枪泵送，重复以上步骤完成多有压裂段（图3-7）。

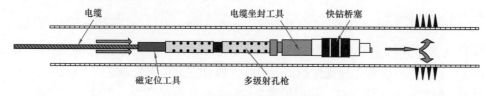

图3-7　桥塞射孔联作分段压裂

泵送桥塞＋电缆射孔联作水平井分段压裂规模较大，因每段压裂后泵送桥塞、射孔导致施工时间更长，一般每天最多施工2段。每段施工排量10～15m³/min、每段液量1000～3000m³、每段砂量100～200m³，每段使用多种液体（滑溜水与线性胶或冻胶）和多种粒径的支撑剂（70/100目、40/70目、30/50目组合使用）。

桥塞＋射孔枪串经过特殊设计，配备选择点火开关，可依序进行桥塞坐封及射孔枪串自下而上的点火操作，可实现灵活的分簇射孔。该技术特点如下：

（1）防喷器和防喷管工作压力105MPa，最大可封井口压力86MPa，有效保证施工井口安全。

（2）桥塞坐封工具的二级混合火药和压力平衡设计保证了桥塞坐封和脱手可靠。

（3）桥塞耐压：83MPa，耐温：177℃，上下双向持压。

（4）桥塞本体采用复合材质，具有较强的耐酸性能，在149℃、20%盐酸浓度环境下100天不变形。且磨铣容易，磨屑细小易携带返出。

（5）射孔枪使用多级选择开关，没有可动备件，提高了射孔的可靠性。

（6）多层连续施工无需压井，降低伤害。

（二）压裂工具

1. 分段压裂工具

桥塞分段技术起源于20世纪60年代，我国在20世纪80年代末开始引进，经过近20年的不断研制开发与配套完善，在耐高温、高压、多用途、可回收与可靠性等方面得到了一系列的进步，使得桥塞分段压裂技术在直井分层压裂方面趋于完善。

在水平井分段压裂施工中，常规桥塞分层压裂工艺遇到挑战，为解决桥塞的下入、坐封以及钻磨等方面存在技术难题，通过水力泵入方式、射孔与桥塞联作以及快钻桥塞、大通径免钻桥塞、可溶性桥塞等工艺、工具的配套，形成了桥塞分段压裂工艺及工具。

1）桥塞工具

（1）复合桥塞。

①主要分类。

常用的复合桥塞主要分为全堵塞式、单流阀式和投球式三种结构（图3-8）。

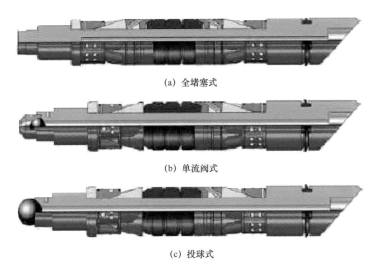

(a) 全堵塞式

(b) 单流阀式

(c) 投球式

图 3-8　复合桥塞类型

② 结构组成。

复合桥塞主要有上接头、密封系统、锚定系统和下接头等部分组成，其中密封系统由胶筒、上下锥体和防突隔环组成，锚定系统由上下卡瓦组成（图 3-9）。

图 3-9　复合桥塞结构示意图
1—上接头；2—卡瓦；3—锥体；4—复合片；5—组合胶筒；6—下接头

密封系统：上下锥体在坐封工具作用下剪断销钉，压缩胶筒形成密封。在胶筒压缩过程中，上下两个防突隔环首先胀开紧贴套管壁，中间形成一定的空间，保证胶筒压缩时均匀胀大，有效阻止胶筒"肩部突出"撕裂。

锚定系统：上下卡瓦将复合桥塞锚定在套管内壁上，限制桥塞的轴向移动，保持胶筒的密封性。由于复合桥塞上下两端均有卡瓦锚定，导致后期解封方式只能采用连钻铣方式。

③ 工作原理。

通过中心管与外套件的相对运动，使推筒运动压缩胶筒和上下卡瓦，胶筒胀开贴紧套管壁，达到封隔上下段的目的；上下卡瓦在锥体上裂开紧紧啮合套管，当胶筒、卡瓦与套管配合达到一定值时，剪断释放销钉，投送坐封工具与桥塞脱开，完成丢手工作。桥塞中心管上的上下卡瓦锚定在套管内壁，使桥塞始终处于坐封状态。

④ 性能参数。

目前，国外斯伦贝谢、哈里伯顿等大型油服公司系列产品均已商业化应用，国内西南油气田、川庆钻探等油田单位已完成系列产品的自主研发，并在现场进行推广应用，部分公司复合桥塞主要技术参数见表 3-8。

表 3-8　部分公司复合桥塞主要技术参数

公司	产品	适用套管（in）	套管内径（mm）	桥塞外径（mm）	桥塞通径（mm）	压力等级（MPa）	温度等级（℃）
贝克休斯	Gen Frac	$5^1/_2$	112.9～118.1	104.9	19.1	70	177
哈里伯顿	FRAC	$5^1/_2$	111.1～121.3	105.4	25.4	70	200
斯伦贝谢	Diamondback	$5^1/_2$	114.3～118.6	106.8	28.9	70	177

⑤ 工作特点。

复合桥塞除锚定卡瓦和极少量配件外，均采用类似硬性塑料性质的复合材料制成，其强度、耐压、耐温与同类型金属桥塞相当，甚至优于金属桥塞。同时，复合桥塞整体可钻性强、密度较小，且磨铣后产生的碎屑不会像金属碎屑那样发生沉淀，容易循环带出地面，解决了斜井、水平井中桥塞钻铣困难、沉淀卡钻等难题。

（2）大通径桥塞。

大通径桥塞压裂时投入配套可溶性球进行现场作业。相比可钻复合桥塞，具有免除连续油管钻磨作业及风险、保持井眼大通径、迅速投产等优点，降低了现场施工风险，节约了成本。

① 结构组成。

大通径桥塞主要有上接头、密封系统、锚定系统和下接头等部件组成，其中密封系统包含胶筒、上下锥体和防突隔环等，锚定系统主要包含单卡瓦（图 3-10）。

图 3-10　大通径桥塞结构示意图

1—上接头；2—复合片；3—组合胶筒；4—锥体；5—卡瓦；6—下接头

单卡瓦卡定机构设计，投球坐封时密封压力可加载到胶筒上，密封更为可靠；丢手盘结构设计，保证了较大丢手力作用下丢手功能的可靠性；锥体与本体间设计有单向运动的荆刺管，实现桥塞丢手或坐封后胶筒不会滑脱退缩，保证了胶筒的密封性；下接头设计旁通孔，便于后期返排时井液可通过旁通流出；椎体和下接头上设计有剪切销，可防止桥塞中途提前坐封，确保了下入过程中的安全性。

② 工作原理。

通过中心管与外套件的相对运动，推动坐封筒压缩胶筒和上下卡瓦，胶筒胀开贴紧套管壁，上下卡瓦在锥体推动下张开紧紧啮合套管，当胶筒、卡瓦与套管配合达到一定值时，剪断释放销钉，投送坐封工具与桥塞脱开，完成丢手工作。大通径桥塞卡瓦始终锚定在套管内壁，保持坐封状态，压裂过程中投入可溶性球达到封隔上下层的目的。

③ 性能参数。

目前，国外贝克休斯、Tryton 等大型油服公司系列化产品均已商业化推广，国内西南油气田、捷贝通等油田单位已完成系列产品的自主研发，并在现场进行推广应用。部分公司大通径桥塞主要技术参数见表 3-9。

表 3-9　部分公司大通径桥塞主要技术参数

公司	产品	适用套管（in）	套管内径（mm）	最大外径（mm）	最大通径（mm）	压力等级（MPa）	温度等级（℃）
贝克休斯	SHADOW	$5\frac{1}{2}$	118.6～121.3	111.2	69.8	70	177
Tryton	MAXFRAC	$5\frac{1}{2}$	114.3	109.5	76.2	70	170
LodeStar	LB PnP	$5\frac{1}{2}$	114.3～121.4	104.8	22.4	70	175

④ 工作特点。

大通径桥塞具有大通径、可过流的特点，压后无需连续油管钻磨，比传统复合桥塞更高效，可降低作业成本和降低 HSE 风险。同时，由于后期无需连续油管钻磨，桥塞坐封井深可大于连续油管传输磨铣工具作业井深，有效提高了压裂段长度，增加泄流面积，满足了深井水平井压裂作业的要求。

（3）可溶桥塞。

可溶性桥塞压裂时投入配套可溶性球进行现场作业，压裂完成后，可溶性桥塞全部溶解，随返排液一同排出井筒。该工艺桥塞溶解后保持井眼全通径，免除连续油管钻磨桥塞作业，节约了完井时间及成本，避免了连续油管产生的 HSE 风险。

① 结构组成。

全可溶桥塞主要由卡瓦、锥体、胶筒、中心筒、卡瓦牙及上接头等部件组成（图 3-11）。

图 3-11　可溶性桥塞

1—上接头；2—卡环；3—上卡瓦；4—卡瓦牙；5—上锥体；6—胶筒；7—下锥体；8—下卡瓦；9—中心筒

② 工作原理。

通过中心管与外套件的相对运动，推动坐封筒压缩胶筒和上下卡瓦，胶筒胀开贴紧套管壁，上下卡瓦在锥体推动下张开紧紧啮合套管，当胶筒、卡瓦与套管配合达到一定值时，剪断释放销钉，投送坐封工具与桥塞脱开，完成丢手工作。可溶性桥塞卡瓦始终锚定在套管内壁，保持坐封状态，压裂时投入可溶性球达到封隔上下层的目的。

③ 性能参数。

目前，国外贝克休斯、哈里伯顿、Magnum 等公司系列产品已在北美油田开展推广应用，国内西南油气田、长庆油田等单位均完成产品的自主研发，部分产品已进行现场应用。部分全可溶性桥塞产品参数对比见表 3-10。

表 3-10 部分全可溶性桥塞产品参数对比

公司	产品	适用套管（in）	套管内径（mm）	最大外径（mm）	最大通径（mm）	压力等级（MPa）	可溶情况
贝克休斯	SPECTRE	$5\frac{1}{2}$	118.6～121.3	111.1	54.7	70	全可溶
哈里伯顿	Illusion	$5\frac{1}{2}$	118.6～124.3	111	33	70	卡瓦牙不溶解
Magnum	MVP	$5\frac{1}{2}$	114.3～121.4	104.8	22.4	70	卡瓦不溶解

④ 工作特点。

相比传统复合桥塞、大通径桥塞施工作业，可溶性桥塞后期无需连续油管钻磨即可实现快速溶解，保持井眼全通径，作业更高效，同时可降低作业成本和降低 HSE 风险。由于后期无需连续油管钻磨作业，有效提高了压裂段长度，满足了页岩气深井长水平段现场施工作业需求。

2）坐封工具

坐封工具按照坐封方式的不同，可分为电缆坐封工具和液压坐封工具两种方式。

（1）液压坐封工具。

液压坐封工具与连续油管作业配套使用，主要由连续油管接头、球座、活塞、循环孔、剪切销钉、十字连杆接头等部件组成。

① 结构组成。

液压坐封工具结构组成如图 3-12 所示。

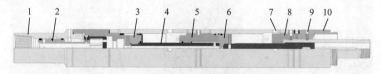

图 3-12 液压坐封工具结构示意图

1—连续油管接头；2—球座；3—上活塞；4—活塞杆；5—中间接头；6—下活塞；7—循环孔；
8—下接头；9—剪切销钉；10—十字连杆接头

② 工作原理。

a. 连续油管将液压坐封工具连同桥塞一起缓慢下入井中，至预定坐封深度；

b. 投入钢球，缓慢泵送到球座；

c. 连续油管内泵入液体，憋压剪短销钉；

d. 液体推动活塞、活塞杆向下运动；

e. 通过十字连杆接头推动坐封筒向下运动，压缩桥塞胶筒实现坐封；

f. 停止打压，通过连续油管上提到剪断丢手杆，液压坐封工具上提至井口。

（2）电缆坐封工具。

电缆坐封工具配套电缆作业使用，为目前页岩气井常用坐封工具，主要由点火头、燃烧室、活塞、张力芯轴等部件组成。

① 结构组成。

电缆坐封工具结构组成如图3-13所示。

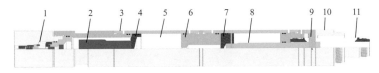

图3-13　电缆坐封工具结构示意图

1—点火头；2—燃烧室；3—放压孔；4—上活塞；5—液压油室；6—缓冲延时节流嘴；
7—下活塞；8—推力杆；9—推筒；10—推筒连接器；11—张力芯轴

② 工作原理。

a. 通电点火引燃火药，燃烧室产生高压气体，上活塞下行压缩液压油；

b. 液压油通过延时缓冲嘴流出，推动下活塞，使下活塞连杆推动推筒下行；

c. 外推筒下行，推动挤压上卡瓦，外推筒与芯轴之间发生相对运动；

d. 芯轴通过中心拉杆带动活塞中心管向上挤压下卡瓦；

e. 在上行与下行的夹击下，上下锥体各自剪断与中心管的固定销钉，压缩胶筒使胶筒胀开，达到封隔目的；

f. 当胶筒、卡瓦与套管配合完成后，压缩力继续增加将剪断释放销钉，投送坐封工具与桥塞脱开，形成丢手。

（3）分簇射孔器。

射孔作为桥塞分段压裂完井的一个重要工序，在现场施工作业时，需满足以下三点要求：

① 作业效果要求。

射孔作业应为后续的增产措施创造良好的孔道条件。页岩气井射孔后要实施大规模的压裂改造，排量要求达到 $10m^3/min$ 以上，因此要求射孔孔眼必须清洁。

② 作业成本要求。

为实现非常规气藏经济开采，必须实施低成本开发战略。常规的油管传输射孔作业成本高，需要作业井架，不能适应页岩气等非常规气藏射孔作业要求。

③作业时效要求。

页岩气井等非常规气资源改造层段多，作业时间较长，射孔作业必须尽可能地提高作业时效，实现页岩气的高效开采。

基于上述原因，传统的射孔工艺技术已不能满足页岩气等非常规气藏的高效完井要求。分段多簇射孔技术及工具作为新兴工艺技术，在井口带压的情况下，能够一次下井完成多个产层的电缆射孔作业，或一次下井完成一次桥塞坐封和多次射孔作业，实现了页岩气井低成本、高效射孔作业要求，为后续大规模压裂改造创造有利条件。分簇射孔管串示意如图3-14所示。

图3-14　分簇射孔管串示意图

2. 压裂工具评价

1）评价方法

（1）实验前准备。

①实验前检查并确认所有实验装置、管线、导管及接头等正常；

②实验前准备好与可溶性桥塞相匹配的可溶球；

③实验前对导管、可溶性桥塞及可溶球数据进行复核，并记录相关数据。

（2）坐封性能实验。

①实验装置。

坐封性能实验装置的示意如图3-15所示。

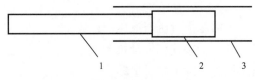

图3-15　坐封性能实验装置示意图
1—坐封工具；2—可溶性桥塞；3—导管

②实验条件。

a. 实验温度：常温。

b. 实验介质：空气或清水。

③实验程序。

a. 根据图3-15完成工装连接，启动坐封工具将可溶性桥塞坐封于导管内并实现丢手。

b. 读取坐封丢手力，并记录相关数据。

④评价方法。

可溶性桥塞顺利实现丢手，且实测坐封丢手力符合测试要求为合格。

（2）密封性能实验。

①实验装置。

密封性能实验装置的示意如图3-16和图3-17所示。

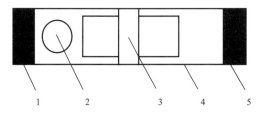

图 3-16　密封性能实验反向加压装置示意图
1—正向堵头；2—可溶球；3—可溶性桥塞；
4—导管；5—反向堵头

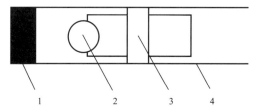

图 3-17　密封性能实验正向加压装置示意图
1—正向堵头；2—可溶球；3—可溶性桥塞；4—导管

② 实验条件。

a. 实验温度：桥塞适用温度的 60%。

b. 实验介质：清水。

③ 实验程序。

根据图 3-16 完成工装连接，加温至实验温度并保温 60min 后，反向加压至 50MPa 并持续一定时间，泄压后根据图 3-17 连接方式正向加压至 50MPa 并持续足够时间，正反向加压持续过程中压力均不得低于 50MPa，记录相关数据。

④ 评价方法。

反向加压持续时间由委托方确定，正向加压持续时间不低于 4h 为合格。

（3）溶解性能实验。

① 实验条件。

a. 实验温度：桥塞适用温度。

b. 实验介质：盐水（氯根浓度 15000mg/L）。

② 实验程序。

根据图 3-16 完成工装连接，加温至实验温度，反向加压至 50MPa 并持续足够时间，直到桥塞充分溶解，溶解过程中实验介质氯根浓度不得低于 12000mg/L，记录相关数据。

③ 评价方法。

桥塞整体充分溶解时间小于 10 天，不溶物重量≤200g，不溶物最大尺寸≤20mm 为合格。

2）实验设备及操作

（1）套管短节。ϕ139.7mm 套管短节参数见表 3-11。

表 3-11　ϕ139.7mm 套管短节参数表

外径（mm）	壁厚（mm）	内径（mm）	长度（mm）	钢级	扣型	抗内压（MPa）	抗外挤（MPa）
139.7	12.7	114.3	1000	BG125V	T135×3	137.2	156.7

（2）试验样品。受检方提供可溶桥塞。

（3）试验设备及配套工具（表 3-12）。

表 3-12　试验设备及配套工具性能参数表

序号	名称	数量	型号	用途
1	智能水压试验系统	1	140MPa	承压
2	高温伴热带	1	200℃	桥塞承压
3	套管试压接头	2	T135×3	桥塞承压
4	管线试压接头	1	G1/4	桥塞承压
5	管钳	3	24in，36in，48in	配合试验
6	扳手	2	12in、15in	配合试验
7	榔头	1	8lb	配合试验

3）应用案例

（1）测试桥塞（图 3-18、表 3-13 和表 3-14）。

图 3-18　测试用 MVP 可溶性桥塞

表 3-13　可溶性桥塞测试数据

外径（mm）	球座内径（mm）	最小内径（mm）	长度（mm）	球外径（mm）
104.8	30	22.4	437	54

表 3-14　套管工装测量数据

外径（mm）	壁厚（mm）	内径（mm）	钢级	长度（mm）
139.7	12.7	114.3	BG125V	1000

（2）工装连接（图 3-19、图 3-20）。

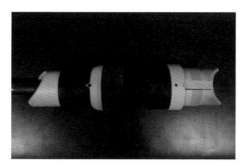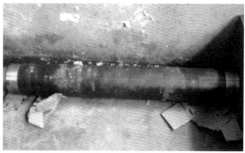

图 3-19　测试桥塞及试验工装

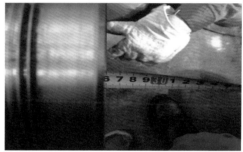

图 3-20　测试桥塞连接及数据测量

（3）坐封丢手测试。

利用 Baker20# 液压坐封工具，将送检的 Magnum 可溶性桥塞坐封于套管工装内，桥塞坐封丢手压力值 11.6MPa，折算丢手压力值为 14.5t（厂家提供丢手值参数范围为 13.6～14.9t），在桥塞设计丢手值范围内（图 3-21）。

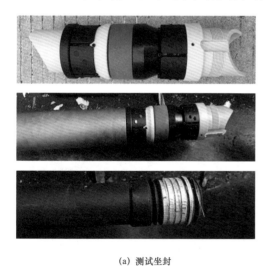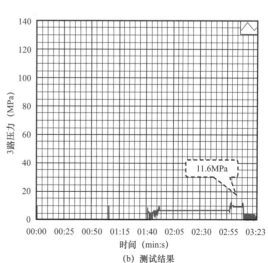

（a）测试坐封　　　　　　　　　　　　　　（b）测试结果

图 3-21　Magnum 可溶性桥塞坐封丢手测试

（4）高温承压测试。

送检的可溶性桥塞在90℃高温、清水环境中承压差50MPa，稳压5h后保压15min，无明显压降；继续在90℃高温、清水环境中承压差58~65MPa，稳压3h后桥塞密封失效；桥塞在高温环境下承压总时长为13h30min（图3-22）。

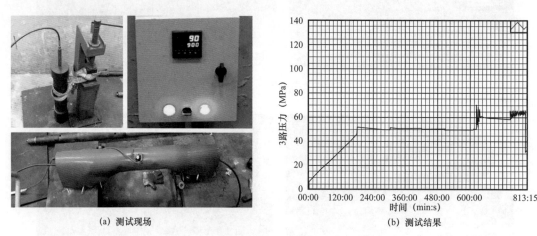

(a) 测试现场 　　　　　　　　　　(b) 测试结果

图3-22　送检的可溶性桥塞高温承压测试

（5）溶解性能测试。

在90℃高温、清水环境中，送检的桥塞合金本体（黑色）浸泡36h后溶呈粉末状（图3-23），高分子本体（乳白色）及胶筒（绿色）浸泡180h后均溶呈小块状，揉捏易散（图3-24）；39颗卡瓦粒及11颗剪切销钉未溶解，均具有铁磁特性，桥塞总重量由3.895kg降至1.125kg，其中不溶物重量为0.139kg。

将可溶性桥塞溶解余留物1.125kg与现场取回的40/70目陶粒0.75kg、100目粉砂0.75kg、电缆密封脂50mL混合，90℃高温持续浸泡5天后，溶解产物呈疏松细粒状，未见坚硬、固结状不溶物（图3-25）。

（6）出具测试报告。

依据室内试验测试结果，出具测试报告。

图3-23　36h后镁铝合金本体溶解

图3-24　180h后高分子及胶筒溶解

图 3-25　添加砂、添加脂后 5 天后混砂、混脂溶解产物

（三）应用案例

1. 典型井基础参数

（1）基本资料。测试桥塞为 Magnum 公司的 MVP 可溶性桥塞，典型井基本数据见表 3-15。

表 3-15　典型井基本概况

基本数据			
地理位置	四川省宜宾市兴文县毓秀苗族乡鳡源 5 社		
构造位置	长宁背斜构造中奥顶构造南翼		
地面海拔（m）	801.63	补心海拔（m）	809.13
开钻日期	2014—09—19	完钻日期	2015—10—11
完钻井深（m）	4956	完钻层位	龙马溪组
人工井底（m）	4906	完井方法	套管射孔完成
最大井斜角（°）	101.19	最大井斜处井深（m）	4650
井斜方位角（°）	103	井底闭合距（m）	4146.87
环空清水控制压力（MPa）	801.63	采气井口（m）	809.13
施工段主要参数			
层位	施工井段（m）	段厚（m）	孔隙度（%）	含水饱和度（%）	地层压力（MPa）	地层温度（℃）
龙马溪组	3430~4906	1476	6.1	68.0	2.03（预测）	94℃（4500m）
油层套管数据			
规格（mm）	下入井深（m）	内径（mm）	壁厚（mm）	钢级	抗内压(MPa)	抗外挤（MPa）
139.7	4906	BG125V	12.7	114.3	137.2	156.7

（2）井身结构示意图如图 3-26 所示。

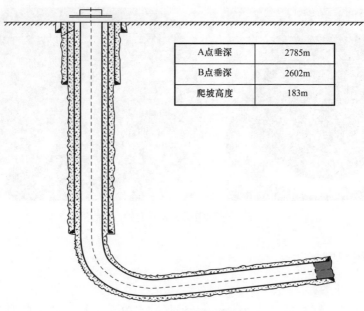

A点垂深	2785m
B点垂深	2602m
爬坡高度	183m

图 3-26   典型井井身结构

2. 施工程序

1）可溶桥塞组成及性能

（1）结构组成。

① MVP 可溶性桥塞由桥塞基体、锚定机构及密封件组成（图 3-18）；

② 桥塞下锥体、卡瓦载体、上挡环（桥塞黑色部分）为可溶性镁铝合金材料，其溶解速率与环境温度和浸泡流体含盐浓度有关；

③ 锚定机构为可溶载体镶嵌卡瓦粒，载体溶解后卡瓦粒可用强磁或文丘里等工具捞出；

④ 密封件为可溶性胶筒，是一种不可逆材料，溶解后呈碎粒状，易返排。

（2）性能参数（表 3-16）。

2）桥塞泵送

（1）测量桥塞尺寸，检查桥塞配套工具，完成桥塞工具与送入工具连接准备工作；

（2）直井段下入：下入速度≤4500m/h，记录下放速度、电缆张力变化；

（3）水平段泵送：泵送速度≤3000m/h，记录泵送排量、电缆张力变化、电缆余量变化。

3）桥塞坐封丢手

（1）泵送到位后，核对桥塞坐封位置；

（2）点火坐封桥塞，观察电缆张力变化；

（3）缓慢上提射孔管串，检验桥塞是否丢手，继续完成射孔作业。

表 3-16　MVP 可溶性桥塞基本参数

桥塞外径（mm）	104.8
桥塞内径（mm）	22.4
桥塞长度（mm）	436.9
配套可溶球直径（mm）	54
工作压差（MPa）	68.9
工作温度（℃）	90～100
配套坐封工具	Baker20#
设计丢手力（t）	13.6～14.9（可调）
可溶率	＞97%（15 天）
可钻性	快钻
镶嵌卡瓦粒尺寸	上卡瓦粒 ϕ9.7mm×5.1mm，15 颗
	下卡瓦粒 ϕ9.7mm×5.1mm，24 颗
销钉尺寸	ϕ6mm×9.5mm 销钉 2 颗，ϕ6mm×16mm 销钉 11 颗
93℃条件下桥塞全溶时长（h）	约 176.6
93℃条件下球全溶时长（h）	约 368.8

4）压裂施工

（1）送球入座：当送球累计液量达到桥塞坐封位置以上井筒容积 3/4 时，泵送排量降为 1.5m³/min，直到球入座，并注意观察泵压变化；

（2）压裂改造：压裂施工过程中，施工压差不超过 70MPa，注意观察压力变化（桥塞泵送到位坐封后，要求 12h 内实施压裂作业）。

5）闷井及探塞

（1）压裂施工结束后，先排液 1.5 倍井筒容积，闷井 10 天，闷井结束后进行探桥塞面作业。

（2）探塞作业管串结构：连续油管复合接头＋单流阀＋液压丢手＋水力振荡器＋螺杆总成＋磨鞋。

（3）连续油管管串接近可溶桥塞坐封位置上端 50m 时，下放速度降为 5m/min，缓慢通过可溶桥塞坐封位置，观察并记录连续油管悬重变化情况，并与对应桥塞实际坐封位置进行对比；连续油管探过第 1# 可溶性桥塞坐封位置 30m 后停止下探，起出连续油管，完成探塞作业。如在某一桥塞座封位置遇阻，尝试多次仍无法通过，可开泵钻磨通过遇阻位置。

（4）井口连接捕屑装置（带滤网），收集碎屑，分析评价可溶桥塞溶解效果。

6）井筒清洁方案

连续油管强磁打捞器 + 文丘里打捞篮井筒清洁方案如下：

（1）打捞管串组合（表 3-17）：连续油管复合接头 + 单流阀 + 液压丢手 +ϕ83mm 强磁打捞器 +ϕ79.4mm 文丘里打捞篮；

表 3-17　连续油管打捞工具串参数

图示	名称	外径（mm）	段长（m）	累计长度（mm）
	复合接头	73	0.36	0.36
	单流阀	73	0.42	0.78
	液压丢手	73	0.52	1.30
	强磁打捞器	扶正器：105	3.64	4.94
		其他：83		
	文丘里打捞篮	73.4	1.06	6.00

（2）连续油管下至井斜 60° 时开泵冲洗，排量 200～400L/min；

（3）下至遇阻点时，上下清洗碎屑，来回清洗两遍；

（4）继续下探至遇阻点，并来回清洗；

（5）重复（3）（4）步骤，下至人工井底，然后起出管串并检查打捞情况。

强磁打捞器中集成一个 ϕ105mm 的扶正器，除扶正器外其他部位外径为 83mm，强磁块数量 46 个。强磁打捞器结构如图 3-27 所示，技术参数见表 3-18。

图 3-27　强磁打捞器结构示意图

表 3-18　强磁打捞器技术参数

参数	数值	参数	数值
外径（mm）	扶正器：105	抗拉极限（kN）	400
	其他：83		
内径（mm）	16	承压（MPa）	70
长度（mm）	3635	抗扭极限（N·m）	3600
扣型	$2^3/_8$-4PAC BxP	磁铁吸力（N）	10000

文丘里打捞篮用于开展清除井筒碎屑，主要包括文丘里打捞器、打捞筒及配套（件）部件。文丘里打捞篮结构如图 3-28 所示，技术参数见表 3-19。

图 3-28 文丘里打捞篮结构示意图

表 3-19 文丘里打捞篮技术参数

外径（in）	内径（in）	上接头扣型	总长（in）	工作压力（psi）	温度等级（℉）	拉伸强度（lb）
3.125	2.03	$2^3/_8$in PAC	42	5000	350	109600

3.现场施工情况

1）压裂施工

可溶性桥塞坐封位置及溶解效果见表 3-20，可溶性桥塞全井压裂施工参数见表 3-21。

表 3-20 可溶性桥塞坐封位置及溶解效果预测

施工日期	段序	设计试油井段（m）	桥塞序号	桥塞坐封位置（m）	入井时长（d）
	第 1 段	4850～4906	—	—	
2016.10.23	第 2 段	4777～4850	第 1 只	4850	52
2016.10.24	第 3 段	4704～4777	第 2 只	4777	51
2016.10.26	第 4 段	4630～4704	第 3 只	4704	50
2016.10.27	第 5 段	4560～4630	第 4 只	4630	48
2016.11.03	第 6 段	4495～4560	第 5 只	4538	42
2016.11.04	第 7 段	4430～4495	第 6 只	4480	41
2016.11.05	第 8 段	4365～4430	第 7 只	4430	40
2016.11.06	第 9 段	4300～4365	第 8 只	4365	39
2016.11.09	第 10 段	4230～4300	第 9 只	4300	36
2016.11.14	第 11 段	4157～4230	第 10 只	4230	31
2016.11.15	第 12 段	4085～4157	第 11 只	4157	30
2016.11.16	第 13 段	4015～4085	第 12 只	4085	29
2016.11.17	第 14 段	3945～4015	第 13 只	4015	28
2016.11.21	第 15 段	3875～3945	第 14 只	3945	24
2016.11.22	第 16 段	3770～3875	第 15 只	3868	23
2016.11.23	第 17 段	3710～3770	第 16 只	3770	22

续表

施工日期	段序	设计试油井段（m）	桥塞序号	桥塞坐封位置（m）	入井时长（d）
2016.11.24	第18段	3640～3710	第17只	3710	21
2016.11.27	第19段	3570～3640	第18只	3640	18
2016.11.28	第20段	3500～3570	第19只	3570	17
2016.11.29	第21段	3430～3500	第20只	3500	16

表 3-21　可溶性桥塞全井压裂施工参数

段号	施工排量（m³/min）	施工压力（MPa）	停泵压力（MPa）	总液量（m³）
1	11～11.6	74～77	55	1897.37
2	8.1～11.1	78～85	58	1806.54
3	12.9～13.1	70～78	54.5	2117.02
4	12.4	67.3～71.6	56.1	1887.38
5	11.4～12.5	74.2～79.4	54.9	2455.40
6	13～13.3	66.4～69.2	51.6	2021.90
7	12.6～13	63.8～66.3	51.4	1838.12
8	13～13.5	65.7～69.5	52.7	1825.66
9	13.6～13.8	66.2～68.8	51.6	1833.88
10	13.6～13.7	66～68	52	1860.00
11	12.0～13	70～74	50.4	2201.55
12	12.5～13.6	64～67	51	2175.66
13	13.2～13.4	65～70	50.8	1895.05
14	13.2～13.4	62～64.4	50.4	1894.24
15	13	65～70	50	2072.89
16	13.3	61.7～65	50.5	1898.13
17	13.5～14	61.8～65.7	49.2	1865.27
18	13.2～13.5	64.2～70.3	48.3	1931.44
19	14	59.5～63	48.1	1810.89
20	12.5～13.5	59.8～62	48.9	1874.72
21	13～14	57.5～62	55	1834.7

2）井筒清洁

由于本井为上翘井眼，闷井结束后，采用小直径油嘴放喷排液携砂携屑效果差，存在桥塞溶解产物及支撑剂返至 A 点附近堆积堵塞井筒的风险。因此，闷井结束后不返排，直接进行井筒清洁。现场井筒清洁处理如图 3-29 所示。

图 3-29　现场井筒清洁处理

（1）通井作业。

① 通井工具串：复合接头 $\phi73mm\times0.35m$+ 单流阀 $\phi73mm\times0.39m$+ 液压丢手 $\phi73mm\times0.53m$+ 震击器 $\phi73mm\times1.90m$+ 水力振荡器 $\phi73mm\times0.51m$+ 螺杆马达 $\phi73mm\times3.92m$+ 磨鞋 $\phi106mm\times0.26m$。

② 顺利通过第 1 只桥塞坐封位置：连油下至井深 3500m，下放速度 10m/min，悬重 1.5～2.0t，无遇阻显示，正常通过。

③ 开泵钻磨下探通过第 2～12 只桥塞坐封位置：连油下至井深 3548m，遇阻 1t，采用 7mm 油嘴控制放喷，泵压 55MPa，排量 420L/min，下至井深 4300m 停车。其中，第 9 个桥塞至第 12 个桥塞之间，连油下放速度 0～5m/min，悬重 -7.0～0t，波动较大，下探缓慢。通井磨鞋及捕屑器捕获物如图 3-30 所示。

（2）文丘里 + 强磁打捞作业。

① 通井工具串：复合接头 $\phi73mm\times0.35m$+ 单流阀 $\phi73mm\times0.39m$+ 液压丢手 $\phi73mm\times0.53m$+ 强磁 $\phi73mm\times2.00m$+ 水力振荡器 $\phi73mm\times0.51m$+ 双母接头 $\phi73mm\times0.27m$+ 文丘里打捞篮 $\phi79.4mm\times4.29m$。

② 连油自锁：采用 7mm 油嘴控制放喷，压裂车排量 420L/min，泵压 62MPa，连油下至井深 4067m，自锁，最大下压 5.0t 并多次尝试无进尺，停泵，起出连油。强磁捞获物及捕屑器捕获物如图 3-31 所示。

图 3-30 通井磨鞋及捕屑器捕获物

图 3-31 强磁捞获物及捕屑器捕获物

（3）通井作业。

① 通井工具串：复合接头 ϕ73mm×0.35m+单流阀 ϕ73mm×0.39m+液压丢手 ϕ73mm×0.53m+震击器 ϕ73mm×1.90m+水力振荡器 ϕ73mm×0.51m+螺杆马达 ϕ73mm×3.92m+磨鞋 ϕ94mm×0.26m。

② 连油自锁：下至井深4008m，连油自锁，无法继续下放，采用7mm油嘴控制放喷，顶替金属降阻剂24m³，下至井深4438m（第14只桥塞位置4430m），连油自锁，最大下压5.0t无进尺，上起连油。

（4）强磁打捞作业。

① 通井工具串：复合接头 ϕ73mm×0.35m+单流阀 ϕ73mm×0.39m+液压丢手 ϕ73mm×0.53m+Hawks水力振荡器 ϕ73mm×4.16m+强磁 ϕ73mm×4.00m+冲洗头 ϕ73mm×0.20m。

② 连油自锁：连油下至井深4490m，连油自锁，继续下放困难，上提未遇卡，期

间泵注金属降阻剂 15m^3，排量 200～400L/min，泵压 40～54MPa，上起连油至井深 2500m（进入直井段）后关井，将注入的金属降阻剂留在水平段。强磁捞获物如图 3-32 所示。

图 3-32　强磁捞获物

二、水平井固井滑套工艺技术

（一）技术原理

套管滑套分段压裂技术是在固井技术的基础上结合开关式滑套固井而形成的分段压裂工艺及工具。套管固井滑套与套管相连入井，按照预先设计下至对应的目的层，最后完成固井作业。该工艺无需后期井筒处理，保持井眼全通径，省去绳索作业、连续油管钻磨桥塞等工序，提高了施工效率，降低了作业成本。

（二）压裂工具

目前，国外许多公司已经在套管滑套分段压裂技术的研究上取得了较大进展，并已形成了一系列具有优势和特色的工艺技术与配套产品，其中主要包括哈里伯顿和 TEAM 公司的趾端滑套、贝克休斯公司的 OptiPort 固井滑套和 FracPoint 多级固井滑套、威德福的 I-ball 固井滑套和 ZoneSelect Monobore 固井滑套等。

1. 趾端滑套压裂工具

1）结构组成

趾端滑套主要由上接头、内滑套、破裂盘、空气腔、销钉及压裂孔等组成（图 3-33）。

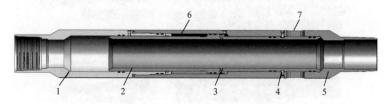

图 3-33　套管启动滑套工艺

1—上接头；2—内滑套；3—破裂盘；4—销钉；5—下接头；6—压裂孔；7—空气腔

2）性能参数

目前，国外哈里伯顿、TEAM 等公司系列产品已完成现场商业化应用，国内西南油气田、川庆井下等公司已完成系列产品的自主研制，并进行了相关现场实验（表 3-22）。

表 3-22　部分趾端滑套产品参数对比

公司	适用套管（in）	滑套外径（mm）	滑套内径（mm）	压力等级（MPa）	温度等级（℃）
贝克休斯	$5\frac{1}{2}$	196.8	119.3	138	190
哈里伯顿	$5\frac{1}{2}$	187.5	111.2	138	204
西南油气田	$5\frac{1}{2}$	190	114	138	200

3）工作特点

压裂过程中，通过井口憋压的方式即可打开滑套，形成压裂通道，进行第一级压裂施工作业。该技术可进行套管试压，同时取消连续油管第一段射孔作业，从而提高施工作业效率，降低作业成本。

2. 贝克休斯 OptiPort 固井滑套工具

1）结构组成

OptiPort 固井滑套主要由上接头、压力激活孔、压裂孔、内滑套、外套筒、平衡压力孔、下接头等组成（图 3-34）。

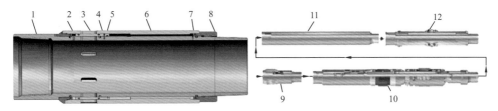

图 3-34 OptiPort 固井滑套压裂工艺

1—上接头；2—压力激活孔；3—压裂孔；4—内滑套；5—剪切销钉；6—外套筒；7—平衡压力孔；8—下接头；
9—射孔器；10—管内封隔器；11—间隔管；12—套管接箍定位器

2）工作原理

通过连续油管下放井下组合工具（管内封隔器、套管接箍定位器等），定位后封隔器停留在滑套下方，向连续油管和环空中打压坐封管内封隔器；继续环空打压至剪断销钉，内滑套下移打开滑套。解封封隔器，上提或下放连续油管，进行开启下一段滑套。

3）工作特点

OptiPort 固井滑套可适用于套管井固井或裸眼井，满足大排量、高砂比的压裂工况，但由于连续油管长度的限制，不能实现无限级压裂。

3. 威德福 I-ball 固井滑套工具

1）结构组成

I-ball 压裂滑套主要由计数滑套、球笼、内滑套、可收缩球座、弹簧等结构组成（图 3-35）。

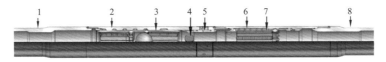

图 3-35 I-ball 固井滑套压裂工艺

1—上接头；2—计数滑套；3—球笼；4—压裂孔；5—内滑套；6—弹簧；7—可收缩球座；8—下接头

2）工作原理

压裂过程中，当井口投入第一个球运动到计数滑套时，推动球笼向前行进一个单元，球通过收缩球座后依次推动后续压裂滑套向前行进一个单元。以计数为 5 的压裂滑套为例，当第 5 个球通过球笼后，推动内滑套和可收缩球座向前运动到收缩位置，压裂球不能通过形成坐封，此时可进行压裂作业。完成压裂后，继续投入相应个数的球，开启不同层位的滑套，完成整口井的压裂作业。

3）工作特点

I-ball 压裂滑套可用于裸眼完井或套管固井，具有井筒全通径、无限级压裂等特点；同时减少了连续油管钻磨桥塞作业，节约了成本，提高了效率，降低了施工风险。

4. 威德福 ZoneSelect Monobore 固井滑套工具

1）结构组成

ZoneSelect Monobore 固井滑套主要由外套筒、内滑套、开启槽、关闭槽等结构组成，同时配有开关滑套用的工具（图 3-36）。

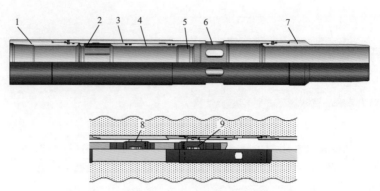

图 3-36　ZoneSelect Monobore 固井滑套压裂工艺

1—上接头；2—开启槽；3—外套筒；4—内滑套；5—关闭槽；6—压裂孔；7—下接头；8—关闭工具；9—开启工具

2）工作原理

开启过程中，通过连续油管带配套开关工具下入滑套安装位置，通过井口开泵使开关工具处产生节流压差，锁块外露后与滑套配合，通过上提下放连续油管控制滑套的开关。开启作业完成后，停泵导致锁块收回，可上提连续油管将开关工具提出井口。

3）工作特点

ZoneSelect Monobore 固井滑套利用连续油管打开和关闭，可实验单层的压裂；开采过程中可关闭出水层，实现高效开采；无需后期井筒处理，保证井眼全通径；受连续油管限制，不能实现无限级压裂。

5. 贝克休斯 FracPoint 多级固井滑套工具

1）结构组成

FracPoint 多级固井滑套主要由接头、内滑套、扩张式球座、固定式球座、下接头等结构组成（图 3-37）。

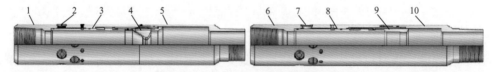

图 3-37　FracPoint 多级固井滑套

1—上接头；2—压裂孔；3—内滑套；4—扩张球座；5—下接头；6—上接头；7—压裂孔；
8—内滑套；9—固定球座；10—下接头

2）工作原理

固井过程中，每一段由多个扩张式滑套和一个固定式滑套组成，通过地面泵送不同直径大小的球入座，打压剪断销钉带动内滑套向下运动，继续打压促使球座扩张，球通过后进入下一级滑套，重复操作直至球落入固定球座，开始该段的压裂施工。

3）工作特点

FracPoint 多级固井滑套可实现不间断压裂作业，中间不需要连续油管或电缆作业，省去后期钻磨时间及风险；同时，一只压裂球可同时开启 5 只滑套，实现多级压裂。

6. 能新科 FSPTM 固井压裂滑套技术

1）结构组成

FSP^{TM} 固井压裂滑套主要由计数器、回位弹簧、内套筒、技术套筒、卡环、外套筒、内滑套、球座及上、下接头组成（图 3-38）。

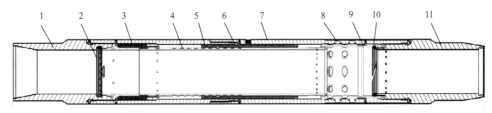

图 3-38　FSP^{TM} 新型压裂滑套

1—上接头；2—计数器；3—回位弹簧；4—内套筒；5—计数套筒；6—卡环；7—外套筒；
8—压裂孔；9—内滑套；10—球座；11—下接头

2）工作原理

每一段产层采用相同计数的 FSP^{TM} 滑套组成，最下端带有球座。压裂过程中，以计数为 3 为例，当第一个球通过滑套时，压缩计数器、计数套筒、内套筒向下运动，球通过后计数器、内套筒在回位弹簧的作用下回弹，计数套筒由于卡环限制向下运动一级；当投入第 3 个压裂球时，计数套筒推动内滑套向下运动，形成球座与连通压裂孔眼，开启压裂施工作业。

3）工作特点

FSP^{TM} 固井压裂滑套采用同一尺寸球对单级或多簇滑套开启，解决了常规滑套尺寸逐级缩小和级数限制；同时，滑套内通径较大，不钻铣情况下可直接生产，减少了作业时间，提高施工效率。

（三）应用案例

1. 典型井基础参数

（1）基本资料见表 3-23。

表 3-23　典型井基本情况

井别	开发井	井型		水平井	完钻日期	
地面海拔 （m）	361	最大垂深 （m）		3309.03	完钻井深 （m）	5000
构造位置	威远中奥顶构造东翼部					
钻探目的	评价威远构造威 204 井区下古生界龙马溪组页岩气水平井产能					
最大井斜 （°）	100.94	井深 （m）	3824.61	方位角 （°）	347.9	井底位移 （m）　1763

（2）井身结构参数见表 3-24。

表 3-24　典型井井身结构

序号	钻头		套管			
	尺寸（mm）	钻深（m）	尺寸（mm）	壁厚（mm）	下深（m）	封固井段（m）
1	660.4	47.00	508.0	12.7	47.00	0.00～47.00
2	444.5	752.00	339.7	10.92	750.732	0.00～750.732
3	311.2	2836.00	244.5	11.99	2833.46	0.00～2833.46
4	215.9	5000.00	139.7	12.7	4996.00	0.00～4996.00

（3）钻井液性能参数见表 3-25。

表 3-25　白油基钻井液性能参数

ρ（g/cm³）	T（s）	失水（ML）	动切（Pa）	初终切（Pa）	电稳定性（V）	AV（mPa·s）	PV（mPa·s）
2.18	84	3.6	10	3/10	1100	85	75
含砂	φ600	φ300	φ200	φ100	φ6	φ3	油水比
0.2	170	95	71	41	7	5	82：18

（4）钻井参数见表 3-26。

表 3-26　钻井参数

钻压（t）	转速（r/min）	排量（L/s）	泵压（MPa）	备注
6～8	螺杆 +45	28	28	

（5）井身结构示意图（图 3-39）。

（6）钻具组合如下：

φ215.9mm 钻头 +φ172mm 螺杆 DW1.5°×8.3m+ 回压阀 +φ172mm 钻铤 ×3m+ 双外螺纹接头 ×0.61m+LWD 钻铤 1 根 ×9.45+ 配合接头 ×0.68m+φ127mm 钻杆（58 柱）+φ127mm 加重 4 柱 +φ127mm 钻杆 + 接头 +φ139.7mm 钻杆。

（7）井温。

根据邻井井深 5170.00m（垂深 3549.40m）处电测静止温度 132℃，预计本井井深 5000.00m（最大垂深 3309.03m）处静止温度 126℃，室内水泥试验温度暂按 0.85 系数取为 107℃。现场按实际电测静止温度取 0.85 系数进行大样复核，并按 0.90 系数进行缓凝高点温度校核。

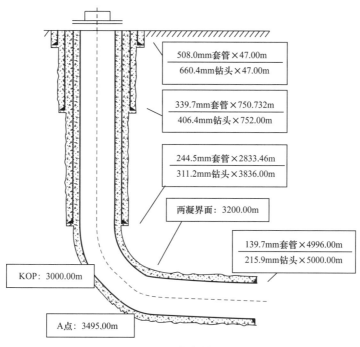

图 3-39　井身结构图

2. 现场施工情况

1）下套管施工

（1）入井套管串组合（表 3-27、图 3-40）。

表 3-27　典型井入井套管串组合

名称	长度（m）	外径（mm）	壁厚（mm）	钢级	扣型	数量	实际下深（m）
引鞋	0.36	—	—	BG125V	BTC	1	4998.21
套管鞋	0.22	—	—	BG125V	BTC	1	4997.85
回压阀	0.36	—	—	BG125V	BTC	1	4997.63
套管	35.14	139.7	12.7	BG125V	BTC	4	
变扣套管	10.755	139.7	12.7	BG125V	BC 公 × BGT2 母	1	
碰压总成	0.36	153	—	BG125V	BGT2	1	4952.005
套管	—	139.7	12.7	BG125V	BGT2	2	
启动滑套	1.0	183	—	BG125V	BGT2	1	4929.342
套管	—	139.7	12.7	BG125V	BGT2		
短套管 1	5.125	139.7	12.7	BG125V	BGT2	1	4254.548

续表

名称	长度 （m）	外径 （mm）	壁厚 （mm）	钢级	扣型	数量	实际下深 （m）
套管 4	—	139.7	12.7	BG125V	BGT2		
短套管 2	5.125	139.7	12.7	BG125V	BGT2	1	3170.983
套管 5	—	139.7	12.7	BG125V	BGT2		
双外螺纹 套管	0.27	139.7	12.7	BG125V	BGT2 P×P	1	
悬挂器	0.6	—	—	BG125V	BTC B ×BGT2 B	1	
联入	11.25	139.7	12.7	BG125V	BTC B × P	1	

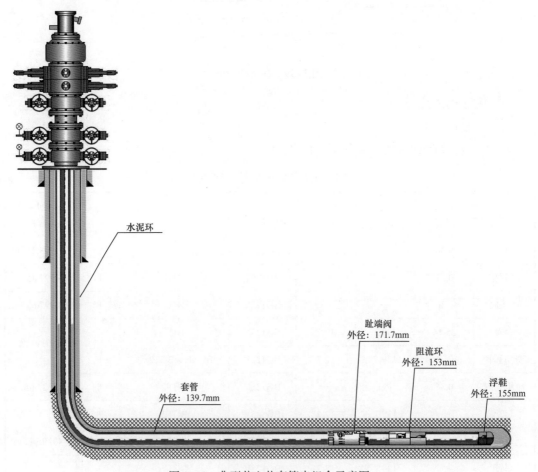

图 3-40　典型井入井套管串组合示意图

（2）入井套管启动滑套（表3-28、图3-41）。

表3-28　启动滑套参数

连接长度（m）	外径（mm）	内径（mm）	扣型	数量	压力等级（MPa）	温度等级（℃）	破裂盘压力（MPa）	过流等效直径（mm）
1.0	183	108	BGT2	1	140	150	120	127.4

图3-41　启动滑套实物图

（3）套管上扣扭矩（表3-29）。

表3-29　套管上扣扭矩推荐值

套管规格（钢级，壁厚，扣型）	最小扭矩（N·m）	最佳扭矩（N·m）	最大扭矩（N·m）
BG125V，12.7mm，BGT2	24810	25060	27560

2）固井施工

（1）固井替液量计算。

① 替液要求（表3-30）。

表3-30　典型井注水泥固井替液要求

缓凝水泥返深（m）	两凝界面（m）	完钻井深（m）	四开套管鞋深（m）	碰压总成深度（m）	三开套管鞋深（m）
地面	3200	5000	4998.2	4952	2833.46

注：（1）裸眼段按钻头扩大率5%计算（215.9×105%=226.7）。

　　（2）三开套管外径：244.5mm，壁厚11.99mm，内径220.5mm。

② 替液量计算。典型井注水泥固井替液计算如图3-42所示，每米容积计算见表3-31，各部分容积计算见表3-32，各液体液量计算见表3-33。

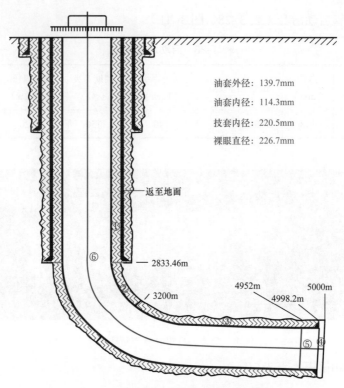

油套外径：139.7mm

油套内径：114.3mm

技套内径：220.5mm

裸眼直径：226.7mm

返至地面

2833.46m

3200m

4952m

4998.2m

5000m

图 3-42　典型井注水泥固井替液计算图

表 3-31　每米容积计算

项目	每米容积（L/m）
重合套管环空	22.858
油套、裸眼环空	25.036
纯裸眼	40.364
油套内	10.261

表 3-32　各部分容积计算

项目	容积（m³）
第①部分容积	64.77
第②部分容积	9.18
第③部分容积	45.02
第④部分容积	0.07
第⑤部分容积	0.47
第⑥部分容积	50.81

注：第①部分至第⑥部分位置如图 3-42 所示。

表 3-33 各液体液量计算

项目	总液量（m³）
缓凝水泥浆	73.94
快干水泥浆	45.57
清水（理论）	50.81
清水（现场）	51.83

注意点：

a. 顶替清水时，压缩系数取 2%（该系数为现场经验系数）。

b. 现场办公会：按考虑压缩系数液量顶替，如未碰压，考虑 30m 水泥塞，最多再过顶 0.2m³ 清水（折合 20m 清水柱）；如仍未碰压，固井结束。

（2）替液过程泵压控制范围（表 3-34）。

套管启动滑套要求施工过程绝对液柱压力不能超过 100MPa（开启压力的 80%~85%）。在固井过程中，由于井筒内液体密度实时发生变化，因此采用分段控压的方法达到作业要求。

表 3-34 替液过程泵压控制范围

控制阶段	液量（m³）	液柱高度（m）	对应垂深（m）	密度（g/cm³）	滑套位置液柱压力（MPa）	允许井口最大压力（MPa）
全井钻井液				2.18	68.02	31.98
泵注隔离液	20	1949.16	1949.16	2.23	68.99	31.01
泵注冲洗液	2	194.92	2144.08	1	66.69	33.31
泵注缓凝水泥浆	73.94	7206.53	3120	2.25	70.20	29.80
泵注快干水泥浆	45.57	4440.81	3120	1.9	59.28	40.72
泵注清水	50.81	至碰压总成	3120	1	31.20	68.80

（3）固井施工管线流程示意（图 3-43）。

固井施工管线流程连接顺序：

① 停泵（暂停循环），水泥头一端连接联顶节，水泥头另一端连接排液管线，后接三通与立管相连；

② 关闭水泥头隔板阀门，关闭水泥头 1、2 号旋塞阀，打开水泥头 3 号旋塞阀，关闭排液管线旋塞阀，关闭三通闲置一翼旋塞阀，打开连接立管的旋塞阀；

③ 开泵循环，钻井液不再从防溢管返出，而是从套管头旁通返出，经振动筛后进入钻井液池；

④ 等待地面压裂车、水泥车管线连接完毕后停泵，将地面泵车管线与三通闲置一翼相连；

⑤ 注水泥施工结束后，将套管头四通一翼连接至水泥车 2，打平衡压，泄压，测量回流量。

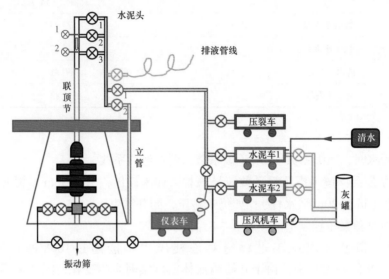

图 3-43 固井施工管线流程示意

（4）固井施工概况。

泵注缓凝水泥浆 74m³，平均密度 2.27g/cm³，泵压 27.5～31.5MPa，排量 1.05～1.29m³/min；泵入快干水泥浆 46m³，平均密度 1.91g/cm³，泵压 22.5～27.5MPa，排量 0.95～1.10m³/min；顶替清水 50.6m³，泵压 30～50MPa，排量 1.09～1.25m³/min；泵压从 50MPa 突升至 55MPa 停泵，成功碰压，碰压后稳压 50MPa 以上，稳压时间 20min。

整个固井过程施工过程顺利，井底最高绝对压力 98MPa，施工总时间 200min。现场试验检验了启动滑套高温密封性和破裂盘在固井条件下的强度，胶塞顺利通过滑套，成功泵压。典型井固井施工曲线如图 3-44 所示。

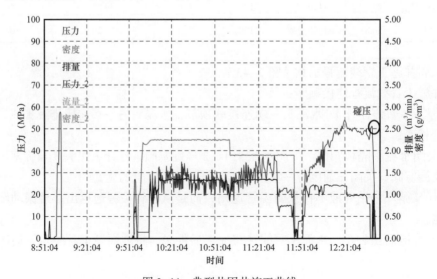

图 3-44 典型井固井施工曲线

3）滑套开启作业

（1）井筒试压过程（表 3-35）。

表 3-35　井筒试压过程

程序序号	施工过程	结果
1	地面流程试压 105MPa	合格
2	将流程切换至 B 环空，憋压 5MPa，观察 3min 不漏不降	合格
3	试压至 10MPa，稳压 3min，要求压降不超过 0.5MPa	合格
4	压至 35MPa，稳压 3min，要求压降不超过 0.5MPa	合格
5	试压至 75MPa，稳压 10min，要求压降不超过 0.5MPa	合格
6	试压结束，继续加压至滑套开启	

（2）滑套开启情况。

整个井筒试压过程施工过程顺利，井筒试压 75MPa，稳压 10min，试压合格；继续加压井筒压力至 90MPa 时滑套打开，通过计算，滑套开启绝对压力 120.48MPa，精度误差 0.4%；滑套开启后开始试挤，排量 0.6～2.4m³/min，井口压力 78～80.1MPa；停泵后地层恢复压力 51.17MPa，滑套完全开启，试挤压力满足后期压裂施工要求。开启滑套泵压施工曲线如图 3-45 所示。

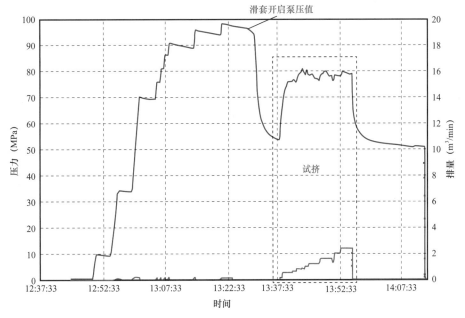

图 3-45　开启滑套泵压施工曲线

4）压裂施工

（1）测试压裂施工简况。

测试压裂时泵压 80～81MPa，排量 8.4m³/min，注入滑溜水 150.86m³，瞬时停泵压力 86.04MPa，近井摩阻 1.6MPa，井筒污染严重。第一段测试压裂施工曲线如图 3-46 所示。

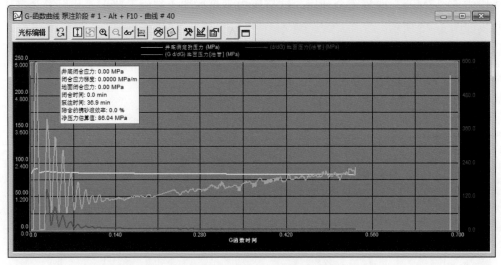

图 3-46　第一段测试压裂施工曲线

（2）主压裂施工简况。

第一段主压裂时泵压 72～82MPa，排量 11.5m³/min，酸液进入地层后压力下降 9.4MPa，有利于后期加砂。总砂量 52.8t，其中粉砂 19.6t（7），陶粒 33.2t（9），最高砂浓度 180kg/m³，总液量 1644m³，其中盐酸 15m³，线性胶 60m³，滑溜水 1569m³（图 3-47）。

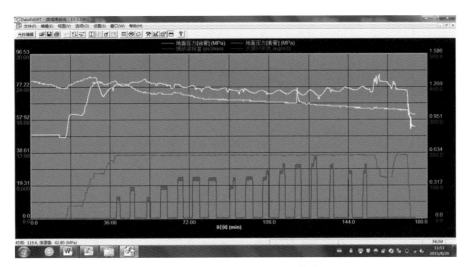

图 3-47 第一段主压裂施工曲线

3.工艺效果分析

典型井现场进行了 21 段加砂压裂施工，其中第二、三段（射孔层段）压裂施工曲线如图 3-48 所示，地层初始破裂压力 81～84MPa，施工压力在 69～72MPa，排量 11～12m³。通过对比第一段（套管启动滑套层段）与第二、三段（射孔层段）的施工压力曲线可知，采用套管启动滑套打开裂缝的压力和射孔后打开裂缝的压力相当，甚至更小；在排量相同的条件下，施工泵压相当，满足压裂施工要求。

三、CO_2 泡沫压裂工艺技术

（一）技术原理

泡沫压裂液的使用是液体技术的一项重大成就，泡沫压裂液是将 N_2 或 CO_2 以气泡分散在水、酸液、甲醇 / 水混合物或烃液中而形成的，通常为 70%～80% 干度的气体（N_2 或 CO_2）与压裂液（水基聚合物）的两相混合物。泡沫压裂液实质就是一种液包气乳化液，气泡提供了高黏度和优良的支撑剂携带能力。由于它具有油层伤害低、返排能力强、滤失量小、用液效率高、黏度适当、携砂能力强等特点，因而在压裂液体系中占据了相当重要的地位。

1.CO_2 泡沫压裂设计

1）设计思路

针对国内目前 CO_2 泡沫压裂方面的研究成果和现场施工经验，结合四川盆地页岩储层压裂改造目标及思路，提出 CO_2 泡沫压裂设计以下思路：

（1）关于 CO_2 泡沫压裂泡沫质量的选择问题：选择 CO_2 泡沫压裂的泡沫质量要综合考虑地质、工程和经济因素。选择泡沫质量要根据储层的地层特征，充分考虑到裂缝几何尺寸、降低压裂过程中的二次伤害、提高裂缝导流能力等地质和工程因素，以及少投入、多产出的经济效益原则，不提倡片面追求高泡沫质量、增大施工规模的做法。

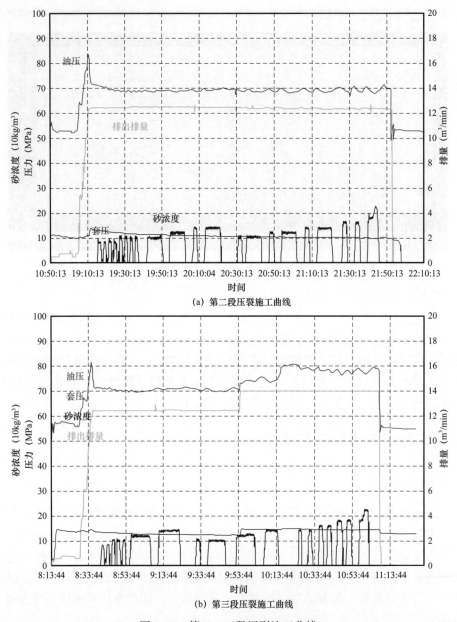

(a) 第二段压裂施工曲线

(b) 第三段压裂施工曲线

图 3-48　第二、三段压裂施工曲线

（2）关于 CO_2 泡沫泵注排量的选择问题：CO_2 泡沫泵注排量的确定需综合考虑管柱摩阻、携砂性能及泡沫质量等因素。液态 CO_2 的泵注排量大，则会使泡沫质量下降、携砂性能变差，摩阻较高，从而影响压裂改造效果。因此，需综合考虑并平衡泡沫质量、管柱摩阻、携砂性能与泵注排量的关系。

2）压裂方式与管柱设计

对于压裂方式与压裂管柱结构的设计，首先须考虑压裂过程中的施工摩阻。在压裂施工中，摩阻影响着施工压力，对施工安全及施工的成功率都有影响，而摩阻的大小与压裂液类型、注入方式、排量、泡沫质量等都有关系。

页岩储层压裂采用大排量、大规模的体积压裂，故而采用套管注入施工以满足大排量的施工要求。采用 CO_2 泡沫压裂的话，则首先应考虑泵注过程中的 CO_2 泡沫质量。泡沫质量高，其压裂液体系黏度大，携砂性好。若泵注液态的 CO_2 的排量大，则会发生未起泡即已泵注至地层中，从而降低了其携砂性能，因此不推荐采用高排量的套管注入方式。由于 CO_2 泡沫压裂液本身具有较高的摩阻，CO_2 泡沫压裂采用油管注入方式，采用 $2\frac{7}{8}$in、$3\frac{1}{2}$in 油管来模拟 CO_2 泡沫压裂的摩阻与流量的关系，如图 3-49 所示。由图 3-49 可以看出，在

相同排量下，采用 $3\frac{1}{2}$in 油管注入的摩阻远小于 $2\frac{7}{8}$in 油管时的摩阻。从降低压裂管柱摩阻、保证施工安全的角度来考虑，CO_2 泡沫压裂的管柱选择 $3\frac{1}{2}$in 油管。

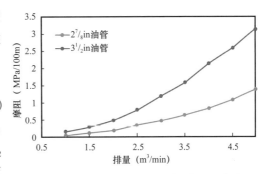

图 3-49 CO_2 泡沫压裂摩阻与排量的关系

3）施工程序设计

施工程序设计分为泵注程序（图 3-50）和施工工艺程序（图 3-51）两个主要部分。泵注程序包括：压裂液注入程序和液态 CO_2 相注入程序。施工工艺程序：由于 CO_2 泡沫压裂过程中摩阻较高，因此一般选择大尺寸的压裂管柱（如 $3\frac{1}{2}$in 油管或油套环空）进行 CO_2 泡沫压裂施工。CO_2 泡沫压裂地面管线与井口布置如图 3-52 所示。

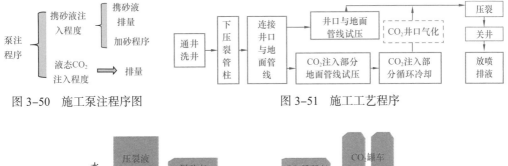

图 3-50 施工泵注程序图 　　　　图 3-51 施工工艺程序

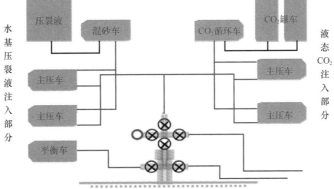

图 3-52 CO_2 泡沫压裂地面管线与井口布置

2. 施工参数模拟及优化

1) 压裂过程中液态 CO_2 相态变化

图 3-53 分析了压裂施工过程中液态 CO_2 相态变化情况，即点 1：储罐中；点 2：经过增压泵车加压后的液态 CO_2；点 3：压裂泵车出口的状态；点 4：与水基压裂液混合升温后的状态；点 5：压裂液到达井底的状态，在此过程中，CO_2 将从液态转变为气态，与水基压裂液形成泡沫；点 6：在裂缝中部的情况；点 7：返排出地面的泡沫。

2) 泡沫质量设计

泡沫质量：在一定温度压力下，气态 CO_2 占总泡沫压裂液的比例称为 CO_2 泡沫质量。按 CO_2 泡沫质量大小分为：（1）伴注泡沫液（<30%），液体为连续相；（2）增能泡沫液（30%～65%）；（3）泡沫压裂液（65%～70%），泡沫呈连续相。

一般情况下，CO_2 泡沫压裂特指泡沫质量大于 65%～70%，泡沫质量达到 100% 时，也就是全部用 CO_2 压裂时，称为干法压裂。

目前，泡沫质量设计有下列 3 种方式：

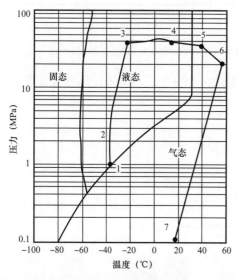

图 3-53 CO_2 相态变化情况

（1）恒定泡沫质量设计：按恒定冻胶液与液态 CO_2 排量注入井内保持泡沫质量不变的压裂施工程序设计。其优点：施工方便，易于控制。缺点：难以发挥泡沫压裂的优势。适用范围：主要用于低泡沫质量的压裂施工（如 CO_2 伴注压裂）。

（2）变泡沫质量设计：是指按冻胶液排量由小到大与液态 CO_2 排量由大到小注入井内，泡沫质量持续或阶段性变化（一般是由高到低）的压裂施工程序设计。优点：充分利用了泡沫液的低滤失、低伤害优点，提高了造缝能力。缺点：提高压裂砂比较困难；施工程序比较复杂；施工控制难度较大。适用范围：水敏、水锁伤害大的地层，以及确定要达到泡沫压裂的施工。

（3）恒定内相、外相设计：这里的相指存在于压裂液中的气、液、固三种相态。压裂设计中，将支撑剂（固相）纳入 CO_2（气相）进行的相关参数与工艺的设计称作恒定内相设计。相反则为恒定外相设计。

常用 CO_2 泡沫压裂排量与泡沫质量选择见表 3-36。

表 3-36 CO_2 泡沫压裂排量与泡沫质量选择

CO_2 排量（m^3/min）	基液排量（m^3/min）	总排量（m^3/min）	泡沫质量（%）	质量类型
1.6	0.6	2.2	72.7	变质量
1.2	1.0	2.2	67.2	

CO₂排量（m³/min）	基液排量（m³/min）	总排量（m³/min）	泡沫质量（%）	质量类型
1.8	0.6	2.4	75.0	变质量
1.3	1.1	2.4	68.3	
2.0	0.6	2.6	76.9	变质量
1.5	1.1	2.6	71.4	
2.1	0.7	2.8	75.0	变质量
1.6	1.2	2.8	70.9	
2.2	0.8	3.0	73.3	恒定内项
1.8	1.2	3.0	73.3	
2.4	0.8	3.2	75.0	恒定内项
1.9	1.3	3.2	74.1	
2.5	0.9	3.4	73.5	恒定内项
2.0	1.4	3.4	73.7	
2.7	0.9	3.6	75.0	恒定内项
2.0	1.6	3.6	74.2	
2.8	1.0	3.8	73.7	恒定内项
2.0	1.8	3.8	73.7	
3.0	1.0	4.0	75.0	恒定内项
2.1	1.9	4.0	73.6	
3.0	1.2	4.2	71.4	恒定内项
2.1	2.1	4.2	71.6	
3.0	1.4	4.4	68.2	恒定内项
2.0	2.4	4.4	67.8	
3.0	1.6	4.6	65.2	恒定内项
1.9	2.7	4.6	64.0	
3.0	1.8	4.8	62.5	恒定内项
1.9	2.9	4.8	62.3	
3.0	2.0	5.0	60.0	恒定内项
1.9	2.9	4.8	62.3	

3）CO_2泡沫质量与砂比模拟

绝大多数压裂液都是非牛顿流体，理论研究和工程计算中通常将压裂液看作幂律流体，由幂律模型方程可知，压裂液表观黏度：

$$\eta = \frac{\tau}{\gamma} = K\gamma^{n-1} \tag{3-1}$$

压裂液中支撑剂颗粒沉降的剪切速率定义为：

$$\gamma_p = 3v_t / d_p \tag{3-2}$$

将式（3-2）代入式（3-1），得出表观黏度：

$$\eta = K\gamma_p^{n-1} = K\left(\frac{3v_t}{d_p}\right)^{n-1} \tag{3-3}$$

再将式（3-3）代入式（3-10），得出压裂液中支撑剂颗粒沉降的雷诺数：

$$N'_{Re} = \frac{d_p^n v_t^{2-n} \rho_f}{3^{n-1} K} \tag{3-4}$$

将式（3-3）与（3-4）代入式（3-11），得到支撑剂颗粒在幂律流体层流区沉降速度：

$$v_t = \left[\frac{gd_p^{n+1}(\rho_p - \rho_f)}{18K(3)^{n-1}}\right]^{\frac{1}{n}} \qquad (N'_{Re} \leqslant 1) \tag{3-5}$$

以上几个公式是理想状态下单个颗粒在幂律流体中的沉降速度计算公式，在实际运用中会存在一定偏差，Gu Dazhi、岳湘安等各自采用数值模拟等方法对球形颗粒在幂律流体中的沉降公式进行了修正，并得出了各自关于阻力系数的修正系数 α，所采用的形式都为 $\alpha = f(n)$，即 $C_D' = \alpha C_D = f(n)\frac{24}{Re}$。

由实验结果可以看出，颗粒砂比对于沉降速度的影响很大，在对颗粒沉降速度进行拟合时，必须考虑砂比的影响。通常用于描述砂比对沉降速度影响的方程为：$\frac{u_{t0}}{u_{ts}} = 1 + AC_S$ 或 $\frac{u_{t0}}{u_{ts}} = (1 - C_S)^m$，其中前式适用于砂比小于 5% 的情况。由于本实验中砂比范围大于 5%，因此采用 $\frac{u_{t0}}{u_{ts}} = (1 - C_S)^m$ 拟合计算关联式，得到计算关联式的函数形式：

$$u_t = d_s\left[\frac{gd_s(\rho_s - \rho_1)}{18k'(A + Bn' + Cn'^2)}\right]^{\frac{1}{n'}}(1 - C_S)^m \tag{3-6}$$

在式（3-6）的基础上，通过对以上实验结果的分析处理，并综合考虑砂比、温度、泡沫质量对于沉降速度的影响，对公式进行了修正，拟合出如式（3-7）所示的颗粒沉降速度计算关联式：

$$u_t = d_s \left[\frac{g d_s (\rho_s - \rho_1)}{18 k \left(0.801 - 1.24 n + 9.973 n^2\right)} \right]^{\frac{1}{n}} \left(1 - C_s\right)^{0.9896} \tag{3-7}$$

其中球体颗粒的直径采用的是颗粒的等体积当量直径来代替，取值为 $d_s=0.5mm$。所用支撑剂颗粒密度约为 $1700kg/m^3$。图 3-54 为发泡时的最终沉降速度计算值与实测值的对比图，关联式平均误差为 13.2%。

该式的适用范围为：$0 \leqslant C_s \leqslant 10\%$，$45\% \leqslant \Gamma \leqslant 75\%$，$35℃ \leqslant T \leqslant 80℃$，$p=10MPa$。

4）摩阻与压力模拟

非牛顿流体的圆管管流摩擦压降计算，目前还没有成熟的理论分析方法，50 年代以后虽然有一些研究也只限于光滑区。由于非牛顿流体的黏度较大，在管路中流动时的雷诺数较小，因此光滑区的计算一般采用一些可以满足工程上要求的经验公式。

考虑到流体相间的动量传递、相界面上的摩擦力与剪切速率的关系等都不能进行定量描述。因此，系统中各物理参数和动力参数对摩擦阻力系数的影响可用式（3-8）表示：

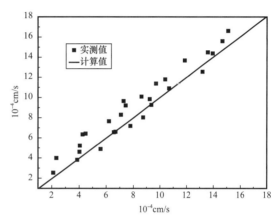

图 3-54 最终沉降速度计算值与实测值对比

$$\lambda = f\left(p, T, \rho, u, D, L\right) \tag{3-8}$$

把各因素的影响无量纲化可得：

$$\lambda = f\left(Re'\right) \tag{3-9}$$

这就是说，对非牛顿流体紊流光滑区的计算也可通过扩大广义雷诺数，使计算公式和牛顿流体统一起来。实际上对于管流光滑区的阻力系数 λ，不仅取决于广义雷诺数 Re'，而且取决于 n'，通常有两种计算方法。

（1）布拉修斯型经验公式。

$$\lambda = \frac{a}{Re'^b} \tag{3-10}$$

式中：a，b 都是流动指数 n' 的函数，对应于不同的 n' 值的 a 和 b 可以用数据拟合的形式得出。

（2）半经验公式。

根据卡门（Karman）公式和有关实验资料整理出的如下计算非牛顿流体紊流光滑区的阻力系数 λ 的半经验公式：

$$\frac{1}{\sqrt{\frac{\lambda}{4}}}=\frac{4.0}{n'^{0.75}}\lg\left[Re'\left(\frac{\lambda}{4}\right)^{\left(1-\frac{n'}{2}\right)}\right]-\frac{0.4}{n'^{1.2}} \tag{3-11}$$

式（3-11）的理论计算和实验数据取得了基本的一致，实验数据的范围为：$n'=0.36\sim1.0$，$Re'=2900\sim36000$。

该研究中选取了第一种经验公式的拟合形式，对 CO_2 泡沫压裂液的摩阻系数进行了数学模型的建立，得出了 CO_2 泡沫压裂液的摩擦阻力系数与广义雷诺数之间的关联式：

（1）未发泡情况下：

$$\lambda=50.917Re'^{-0.95255} \tag{3-12}$$

图 3-55 为摩擦阻力系数与广义雷诺数的拟合关系图（未发泡），关联式相关系数为 0.99761，平均误差为 1.07%。该式的适用范围为：

$85\leqslant Re'\leqslant2004$，$45\%\leqslant\Gamma_{TH}\leqslant75\%$，$0℃\leqslant t\leqslant30℃$，$10MPa\leqslant p\leqslant40MPa$。

（2）发泡情况下：

$$\lambda=91.436Re'^{-1.07175} \tag{3-13}$$

图 3-56 为摩擦阻力系数与广义雷诺数的拟合关系图（发泡），关联式相关系数为 0.99523，平均误差为 5.68%。该式的适用范围为：

$74\leqslant Re'\leqslant1142$，$45\%\leqslant\Gamma\leqslant75\%$，$35℃\leqslant t\leqslant80℃$，$10MPa\leqslant p\leqslant40MPa$。

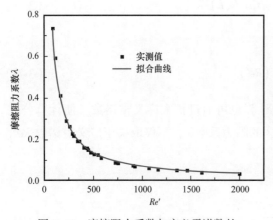

图 3-55　摩擦阻力系数与广义雷诺数的拟合关系（未发泡）

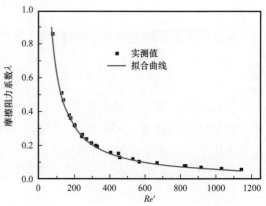

图 3-56　摩擦阻力系数与广义雷诺数的拟合关系（发泡）

根据上面两式对层流条件下的 CO_2 泡沫压裂液的摩阻进行预测，在室内管流摩阻测试中，由于实验管路和泵流量的限制，仅限于层流条件下的摩阻测试，而在实际的压裂施工中，压裂液在油管内的流动多为紊流，对于紊流条件下 CO_2 泡沫压裂液在管内的摩阻，本次研究基于层流条件下流变测试结果，结合 Kemblowsk–Kolodziejsk 公式，对紊流条件下的摩阻系数进行了预测。

$$\lambda = 2.225 \times 10^{-3} \exp\left(3.57n^2\right) \times \frac{\exp\left(0.572 \dfrac{1-n^{4.2}}{n^{0.435}}\right)^{1000/Re'}}{Re'^{\left(0.314n^{2.3}-0.064\right)}} \quad (3-14)$$

其中，

$$Re' = \frac{\rho VD}{k}\left(\frac{4n}{3n+1}\right)^n \left(\frac{8V}{D}\right)^{(1-n)} \quad (3-15)$$

式中 λ——摩阻系数；

n——流动指数；

k——稠度系数；

Re'——广义雷诺数；

V——流速；

D——管径。

当 $Re' > 31600/n^{0.435}$ 时，采用式（3-16）计算：

$$\lambda = 0.0791/Re'^{0.25} \quad (3-16)$$

在预测紊流摩阻时，首先根据工况确定流动指数和稠度系数的值，代入公式计算广义雷诺数，然后计算摩阻系数，最后根据达西公式计算压降。采用此方法对紊流条件下的 CO_2 泡沫压裂液的摩阻进行了预测，并与同工况下清水的摩阻进行了对比。

5）施工参数优化

（1）泡沫质量。

根据泡沫压裂的定义，泡沫质量低于 52.0% 时，称为 CO_2 增能压裂；泡沫质量高于 52.0% 时，称为 CO_2 泡沫压裂。因此，要实现泡沫压裂，平均泡沫质量设计须大于 52.0%。

CO_2 与压裂液混合后形成 CO_2 泡沫压裂液，CO_2 泡沫压裂液的流变性主要受泡沫质量、气泡的结构、剪切应力和温度、压力等的影响，其中泡沫质量是主要影响因素之一。泡沫质量也称为泡沫干度，表示气相在泡沫中体积分数，是决定泡沫压裂液的泡沫黏度、滤失性和携砂能力的关键因素。在某一温度和压力条件下，泡沫质量可用式（3-17）表示：

$$\eta = V_g/\left(V_g + V_w\right) \times 100\% \quad (3-17)$$

式中 η——泡沫质量，%；

V_g——某一温度和压力条件下的气相体积，m^3；

V_w——液相体积，m^3。

由于液态 CO_2 在地层中转变为气态，因此，计算泡沫质量应根据气体状态方程求出液态 CO_2 发泡时的体积。根据非理想气体的状态方程，只要求出其压缩系数，就能求出液态 CO_2 转变为气态的体积。

$$pV=ZnRT \qquad\qquad (3-18)$$

式中 p——目的层压力，MPa；

V——气体体积，m^3；

Z——压缩系数；

n——气体摩尔数；

R——气体通用常数；

T——目的层温度，K。

根据计算，当水与液态 CO_2 的比例为 4：1 时，即液态 CO_2 占 20.0% 时，泡沫质量为 22.0%；当水与液态 CO_2 的比例为 1：1 时，即液态 CO_2 占 50.0% 时，泡沫质量为 52.0%；当水与液态 CO_2 的比例为 1：2 时，即液态 CO_2 占 67.0% 时，泡沫质量为 70.0%，这时的泡沫呈层流流动，性质比较稳定。

根据第二章中泡沫质量实验研究结果，考虑 CO_2 泡沫压裂液的携砂性能，故 CO_2 泡沫压裂设计中的泡沫质量为 52.0%～75.0% 为宜。

（2）施工排量。

施工排量是压裂设计的关键参数，会影响施工泵压和裂缝的几何尺寸，施工排量主要取决于压裂注入方式、压裂管柱、井口压力和压裂设备功率等因素，同时对裂缝高度有一定影响。

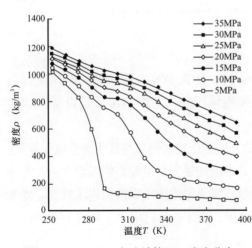

图 3-57 PR-EXP 方法计算 CO_2 密度分布

地面以一定的泵注设计排量将压裂液和液态 CO_2 的混合流体泵注进入地层后，由于压力、温度等工作环境的改变，液态 CO_2 开始气化并形成泡沫，其混合流体的体积增大，即地面一定量的压裂液和液态 CO_2 的混合流体，在地层环境下会发生体积膨胀，从而等效为井底排量增加。等效井底泡沫流体的排量计算方法如下：

① 地面泵入 CO_2 的压力为 35MPa，温度为 18℃，查表得其密度 ρ_1 为 1060kg/m^3（图 3-57），假设其排量 Q_1 为 1m^3/min，则其单位时间通过油管横截面积的质量即质量流量为：

$$Q = Q_1 \cdot \rho_1 = 1 \times 1060 = 1060 \text{kg} / \text{min}$$

② 当 CO_2 进入地层后，温度升高，体积膨胀，由地层条件（温度：43.6℃，压力：22.23MPa）查表可得 CO_2 的密度 ρ_2 为 810kg/m^3，根据 CO_2 的质量守恒可得，地层条件下 CO_2 的排量 Q_2 为：

$$Q_2 = Q / \rho_2 = 1060 / 810 = 1.309 \text{m}^3 / \text{min}$$

③ 对于基液而言，其在井口和地层条件下密度相差不大即膨胀较小，因此，可近似认为其在井口条件下和地层条件下的排量相等仍为：$Q_{基液} = 1.0 \text{m}^3/\text{min}$。

④ 因此，在地层条件下 CO_2 泡沫压裂液的泡沫质量为：

$$\Gamma = V_{CO_2} / （V_{CO_2} + V_{基液}） = 1.309 / （1.309 + 1） = 56.7\%$$

等效的井底 CO_2 泡沫压裂液排量为：$Q_{等效} = Q_2 + Q_{基液}$。

根据上述方法即可计算井底等效的 CO_2 泡沫排量，见表3–37。

表3–37　地面液态 CO_2 排量与井底 CO_2 泡沫排量计算关系

地面液态 CO_2 排量（m^3/min）	井底 CO_2 泡沫排量（m^3/min）
1.00	1.31
1.50	1.96
2.00	2.62
2.50	3.27
3.00	3.93
3.50	4.58
4.00	5.23
4.50	5.89
5.00	6.54

根据 CO_2 泡沫压裂液的流变特性的测试结果，液态 CO_2 未气化之前，CO_2 对清洁压裂液具有"稀释"作用，黏度有所降低。为了保证在携砂压裂液进入井筒及近井地带时不会发生支撑剂沉降的问题，清洁压裂液的泵注排量不能低于 0.9m^3/min；另外，整个 CO_2 泡沫压裂液体系黏度较低，为提高压裂液的携砂能力，压裂液与液态 CO_2 的总泵注排量不能低于 2.0m^3/min。根据注入方式、压裂管柱结构及压裂规模等综合考虑，总施工排量大于 2.5 m^3/min、小于 5.0m^3/min。

（3）前置液比例。

根据"变泡沫质量"设计思路，前置液阶段液态 CO_2 的泵入比例（泡沫质量）较携砂阶段高。综合考虑，泡沫压裂的前置液比例为 25.0%～35.0%。

（4）支撑剂浓度（砂比）。

为获得优化的压裂设计，使气井增产改造效益达到最佳，根据油气藏的储层特性及产出能力，取得优化的裂缝长度和导流能力。然而，压裂设计中规模、前置液量、排量、加砂浓度等参数对缝长和裂缝导流能力都有较强的敏感性，其中加砂浓度对导流能力的敏感性最大。加砂浓度是否合理将直接影响压裂措施效果的有效性、长期性和经济性。

①砂浓度优化原则，压裂设计中无因次导流能力的计算公式为：

$$F_{cd} = \frac{K_f \cdot W_f}{K \cdot L_f}(1-D) \qquad\qquad (3-19)$$

式中　K_f——压裂裂缝渗透率；

　　　W_f——闭合在支撑剂上的平均裂缝宽度；

　　　K——储层渗透率；

　　　L_f——裂缝半长；

　　　D——裂缝渗透率伤害系数。

式中涉及的影响因素很多，诸多因素中三个关键不确定参数直接影响最终增产效果，分别是无因次导流能力 F_{cd}、裂缝支撑缝长 x_f 和支撑裂缝所提供的导流能力 K_{wf}。

②砂浓度优化方法。

a. 裂缝支撑长度优化。

合理支撑裂缝长度主要由经验法和经济优化来确定。产能预测结果有诸多不确定因素，在不考虑其他因素影响下，Elkins 提出了不同渗透率条件下的最优缝长划分参考标准。在使用 Elkins 提出的裂缝长度标准时必须结合储层具体特征、单井规模优化结果综合确定。

b. 加砂泵注程序优化设计。

地面加砂程序直接关系到填砂裂缝的几何尺寸及其导流能力的分布，也是影响压裂增产效果的基本因素。Nolte 提出的基于液体效率的线性斜坡式地面加砂泵注程序是获得裂缝内理想铺砂剖面的理论依据。

c. 砂浓度优化步骤。

根据 Elkins 提出的不同渗透率下气层所需要的裂缝长度参考值，结合储层渗透率 K 及区块优化结果，确定最优化的裂缝长度 x_f 和规模；

根据方程、F_{cd} 以及储层渗透率 K，最优的裂缝长度 x_f，计算实际所需要的裂缝导流能力 K_{wf}，或者裂缝内剩余的导流能力；

根据目的层储层参数、压裂施工规模大小，参考 Nolte 提出的线性斜坡式最优加砂泵注程序进行加砂程序设计，以获得达到所需裂缝导流能力下的平均地面加砂支撑剂浓度的大小。

根据 CO_2 泡沫压裂液动态携砂性能的测试结果，CO_2 泡沫压裂液的黏度较低，但携砂能力与酸性交联瓜尔胶泡沫压裂液相当。根据长庆苏里格气田酸性交联瓜尔胶 CO_2 泡沫压裂液的施工经验，砂比一般在 22.0%～25.0% 之间。对于页岩储层的 CO_2 泡沫压裂，为了保证施工安全，建议砂比设计在 18.0%～22.0% 之间。

（5）泵注程序。

CO_2 泡沫压裂施工过程中，携砂液与液态 CO_2 混合后，支撑剂浓度（砂比）必然降低。为了提高施工砂比，可以采用"恒定内相"的设计理念，即让内相（CO_2 气体 + 支撑剂）与外相（冻胶压裂液）保持平衡，以确保压裂液黏度恒定；施工时在增加支撑剂浓度时，保持冻胶压裂液基液排量稳定，相应降低液态 CO_2 的排量，其降低值等于支撑剂增加的绝对排量。恒定内相虽然能够提高砂比，但提高程度有限；而且在施工后期，地层中压裂液的温度很低，形成泡沫压裂液的比例越来越小，需要充分利用冻胶压裂液的携砂能力提高砂比。因此，采用"恒定内相 + 变泡沫质量"的设计思路，即在增加支撑剂浓度时，仍保持冻胶压裂液排量稳定，同时泡沫质量逐渐变化，液态 CO_2 的比例随砂比的增加而逐渐降低，从而在高砂比阶段充分利用冻胶压裂液的携砂能力而进一步提高砂比。

压裂设计初始的 CO_2 泡沫质量为 75%，主要原因为：（1）初期阶段设计较大的泡沫质量，可增加地层能量；（2）降低压裂液滤失，减小水敏性储层损害；（3）考虑泡沫半衰期及整体施工时间约为 2～4h；（4）泡沫质量为 75% 时，压裂液黏度最大，携砂性能最佳。随着施工的进行，地层中压裂液的温度逐渐降低，形成泡沫压裂液的比例越来越小，泡沫质量逐渐变小，因此需要充分利用冻胶压裂液的携砂能力提高砂比。

在加砂设计上，采用五段加砂模式，形成合理的支撑剖面，在近井地带获得最大的支撑缝宽和导流能力。根据摩阻分析，推荐 CO_2 泡沫压裂采用 $3\frac{1}{2}$in 油管注入方式；建议 CO_2 泡沫压裂采用"恒定内相 + 变泡沫质量"的设计理念，模拟的施工参数为：平均控制泡沫质量范围为 52.0%～75.0%、平均泡沫质量大于 52.0%，施工排量控制在 2.5～5.0m³/min，砂比在 18.0%～22.0%。

（二）压裂材料及实验评价

通过对起泡剂、增稠剂等泡沫压裂液单剂的实验评价优化，开展了泡沫压裂液泡沫半衰期、泡沫质量及黏度等性能的实验评价数据分析，最终确定了泡沫压裂液配方为：0.5%CT5-7 稠化剂 +0.3%CT5-7S 起泡剂 +0.3%CT5-7D 高温稳定剂 +0.3%CT5-7U 调节剂。

1. 制备方法

基液配制：按配方比例量取所需的配液水，倒入 Warring 混调器中，调节混调器转速至漩涡可以见到搅拌器桨叶中轴顶端为止，先将调节剂、温度稳定剂、KCl 加入水中搅拌均匀，再缓慢加入增稠剂，待形成均匀的溶液后，停止搅拌，倒入烧杯中溶胀 4h，即为压裂液基液。

水基压裂液制备：直接向压裂液基液中加入设计比例的起泡剂，搅拌均匀即为未起泡的水基压裂液。

泡沫压裂液制备：量取一定体积的压裂液基液倒入 Waring 混调器中，加入设计比例的起泡剂，加盖密封，并用二氧化碳气源向溶液中缓慢通气，调节混调器转速至700r/min，搅拌5min停止，立即倒入1000mL量筒中，并读取泡沫液的体积。

2. 破胶性能

泡沫压裂液的残渣含量测试参照SY/T 5107—2016《水基压裂液性能评价方法》进行，配制泡沫压裂液1000mL，平均分成两组，分别加入破胶剂600ppm，在90℃下破胶，彻底破胶后离心分离，将分离后的残渣在105℃±1℃条件下干燥恒重，测定压裂液中残渣含量，结果见表3-38。

破胶液中残渣含量按下式计算：

$$\eta = m/V \times 1000$$

式中　　η——破胶液中残渣含量，mg/L；

　　　　m——残渣质量，mg；

　　　　V——压裂液体积，mL。

表3-38　泡沫压裂液破胶性能

破胶液黏度（mPa·s）	残渣含量（mg·L）	表面张力（mN/m）	界面张力（mN/m）
2	1.1	1.5	24.5

3. 泡沫压裂液静态沉砂性能

泡沫压裂液具有优良的黏弹性，必然具备优良的携砂性能，为此，通过静态悬砂实验来证实其性能。

按液体配制方法配制泡沫液（泡沫质量$Q=65\%$），取200mL液体倒入烧杯中，置于90℃水浴锅中恒温20min，再将液体倒入Warring混调器中，按40%的砂比加入40～70目的陶粒并搅拌均匀，随即倒入250mL的量筒，并放入90℃的烘箱中。开始计时，每隔一定时间记录上层析出的清液体积。两组液体静态悬砂实验结果如图3-58及图3-59所示。

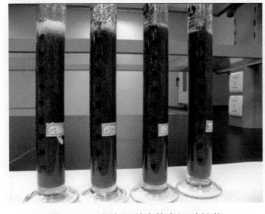

图3-58　泡沫压裂液静态沉砂性能
评价实验（第一组）

图3-59　泡沫压裂液静态沉砂性能
评价实验（第二组）

实验表明，压裂液形成稳定泡沫后，支撑剂在泡沫液中分散均匀，由于泡沫间的界面作用，对支撑剂有包裹和支撑作用，从室温至90℃，3h混砂液保持均匀，未出现明显的分层现象，携砂性能良好。

4. 泡沫压裂液伤害性能

由于没有拟施工的页岩气井的岩心，故采用威202井岩心，对泡沫压裂液的伤害性能进行了实验评价，测试结果见表3-39，从表3-39可知，泡沫压裂液对页岩的伤害率小于19%。

表3-39　泡沫压裂液岩心伤害性能

岩心号	注压裂液前气相渗透率（mD）	注压裂液后气相渗透率（mD）	伤害率（%）	平均值（%）
1#	0.12794	0.107115	16.44	13.76
2#	0.096865	0.085538	11.11	
3#	0.036651	0.028897	21.32	18.79
4#	0.023787	0.020023	16.25	

5. 泡沫压裂液流变性能

评价方法：取泡沫压裂液基液70mL，按0.3%（V/V）比例加入调节剂将液体pH值调节到5.8，然后按设计比例加入起泡剂搅拌均匀，转入RS6000高温流变仪密闭系统，并接入CO_2气源加压10bar并保证压裂液处于CO_2饱和状态，对压裂液进行耐温耐剪切性能测试，测试结果如图3-60所示。

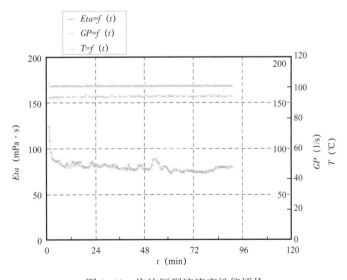

图3-60　泡沫压裂液流变性能评价

据项目前期研究结果，这种缔合型清洁压裂液表观黏度大于 50 mPa·s，表明具有强大的空间结构存在。该压裂液的不同配方在 90℃的温度下经过长时间剪切后体系仍能保持较高的表观黏度，表观黏度均大于 50mPa·s，说明具有优良的耐温耐剪切性能。

6. 泡沫压裂液回收利用性能评价

采用长宁 H3 平台的压裂返排液进行了回收评价实验（图 3-61 至图 3-63），从表 3-40 可知，返排液配制的基液黏度低，只有 24cP，而清水配制的基液黏度为 66cP，同时半衰期较短，仅有 32h。返排液中的金属离子等成分对泡沫压裂液的黏度、半衰期等性能均有影响。建议页岩气井压裂后结合返排液水质进行进一步重复利用的研究。

图 3-61　返排液和清水对比

图 3-62　泡沫压裂液发泡能力评价

图 3-63　返排液配制的泡沫压裂液基液

表 3-40　泡沫压裂液回收性能

样品类型	基液黏度（mPa·s）	V_0（mL）	泡沫半衰期（h）
返排液配制	24	410	32
清水配制	66	356	90.5

根据 NB/T 14002.3—2015《页岩气储层改造第 3 部分：压裂返排液回收和处理方法》，标准对页岩气返排液重复利用有明确的水质要求，建议进行水质处理，处理后的水质满足行标要求后再进行重复利用，具体指标见表 3-41。

表 3-41　回用水推荐水质主要控制指标

项目	指标
总矿化度（mg/L）	≤20000
总硬度（mg/L）	≤800
总铁（mg/L）	≤10

项目	指标
悬浮固体含量（mg/L）	≤1000
pH 值	6～9
SRB（个/mL）	≤25
FB（个/mL）	≤10^4
TGB（个/mL）	≤10^4
结垢趋势	无
配伍性	无沉淀，无絮凝

（三）施工工艺

1. 压裂施工工艺

在室内实验研究和工程设计的基础上，开展了 CO_2 泡沫压裂现场施工。CO_2 泡沫压裂施工包括：压裂液部分、支撑剂部分、CO_2 与泵注部分、压裂施工泵注与测试部分、井口与管柱部分。可见，CO_2 泡沫压裂施工与常规水力压裂相比，增加了 CO_2 储罐、泵注与测试系统，同时由于流体特性，也大大增加了施工的难度。典型的 CO_2 泡沫压裂施工工艺应包括以下几部分：

（1）压裂液高分子聚合物水溶液的制备，其中包括稠化剂、杀菌剂、黏土稳定剂、起泡剂、交联剂和破胶剂等；

（2）小型压裂测试与进一步完善单井设计；

（3）压裂施工：包括前置液、携砂液和顶替液三个阶段，其中前置液泡沫质量较高，而携砂液由于支撑剂的加入，CO_2 排量逐渐降低，保持恒定内相；

（4）压后排液与测试。

1）施工流程

（1）施工前准备。

① 安装合适的采气井口，要求附件全部装齐；

② 备足压裂液化工料、清水、液态 CO_2、支撑剂等用量；

③ 准备好封隔器、水力锚等井下工具。

（2）施工程序。

① 按照要求连接地面放喷管线及放喷装置；

② 按照设计要求平稳下入压裂工具，水力锚和封隔器要避开套管节箍；

③ 按照压裂液配方及配制方法配制压裂液；

④ 按射孔方案进行射孔；

⑤ 按照图 3-64 摆好施工车辆和辅助车辆，连接地面高低压管线，并试压，不刺不漏为合格；

⑥ 按照压裂设计的泵注程序进行压裂施工；

⑦ 压裂施工结束后，关井测压降，用针阀控制放喷，排出液体通过放喷管线进入污水池。

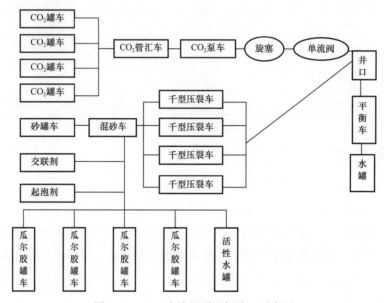

图 3-64　CO_2 泡沫压裂现场施工示意图

（3）地面配套装备摆放注意事项。

① CO_2 设备的摆放应离其他设备和井口尽可能远，CO_2 增压泵和罐车距离其他设备和井口至少 15m。

② CO_2 设备的摆放区域应远离工作人员区域并处于下风口。

2）泵注工艺

根据施工过程中泡沫质量的不同，CO_2 泡沫压裂泵注工艺设计分为恒定泡沫质量泵注、变泡沫质量泵注、恒定内相泵注三种。

恒定泡沫质量泵注：按恒定冻胶液与液态 CO_2 排量注入井内保持泡沫质量不变的压裂施工程序设计。其优点：施工方便，易于控制。缺点：难以发挥泡沫压裂的优势。适用范围：主要用于低泡沫质量的压裂施工（如 CO_2 伴注压裂）。

变泡沫质量泵注：按冻胶液排量由小到大与液态 CO_2 排量由大到小注入井内，泡沫质量持续或阶段性变化（一般是由高到低）的压裂施工程序设计。优点：充分利用了泡沫液的低滤失、低伤害优点，提高了造缝能力。缺点：提高压裂砂比较困难；施工程序比较复杂；施工控制难度较大。适用范围：水敏、水锁伤害大的地层，以及确定要达到泡沫压裂的施工（图 3-65）。

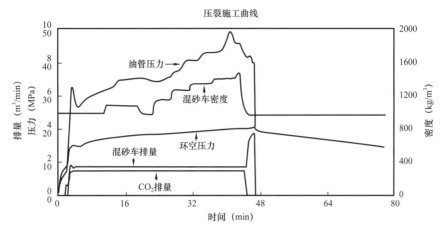

图 3-65 变泡沫质量泵注施工曲线

恒定内相、外相泵注，这里的相指存在于压裂液中的气、液、固三种相态。压裂设计中，将支撑剂（固相）纳入 CO_2（气相）进行的相关参数与工艺的设计称作恒定内相设计（图 3-66）。相反则为恒定外相泵注。

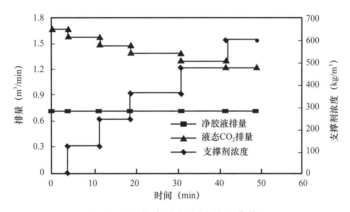

图 3-66 恒定内相泵注施工曲线

2. 压后快速排液工艺

（1）工艺技术原理。

对于低渗、低压储层来说，压裂液滞留及水敏伤害都会影响最终的压裂改造效果。压后快速排液技术就是在压裂施工结束后、支撑裂缝未自然闭合前，充分利用压后余压，在保证支撑裂缝不吐砂的前提下，采用一定尺寸的油嘴（或针阀）控制压裂液快速返排的工艺技术。该技术具有以下优点：

① 使支撑剂在未沉降或沉降不多时就被裂缝壁夹住，从而最大限度地保证支撑剂在产层里有效支撑，并防止有效支撑缝长的缩短；

② 可充分利用压后裂缝中的余压在较短时间内将压裂液排出井筒，缩短排液周期；

③ 可降低压裂液相对滤失量和裂缝中的残渣浓度，减小压裂液引起的地层伤害和裂缝伤害；

④ 可减少支撑剂在裂缝中的沉降，保证有效的支撑裂缝剖面，最大限度地防止缝口处裂缝导流能力的损失。

（2）具体工艺实施。

大量液态 CO_2 注入，支撑裂缝内压裂液温度较低，为确保破胶彻底、放喷时不发生支撑剂回流（吐砂），施工结束后，要求关井 60～120min。根据压裂工艺、管柱特点和地层需要，排液过程通常需要 3 个阶段：闭合控制阶段、放大排量阶段、间歇放喷阶段。

① 闭合控制阶段：开井放喷初期，采用针阀（或 3～5mm 油嘴）控制放喷流量在 20～60L/min；待井口压力降低、裂缝缓慢闭合后逐渐增大放喷流量，控制流量在 300 L/min 内，充分利用 CO_2 气化的气体与冻胶所形成的泡沫使压裂液排出地面。当井底压力低于裂缝闭合压力、裂缝完全闭合时，控制排量阶段结束，该过程一般需要 2～4h。

② 放大排量阶段：裂缝闭合后，通常用 8～10mm 油嘴控制或畅放，排量控制在 600L/min 以下，以地层不出砂、放喷管线出口不见砂粒为控制原则。

③ 间歇放喷阶段：放喷时连续 2～3h 不出液，即可以关井，等压力恢复起来后再放喷；如果连续两次放喷 5h 以上，均不出液，且关井后油压、套压在短时间内达到基本平衡，且排出液性质稳定，压裂液返排率达到 80%，则排液合格，可以转入关井。

另外，当地层能量较低，排液后期不能实现自喷，且压裂液的返排率未达到 80% 时，则尽快进行抽汲排液，缩短排液时间。

3. 返排液回收利用工艺

（1）回收利用工艺流程。

CO_2 泡沫压裂返排液的回收利用可借鉴页岩气压裂液的回收利用技术，为 CO_2 泡沫压裂液的液体回收处置提供参考。在威远、长宁，滑溜水返排液处理后可重复利用，累计回收使用返排液达 15000m^3，具体施工流程如图 3-67 所示。

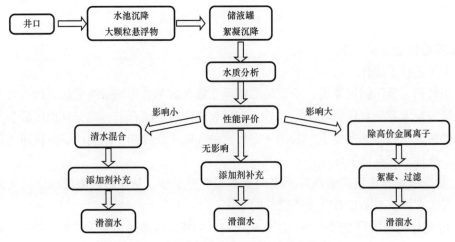

图 3-67　返排液回收处理及再利用工艺流程

（2）CO_2 回收。

将 CO_2 与页岩气分离，减少温室气体排放，循环回收利用。目前主要有 4 种分离技术，见表 3-42。分离技术结合现场施工环境的特点，通常选择膜分离技术，加拿大首次现场应用膜分离技术分离出了 CO_2 泡沫压裂返排液中的 CO_2。目前国内尚未有油田单位开展过 CO_2 回收工艺技术。

表 3-42 CO_2 分离技术比较

分离技术	原理	常用方法	适用范围	案例
物理吸收法	CO_2 在高压低温下被溶剂吸收，然后在低压高温下被释放	Rectisol 法（低温甲醇洗） Selexol 法 Fluor 法	酸性组分压较高的原料气	长庆油田建造了一套液化天然气装置，处理量 $2 \times 10^4 m^3/d$
化学吸收法	利用碱性吸收剂吸收酸性气体，然后吸收剂经加热释放出 CO_2	热钾碱法 醇胺法（乙醇胺类）	酸性组分压低的原料气及其深度净化	中海油东方天然气处理厂建立的脱碳装置，单套天然气处理量达 $210 \times 10^4 m^3/d$
变压吸附法	根据吸附剂对 CO_2 和 CH_4 的选择性吸附能力不同来分离	硅胶 活性炭 分子筛	工艺流程简单，自动化程度高，适用范围广	辽河油田回收 CO_2，处理量为 $7.2 \times 10^4 m^3/d$
膜分离法	聚合物膜对不同气体的相对渗透率不同而分离	不同橇装式膜组合	适用于 CO_2 含量较高的原料气初步脱碳	长庆油田开展天然气脱湿工业实验，处理量为 $12 \times 10^4 m^3/d$

4. 施工现场应注意问题

针对国内目前 CO_2 泡沫压裂面临的问题，结合美国、加拿大在 CO_2 泡沫压裂方面的研究成果和现场施工经验，在压裂工程条件与工程设计方法方面，应加深以下几个方面的认识：

（1）关于井口压裂液加温的问题：由于在压裂施工高压条件下 CO_2 由液态转变为气态时的临界温度为 31℃，压裂施工中泵入前置液过程中井底射孔炮眼附近地层的温度很快降低到发泡的临界温度以下。因此，控制泡沫流体在井底的温度是极其重要的。但目前 CO_2 泡沫压裂施工现场一般情况下井口压裂液不进行加温。所以，在此条件下为了避免压裂液在近井地带未起泡，黏度低，而造成脱砂，在设计施工中，采用酸性交联压裂液和提高施工排量的措施，使得未发泡的混合液在高速流动的过程中保持一定的携砂能力。同时采用乳化的方法，使压裂液和 CO_2 通过泡沫发生器充分混合，乳化增黏提高未发泡混合液的流动黏度，提高携砂性能。

（2）关于 CO_2 泡沫压裂的泡沫发生器问题：为了保证液体 CO_2 与压裂液充分混合

及发泡，地面设备增加泡沫发生器（Foam Generator），并且压裂液中添加表面活性剂（Foamier），以确保混合液入井前充分乳化（液态 CO_2 为内相），乳化后的液体黏度高于压裂液基液黏度，从而保证较好的携砂性能。

（3）关于 CO_2 泡沫压裂的稠化剂问题：采用与 CO_2 相配伍的酸性压裂液体系，pH 值为 4～5，防止水基交联冻胶压裂液与 CO_2 压裂液在混注过程中产生降解。采用锆交联剂（弱酸性），稠化剂一般选用 CMHPG（羧甲基羟丙基瓜尔胶）或 CMPG（羟丙基瓜尔胶），国内目前没有开发和使用 CMHPG。

（4）关于 CO_2 泡沫压裂的压裂设计问题：压裂设计采用拟三维压裂设计软件。设计软件考虑了井筒温度场和地层温度场随压裂过程中施工时间、施工排量、地面泵入液体温度等多因素的影响，设计和施工过程中大多采用内相恒定技术，提高砂液比，从而提高裂缝导流能力。

（5）关于 CO_2 泡沫压裂含砂浓度的问题：CO_2 泡沫压裂施工过程中从地面混砂车携砂到压裂泵车携砂液仍然是水基压裂液，当携砂液与不携砂的 CO_2 混合后，混合液的含砂浓度（砂液比）必然会降低。

第四章　页岩气压裂质量控制技术

页岩气压裂是一个很大的系统工程，由于其改造作业时间长、相关合作单位多、入井物资量大，所以应对其压裂质量进行适时监测以及合理控制。压裂质量控制就是对入井材料（工具、液体、支撑剂等）进行过程控制，从而确保压裂数据的真实性、设计的可靠执行及后评估数据的可靠性。

第一节　压裂质量控制的重要性

一方面，由于页岩的低孔特低渗的特点，无自然产能，需要通过大型人工改造形成网状裂缝系统，才能够获得商业产量，所以在施工过程中需加强质量控制降低对储层的伤害，保护产层，确保压裂井的获产（高产）成功率。

另一方面，页岩水平井压裂是一个很大的系统工程，在改造过程中需要考虑以下问题：

（1）水平井改造按照一天两段考虑，单井压裂需要 10 天左右，平台井压裂时间更长；

（2）化工原料一般采用一次备料，种类多，配方存放时间长，存在失效问题；

（3）支撑剂采取随施工进行随时补量，必须加强支撑剂质量和数量的监测；

（4）入井工具的质量数量是否合格。

正是由其改造作业时间长、相关合作单位多、入井物资量大，所以应对其工具、液体、支撑剂进行适时监测，防止以次充好、短斤缺两、偷梁换柱等现象发生，确保工程优质优量，整体快速推进，实现项目经济高效运行。

压裂质量控制就是对入井材料（工具、液体、支撑剂等）进行过程控制，从而确保压裂数据的真实性、设计的可靠执行及后评估数据的可靠性。压裂质量控制的内容主要有以下 4 点：

（1）压裂规模、装备能力、供液能力、施工排量等是否符合设计要求；

（2）对液体、支撑剂等物质进行现场质量检测，不合格产品禁止入井；

（3）对入井物质数量进行确认，与压裂车记录数据进行校正；

（4）化工原料一般采用一次备料，种类多，配方存放时间长，存在失效问题。

压裂质量现场控制需要遵守的规范是：

（1）贯彻落实"安全第一、预防为主、综合治理"的安全生产方针，认真执行国家、地方及行业健康、安全、环保的法律法规、标准规范和操作规程。

（2）乙方负责所派遣人员，必须具有相应专业技术资格，能胜任相应工作，持有合格上岗证和井控操作资格证等相关证件；依照法律法规、工程建设标准文件等，在平台井压裂施工期间全程监管并有效控制压裂施工质量。

（3）乙方应参与该项目方案的论证、审查和技术交底，并根据方案设计制定工程质量控制实施方案，于工程施工前2个工作日交甲方技术管理部门审查备案。

（4）乙方应严格执行国家有关法律法规及相关行业规范，符合甲方安全、环保相关规定。

（5）在施工作业现场代表甲方，维护甲方利益，依据压裂设计，对施工参数、施工材料、施工设备等进行严格把关和监督、检查、确认；确保各环节质量合格。不可抗力因素导致与设计偏差，应提供相应证据并经甲方认可。

（6）施工中应当：① 审查施工承包人报送的工程材料、构配件、设备质量证明文件的有效性和符合性，并按规定对用于工程的材料采取平行检验或见证取样方式进行抽检；② 在巡视、旁站和检验过程中，发现工程质量、施工安全存在事故隐患的，要求施工承包人整改并报委托人。

第二节　压裂材料室内评价技术

一、压裂液室内评价技术

（一）压裂液选择原则

压裂液性能是影响压裂效果的重要因素，对于大型体积压裂来说，这个因素就更为突出。选择合适的压裂液需根据以下几个原则：

（1）滤失小。这是造长缝、宽缝的重要性能。压裂液的滤失性，主要取决于它的黏度，地层流体性质与压裂液的造壁性，黏度高则滤失小。在压裂液中添加降滤失剂能改善造壁性，大大减少滤失量。在压裂施工时，要求前置液、携砂液的综合滤失系数 $\leqslant 1 \times 10^{-3} \, \mathrm{m}\sqrt{\min}$ 。

（2）悬砂能力强。压裂液的悬砂能力主要取决于其黏度。压裂液只要有较高的黏度，砂子即可悬浮于其中，这对砂子在缝中的分布是非常有利的。但黏度不能太高，如果压裂液的黏度过高，则裂缝的高度大，不利于产生宽而长的裂缝。

（3）摩阻低。压裂液在管道中的摩阻越大，则用来造缝的有效水马力就越小。摩阻过高，将会大大提高井口压力，降低施工排量，甚至造成施工失败。

（4）稳定性好。压裂液稳定性包括热稳定性和剪切稳定性。即压裂液在温度升高、机械剪切下黏度不发生大幅度降低，这对施工成败起关键性作用。

（5）配伍性好，压裂液进入地层后与各种岩石矿物及流体相接触，不应产生不利于油气渗滤的物理、化学反应，即不引起地层水敏及产生颗粒沉淀。这些要求是非常重要的，往往有些井压裂后无效果就是由于配伍性不好造成的。

（6）低残渣。要尽量降低压裂液中的水不溶物含量和返排前的破胶能力，减少其对岩石孔隙及填砂裂缝的堵塞，增大油气导流能力。

（7）易返排。裂缝一旦闭合，压裂液返排越快、越彻底，对油气层损害越小。

（8）货源广，便于配制，价格便宜。

（二）压裂液室内评价

1. 压裂液流变性能

1）基液黏度

压裂液基液是指准备增稠或交联的液体。基液黏度代表稠化剂的增稠能力与溶解速度。压裂基液黏度用旋转黏度计或用类似仪器测定。

2）压裂液的剪切稳定性

评价压裂液的剪切稳定性实际上是测定压裂液的黏—时关系。在一定（地层）温度下，用 RV3 或 RV2 旋转黏度计测定剪切速率为 170s^{-1} 时压裂液的黏度随时间的变化。压裂液的黏度降到 50mPa·s 时所对应的时间应大于施工时间。

2. 压裂液摩阻

1）管流摩阻

包括压裂液在井筒和地面管线中的流动，工程上常用实验获得减阻率计算管流摩阻，也可按流体力学理论计算。

2）射孔孔眼摩阻

一般采用实验曲线或经验公式来确定。

（1）美国 Esso 公司公式。

$$p_{\text{per}} = 2.25 \times 10^{-9} \frac{\rho_{\text{f}} Q^2}{N_{\text{p}}^2 D_{\text{p}}^4 C_{\text{d}}^2} \tag{4-1}$$

式中　p_{per}——孔眼摩阻，MPa；

ρ_{f}——压裂液密度，kg/m^3；

Q——施工排量，m^3/min；

D_{p}——射孔孔眼直径，m；

N_{p}——有效孔数；

C_{d}——孔眼流量系数（0.8～0.85）。

（2）美国 Amoco 采油公司公式。

$$p_{\text{per}} = 1.79 \times 10^{-4} \frac{\rho_{\text{f}} Q}{N_{\text{p}}^2 D_{\text{p}}} \tag{4-2}$$

3. 压裂液滤失性

压裂液从裂缝壁面向地层内部的滤失经历了三个过程，首先由于压裂液中固相在裂缝壁面形成滤饼，压裂液经过滤饼向地层滤失，该过程为压裂液造壁性控制的滤失过程，相应的影响区域称为滤饼区；然后滤液侵入地层，该过程为压裂液黏度控制的滤失过程，相应的影响区域称为侵入区；侵入区以外广大地区是受地层流体压缩和流动控制的第三个区域，称为压缩区。尽管每种机理控制的滤失系数都可以独立导出，但在压裂过程中是同时起作用、共同影响压裂液效率。

1）压裂液的造壁性滤失系数

多数压裂液本身就有造壁性，加入降滤剂后，造壁性更强。压裂液的造壁性一方面有利于减少压裂液向地层的滤失，提高压裂液效率；另一方面也容易在裂缝壁面形成固相堵塞。用造壁性滤失系数反映造壁性对滤失影响的程度，用实验方法测定。

（1）静态滤失系数测定。

图 4-1 为高温高压静滤失仪示意图。滤筒底部有带孔的筛座，其上放置滤纸或岩心片。筒内有压裂液，在恒温下加压，下口处放一量筒。记录滤失量与时间的关系，整理为曲线，如图 4-2 所示。

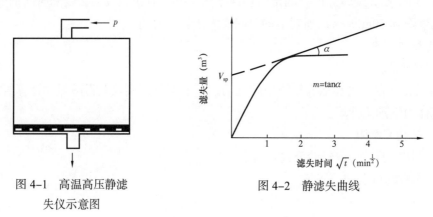

图 4-1　高温高压静滤
失仪示意图

图 4-2　静滤失曲线

形成滤饼前，流体滤失很快，形成滤饼后，滤失量受滤饼控制而渐趋稳定。总滤失量与时间的关系用方程描述。

$$V = V_{sp} + m\sqrt{t} \qquad (4-3)$$

式中　V，V_{sp}——分别为总滤失量和形成滤饼前的滤失量（称为初滤失量），m^3；

　　　　t——滤失时间，min；

　　　　m——V—$\sqrt{t}$ 曲线斜率，$m^3 / min^{\frac{1}{2}}$。

设滤纸或岩心横截面积为 A，造壁性控制的滤失系数为 c_w'，上式对时间求导

$$v = \frac{0.5m}{A\sqrt{t}} = \frac{c_w'}{\sqrt{t}} \qquad (4-4)$$

则

$$c_w' = \frac{0.5m}{A} \qquad (4-5)$$

实验压差 Δp_a 与裂缝内外压差 Δp_f 不一致时的造壁性滤失系数 c_w 按下式修正

$$c_{\mathrm{w}} = c_{\mathrm{w}}' \left(\frac{\Delta p_{\mathrm{f}}}{\Delta p_{\mathrm{a}}} \right)^{1/2} \qquad (4-6)$$

静态滤失系数一般用于筛选评价压裂液体系。

（2）动态滤失系数测定。

调节注液系统排量，模拟压裂液在裂缝中流动。由于压裂液出口有回压，部分压裂液将从岩心滤失到出口端而流出。使岩心两端压差维持在地层裂缝内外的水平，从而保证动滤失仪的实验条件与地层条件基本相似。动态滤失系数主要用于压裂设计提供参数。

用动、静滤失仪测得的结果如图 4-3 所示。动滤失条件下滤失比静态滤失大得多，但也有相反情况。尽管动、静滤失量差别较大，但动滤失测量复杂，目前仍大量采用静滤失法评定。

图 4-3　动滤失仪的示意图

2）受压裂液黏度控制的滤失系数

压裂液黏度比地层油黏度大得多，假设压裂液侵入过程满足达西流动定律，且为刚性活塞驱动。压裂液的实际滤失速度为

$$v_{\mathrm{a}} = \frac{\mathrm{d}L}{\mathrm{d}t} = 0.058 \frac{K \Delta p}{\phi \mu L} \qquad (4-7)$$

积分解出 L 后，回代到达西定律表达式。得

$$v = 0.058 \frac{K_{\mathrm{f}} \Delta p}{\mu_{\mathrm{f}} t} = 0.17 \left(\frac{\phi K \Delta p}{\mu_{\mathrm{f}} t} \right)^{1/2} \qquad (4-8)$$

写成 $v = c_{\mathrm{v}} / \sqrt{t}$ 的形式，则

$$c_{\mathrm{v}} = 0.17 \left(\frac{\phi K \Delta p}{\mu_{\mathrm{f}}} \right)^{1/2} \qquad (4-9)$$

式中　c_{v}——压裂液黏度控制的滤失系数，$\mathrm{m} / \mathrm{min}^{\frac{1}{2}}$；

　　　ϕ——储层孔隙度；

　　　K——储层渗透率，D；

Δp——裂缝内外压差（净压力），MPa；

μ_f——压裂液黏度，mPa·s。

3）受地层流体压缩性控制的滤失系数

压裂液在较高的净应力作用下进入地层，而地层流体被压缩后让出一部分空间使压裂液才得以滤失进来。忽略岩石体积膨胀，基于地层流体的压缩性和达西渗滤方程推导出受地层流体压缩和流动控制的滤失系数：

$$c_c = 0.136\Delta p\left(\frac{\phi K c_f}{\mu_R}\right)^{1/2} \tag{4-10}$$

式中 c_f——地层流体压缩系数，MPa^{-1}；

μ_R——地层流体黏度，mPa·s；

c_c——地层流体压缩性控制的滤失系数，$m/min^{\frac{1}{2}}$。

4）综合滤失系数

从滤失过程看，压裂液的滤失受三种机理控制，但可以一个综合指标，即综合滤失系数反映共同作用的结果。

目前广泛采用调和平均法（Smith，1965）计算综合滤失系数，即将三种滤失控制机理视为电工学中的三个电容，综合滤失系数相当于它们串联的结果。因此

$$\frac{1}{c} = \frac{1}{c_w} + \frac{1}{c_v} + \frac{1}{c_c} \tag{4-11}$$

5）压裂液降阻率

压裂液的管路摩擦阻力小，可降低施工泵压，提高施工排量，节约水马力。在管路流动仪上，测定不同压差下的压裂液与清水的流量，经计算可得出压裂液的降阻率。一般压裂液的降阻率为40%～60%。

6）压裂液破胶性能

施工结束后，压裂液在油层温度条件下，与破胶剂发生作业而破胶降黏。用破胶液黏度来衡量压裂液破胶的彻底性，是关系到破胶液的返排率及对油层的伤害程度。其测定方法是在油层温度条件下，将压裂液密封恒温静置16h，用毛细管黏度计或其他黏度计测定破胶液黏度。在30℃时破胶液黏度应小于10mPa·s。

7）压裂液表界面张力与润湿性能

用表界面张力仪测定压裂液破胶液的表界面张力，用接触角测定仪测定破胶液与岩样表面的接触角，为优选适用的活性剂、助排剂提供参考。

8）压裂液残渣含量

残渣是压裂液、破胶液中残存的不溶物质。压裂液中的残渣含量应尽量低，以减小对地层和支撑裂缝的伤害。其测定方法是将破胶液离心分离，弃去上清液，将下面的残渣烘干、恒重、称重，计算残渣含量。

9）压裂液与地层流体的配伍性

测定压裂液破胶剂与地层原油和地层水能否产生乳化及沉淀，以便采取措施减少对地层的伤害。

（1）原油的配伍性测定是将原油与压裂液破胶剂按一定比例混合，高速搅拌形成乳状液，在油层温度下静置一定时间，记录分离出的水量，计算破乳率。破乳率应大于80%。

（2）地层水的配伍性测定是将压裂液破胶剂液与地层水按一定比例混合，观察是否产生沉淀。

10）压裂液交联时间

将交联剂加到原胶液中，开始计时并缓慢不停地搅拌，到压裂液可挑挂（或吐舌头3cm以上）时的时间即为交联时间。压裂液的交联时间应小于压裂液流经压裂管柱的时间。

11）压裂液对基岩渗透率的伤害率

在压裂改造油气层的同时，压裂液会对油气层的渗透率造成伤害。通过测定压裂液通过岩心前后渗透率的变化，计算压裂液对岩心渗透率的伤害率，来评价压裂液对油气层的伤害程度。

二、支撑剂室内评价技术

（一）支撑剂性能

1. 支撑剂物理性质

（1）支撑剂粒度组成及分布。

根据待评价的支撑剂尺寸，选择一组由6个筛网和底盘组成的、依照逐层迭放的标准试验筛进行筛析试验。要求最少有90%的颗粒落在规定的筛网尺寸间，如 $\phi 0.45 \sim 0.9$ 支撑剂，至少有90%的颗粒直径在0.45～0.9mm之间，最上层筛网上支撑剂量小于试样总量的0.1%，底盘上的量不大于试样总量的1.0%。

通常认为平均粒径大于或等于其算术平均值的支撑剂粒度分布较好。

（2）圆球度和表面光滑度。

圆度是指支撑剂颗粒棱角的相对尖锐程度，球度表示支撑剂颗粒接近球体形状的程度。圆球度一般以目测法或图像比较法测量，其值在0～1之间。表面光滑度以图像比较法测量，分为优、中、差三级。

（3）浊度。

浊度是指支撑剂颗粒表面粉尘、泥质或无机物的含量。将支撑剂试样置于蒸馏水中，测得的液体浊度通常称为支撑剂的浊度。按石油行业标准规定，支撑剂的浊度应小于100度。

（4）密度。

支撑剂密度常用绝对密度和体积密度表征。

支撑剂绝对密度（即颗粒密度、真密度）：支撑剂颗粒间在无孔隙条件下的密度。支撑剂体积密度（即视密度）：支撑剂颗粒间存在孔隙时的砂堆密度。

支撑剂颗粒密度小于 2700kg/m³，属于低密度范围；大于 3400kg/m³ 属于高密度支撑剂；在 2700～3400kg/m³ 称为中等密度。

（5）酸溶解度。

测量支撑剂上混杂的碳酸盐岩、长石和铁等氧化物及黏土等杂质含量，采用 3%～12% HCl–HF 酸液进行溶解测试。

（6）抗压强度。

支撑剂抵抗压力作用的能力，通常以支撑剂在压力作用下破坏而产生的数量来确定。以单颗粒抗压强度、酸蚀后单颗粒抗压强度和群体破碎率表示。

2. 支撑剂导流能力

支撑裂缝导流能力是指支撑剂在储层闭合压力作用下通过或输送储层流体的能力，通常以支撑裂缝渗透率 K_f 与裂缝宽度 w 的乘积表示，单位为 D·cm。

短期导流能力：对支撑剂试样由小到大逐级加压，且在每一压力级别逐级加压测得的导流能力。主要用于评价和选择支撑剂。

长期导流能力：将支撑剂置于某一恒定压力和规定的试验条件下，考察支撑缝导流能力随时间的变化情况。用于压裂效果评价。

（二）支撑剂选择原则

支撑剂选择的主要内容包括类型、粒径及浓度。支撑剂选择与所压地层的岩石、环境条件及增产要求紧密相连。

选择支撑剂时首先应考虑支撑剂性质及在特定地质、工程条件下的裂缝导流能力，结合特定的地质条件（如闭合压力、岩石硬度、温度、目的层物性）选用满足工程条件（压裂液性质、泵注设备）、并能获得良好的增产效果的支撑剂。其次还必须考虑经济效益，由于支撑剂种类多、质量和产地等条件差异大，支撑剂成本也有差别，必须考虑性能价格比，结合压裂经济性来分析优选支撑剂。

1. 裂缝导流能力确定原则

（1）McGuire & Sikora（1960）图版法。

$$R_c = \frac{F_{RCD}}{K}\left(\frac{40}{2.471 \times 10^{-4} A}\right)^{1/2} \qquad (4-12)$$

式中 R_c——裂缝相对导流能力；

A——井的泄油面积，m²。

在使用该曲线选择支撑剂可从两方面着手：即在给定闭合压力下，从现有支撑剂的导流能力入手，得到不同穿透比时期望获得的增产倍数（压后产量）；或者从预期的产量出发，按照不同穿透比时所需要的导流能力选择支撑剂。

但 R_c 具有长度量纲，作为准数有所欠缺，而且该准数没有反映裂缝长度的影响。在低渗透油气藏改造中，形成长裂缝是关键。

（2）辛科准则（Cinco，1978）。

$$c_r = \frac{F_{RCD}}{\pi K L_f} \phi_{10} \qquad (4-13)$$

式中　c_r——Cinco 准数；

　　　　K——储层有效渗透率，D；

　　　　L_f——支撑裂缝半长，m；

　　　　F_{RCD}——裂缝导流能力，D·m。

Cinco 准数反映了支撑缝长在选择支撑剂中的作用，虽然缝越长，所需裂缝导流能力越大，只要 $c_r > 10$，则压裂必然有效。在实际应用中，近似采用下列关系：

对于垂直缝，$c_r = \dfrac{F_{RCD}}{K L_f} \geqslant 30$；

对于水平裂缝，$c_r = \dfrac{F_{RCD}}{Kh} \geqslant 10$。

式中，h 为形成水平裂缝时的地层有效厚度。

2. 支撑剂类型选择

它基本上受闭合压力控制，当闭合压力小于 40MPa，可选用石英砂作支撑剂；当闭合压力高于 70MPa，一般选用高强度陶粒；当闭合压力在 40～70Ma 之间可选用中强度陶粒。通常我国在 3000m 以上深井选用陶粒，在中深井压裂尾追陶粒。

3. 支撑剂粒径选择

地层渗透率、裂缝几何尺寸对支撑剂粒径选择都有影响，要考虑下述方面：

（1）闭合压力，在闭合压力不太高时，大颗粒能提供更高导流能力，而在高闭合压力下，各种尺寸支撑剂导流能力基本相同，甚至小颗粒支撑剂提供的导流能力更高。

（2）支撑剂填充的裂缝宽度，满足支撑剂在裂缝中自由运移的需要。

（3）输送支撑剂的要求，粒径越大，携带支撑剂越困难。在许多情况下，支撑剂输送条件（主要是压裂液表观黏度）控制了可选择的支撑剂尺寸。通常是按粒径大小分批泵入，第一批粒径小，向裂缝深部运移，最后一批粒径最大，沉降于井筒附近裂缝中，以提高关键地区渗透率。

目前世界上 85% 的支撑剂粒径在 0.45～0.90mm（20/40 目）范围。

4. 支撑剂铺置浓度

由于支撑剂类型和粒径范围的选择余地很小，支撑剂浓度选择就非常重要。通常依据增产要求确定裂缝长度，然后确定裂缝导流能力，进而利用裂缝导流能力—支撑剂粒径—闭合压力资料确定铺砂浓度。

（三）支撑剂室内评价

压裂用支撑剂是一种压裂专用的固体颗粒。压开地层后它能撑住压开裂缝的岩石壁面，使之不得重新闭合，并使水力裂缝成为一条通往井筒的导流通道。压裂用支撑剂分天然支撑剂和人造支撑剂两大类。前者以石英砂为代表，后者通常以陶粒为代表。压裂支撑剂共有8项性能指标，分别是粒径、体积密度、视密度、圆度、球度、浊度、破碎率、酸溶解度。现场取回的样品，试验之前用分样器（图4-4）对样品分样3次，使样品充分混合均匀。第3次分样后，样品在分样盒中不能搅动，从中取得圆度、球度、酸溶解度测试所用样品，然后再次用分样器逐次分离，最终得到体积密度、视密度、筛析、破碎实验所需样品。

图4-4 分样器

（1）粒径分布测试。

颗粒的直径叫作粒径，某一粒径或某一粒径范围内的颗粒在整个测试样品中所占的比例叫作粒径分布，也称颗粒的分散度。颗粒的粒径、粒径分布以及形状等通常能显著影响试样及其产品的性质和用途。

粒径的测试方法很多，筛析法是一种传统的、实用的测试方法。筛析法主要有手筛法和振筛法。本节主要介绍振筛法。用分样器取得大于100g的支撑剂，再用天平称出100±0.01g样品；按照SY/T 5108—2014《水力压裂和砾石充填作业用支撑剂性能测试方法》表1的支撑剂粒径规格及相应的7个标准筛加一底盘从上至下排放好（图4-5）。将100g样品倒入排放好的标准筛顶筛，再将这一系列标准筛放置于震筛机上（图4-6），振筛10min；依次称出每个筛子及底盘上的支撑剂质量，并计算各粒径范围的质量分数；如果累计量与试样相差0.5%，应更换样品并重新测试。

图4-5 标准筛

图4-6 拍击式震筛机

（2）球度与圆度的测试。

压裂支撑剂是用于支撑压裂裂缝，是具有一定强度的固体颗粒，其圆度和球度用来表征压裂支撑剂的充填性能。圆度是压裂支撑剂颗粒棱角的锋利程度或颗粒的弯曲程度；球度则是压裂支撑剂颗粒接近球形的程度。

球度：在被测试的支撑剂样品中任意取 20～30 粒支撑剂，放在显微镜下观察，或拍下显微照片；根据 SY/T 5108—2014《水力压裂和砾石充填作业用支撑剂性能测试方法》支撑剂球度、圆度图版（图 4-7）确定每粒支撑剂的球度，计算出这批支撑剂样品的平均球度。圆度：同球度的方法测试支撑剂样品的圆度。

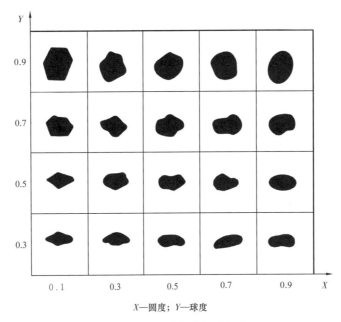

X—圆度；Y—球度

图 4-7　外观评判支撑剂圆度、球度模板（摘自 SY/T 5108—2014）

（3）酸溶解度的测试。

酸溶解度是指在规定的酸溶液及反应条件下，一定质量的试样被酸溶解的质量与试样总质量的百分比。支撑剂酸溶解度是支撑剂表面积的一种函数，支撑剂颗粒越细，则有更大的表面积暴露在酸液中，因此，可能比相对更粗的颗粒有更高的酸溶解度。测试压裂支撑剂酸溶解度主要是用来判断某种支撑剂是否适用于与酸接触的场合。有着良好耐酸性能的支撑剂可以在地下裂缝中的酸性环境中长时间工作，并保持较高的导流能力，从而提高油气井的产量，同时酸溶解度还可以用来说明支撑剂中包含的可溶性材料的数量（例如碳酸盐、长石、氧化铁、黏土等）。

本节中介绍的酸溶解度测试方法是指在 65℃，12∶3 的 HCL∶HF（质量浓度为 12% 的盐酸和质量浓度为 3% 的氢氟酸）混合酸中，溶解 30min，然后将反应后剩余的支撑剂分离干燥，最后称量，再与接触酸以前的颗粒原始质量进行对比，从而得到酸溶解度。

使用塑料容器，将质量分数为 36%～38% 的分析纯盐酸与质量分数为 40% 的分析纯氢氟酸按质量比为 12：3 配制盐酸氢氟酸混合溶液；配制量为 1000mL；准备支撑剂样品及过滤设备，将适量的支撑剂样品及定性滤纸、50mL 烧杯在 105℃下烘干 1h，然后放在干燥器内冷却 0.5h，称取上述经过处理的支撑剂样品（5±0.1）g；在聚四氟乙烯烧杯内加入 100mL 配制好的盐酸氢氟酸混合溶液，再将已称取好的 5g 支撑剂样品到入烧杯内；将盛有酸溶液和支撑剂样品的烧杯放在 65℃的水浴内恒温 0.5h。注意不要搅动，不要使其受污染；称量并记录经过处理的定性滤纸、烧杯质量，将定性滤纸放入塑料漏斗，然后放在漏斗架上准备过滤；

将支撑剂样品及酸液倒入塑料漏斗，过滤，要确保烧杯内所有支撑剂颗粒都倒入漏斗；用蒸馏水多次冲洗支撑剂样品，直至冲洗液显示中性为止；将定性滤纸及其内支撑剂样品一并放入干燥后的烧杯内，再放入烘箱在 105℃下烘干 1h，然后放入干燥器内冷却 0.5h；立即将冷却后的烧杯、定性滤纸、支撑剂样品一起称量并记录其质量，计算出支撑剂样品的酸溶解度，结果判断见表 4-1。

表 4-1　最大酸溶解度（摘自 SY/T 5108—2014）

支撑剂粒径（μm）	最大酸溶解度（质量分数）（%）
树脂覆膜陶粒支撑剂、树脂覆膜石英砂	5.0
天然石英砂、陶粒支撑剂和砾石填充石英砂支撑剂	7.0

（4）浊度测试。

浊度是一种光学效应，是光线透过液体层时受到阻碍的程度，表示液体层对于光线散射和吸收的能力。浊度指数越高，则说明悬浮颗粒越多。ISO 标准所用的浊度单位为福氏浊度单位（FTU），其他浊度单位还有散射浊度单位（NTU）、烛光浊度单位、硅胶浊度单位等，其中 FTU 与 NTU 是一致的。

样品准备：在 250mL 广口瓶内放入陶粒支撑剂 40.0g 或石英砂支撑剂 30.0g；

在上述广口瓶内倒入 100mL 蒸馏水，静止 30min；用手摇动 0.5min，45 次（不能搅动），放置 5min。

浊度测试：本文介绍的方法为使用 1100IR 或同类浊度仪产品测定支撑剂浊度（图 4-8）。打开浊度仪电源开关，用标准浊度液调试仪器至规定值；将蒸馏水倒入比色瓶中放入仪器进行测量，直接从仪器显示屏上读取数据；将准备好的样品用医用注射器按仪器量要求注入比色瓶中放入仪器进行测量，直接从仪器显示屏上读取浊度。

（5）密度测试。

本文介绍的方法为在质量检测车内，在（23±5）℃的环境温度下，使用标定的固体颗粒密度仪和密度瓶（图 4-9）进行支撑剂体积密度与视密度测量。

体积密度：用一平板玻璃板盖住干燥黄铜圆筒，并称出其质量，并记作 m_{f+gp}；将水

图 4-8　浊度仪　　　　　　　图 4-9　密度瓶

加入圆筒中，滑动玻璃板使之与圆筒上边缘接触，水面截至黄铜圆筒边缘平面上；将玻璃板牢牢地固定在原处，擦去多余的水，然后称出总质量 $m_{\text{f+gp+1}}$。按照公式（4-14）计算出圆筒的体积 V_{cy1}。

$$V_{\text{cy1}} = \frac{m_{\text{f+gp+1}} - m_{\text{f+gp}}}{0.9971} \qquad （4-14）$$

式中　V_{cy1}——黄铜圆筒的体积，cm^3；

　　　0.9971——水的密度，测试液体的温度不得低于 18℃，也不得高于 28℃。

　　称出干燥空筒的质量，单位为克（g），记作 m_{f}；测试样品的温度介于 18～28℃ 之间，将支撑剂样品装于 150mL 的大烧杯中。关闭漏斗出口，将黄铜圆筒居中，位于漏斗出口的正下方，将样品由烧杯倒入漏斗中；打开位于漏斗底部的橡皮球阀，令支撑剂流入黄铜圆筒内；漏斗内的支撑剂全部流出后，用直尺在圆筒边缘平滑的推移，使支撑剂与黄铜圆筒口的表面齐平；称出圆筒内装满支撑剂的质量，单位为克（g），记作 $m_{\text{f+p}}$，按照公式（4-15）计算体积密度 ρ_{bulk}。

$$\rho_{\text{bulk}} = \frac{m_{\text{f+p}} - m_{\text{f}}}{V_{\text{cy1}}} \qquad （4-15）$$

式中　V_{cy1}——黄铜圆筒的体积，cm^3；

　　　m_{f}——干燥黄铜圆筒空筒的质量，g；

　　　$m_{\text{f+p}}$——圆筒内装满支撑剂的质量，g。

　　视密度测试：用密度瓶塞子盖上干燥密度瓶，并称出其质量，并记作 $m_{\text{sf+gp}}$；

　　将水加入密度瓶中，液面至密度瓶充填刻度线上，擦去多余的水，然后称出总质量 $m_{\text{sf+gp+1}}$。按照公式（4-16）计算出密度瓶的体积 V_{scy1}。

$$V_{\text{scy1}} = \frac{m_{\text{sf+gp+1}} - m_{\text{sf+gp}}}{0.9971}$$ （4-16）

式中 V_{scy1}——黄铜圆筒的体积，cm^3；

0.9971——水的密度，测试液体的温度不得低于18℃，也不得高于28℃。

称出干燥密度瓶的质量，单位为克（g），记作 m_{sf}。在环境温度下，将测试液装入密度瓶内至充填刻度线上，确保液体内不得有气泡，将密度瓶外表面上的液体擦除干净。称出装有测试液密度瓶的质量，精确度0.01g，记录其质量 $m_{\text{sf+1}}$。

称出称量皿的质量，然后加入约10g的支撑剂样品，称出称量皿和样品的总质量，精确到0.01g。计算支撑剂的质量，单位为克（g），记录其质量 m_{sp}。将密度瓶内的液体倒出约一半，将称过的支撑剂样品从称量皿中移至密度瓶内，应使用与密度瓶瓶颈相适应的漏斗。在环境温度下，将足够的测试液体加入密度瓶内充填刻度线上，沿垂直轴旋转量瓶直到将支撑剂内的气泡全部排出，如有必要，再次加入测试液至充填刻度线上，并擦拭去密度瓶表面的测试液。称出装有支撑剂和测试液的密度瓶的质量，精确度为0.01g，记录其质量 $m_{\text{sf+1+p}}$。

由公式（4-17）计算测试液的密度 ρ_1。

$$\rho_1 = \frac{m_{\text{sf+1}} - m_{\text{sf}}}{V_{\text{pyc}}}$$ （4-17）

式中 ρ_1——测试液的密度，g/cm^3；

$m_{\text{sf+1}}$——室温条件下装有测试液的密度瓶质量，g；

m_{sf}——干燥的空密度瓶的质量，g；

V_{pyc}——密度瓶的体积，cm^3。

由公式（8-6）计算视密度 ρ_{p}。

$$\rho_{\text{p}} = \frac{m_{\text{sp}}\rho_1}{m_{\text{sf+1}} + m_{\text{sp}} - m_{\text{sf+1+p}}}$$ （4-18）

式中 ρ_{p}——视密度，g/cm^3；

m_{sp}——支撑剂的质量，g；

$m_{\text{sf+1}}$——室温条件下，密度瓶和测试液的质量，g；

$m_{\text{sf+1+p}}$——室温条件下，密度瓶、测试液和支撑剂的质量，g。

（6）抗破碎能力测试。

破碎率测试是判断支撑剂试样在特定的条件下破碎的支撑剂的数量。它表征了支撑剂的抗破碎能力。抗破碎能力高的支撑剂导流能力也高，反之则导流能力低。分样是支撑剂试样抗破碎能力测试的关键步骤，为确保所选用支撑剂试样的质量，应严格按照要求分样。并可通过测定每份式样的体积密度来避免不必要的误差，以确保试样具有代表性。

天然石英砂支撑剂抗破碎测试：称取所需样品 200g。分两次倒入每种支撑剂粒径所对应的两个标准筛的顶筛中（SY/T 5108—2014《水力压裂和砾石充填作业用支撑剂性能测试方法》表 1，黑体字所对应的筛子），每次振筛 10min，筛选所需支撑剂样品；按式（4–19）计算石英砂支撑剂抗破碎实验所需的样品质量。用感量为 0.01g 天平称取所需样品；将样品倒入破碎室（图 4–10），然后放入破碎室的活塞，旋转 180°。将装有样品的破碎室放在压机台面。用 1min 的恒定加载时间将额定载荷匀速加到受压破碎室上，稳载 2min 后卸掉载荷；将压后的支撑剂样品倒入粒径规定下限的筛子中振筛 10min，称取底盘中的破碎颗粒，计算出支撑剂破碎率百分比。

$$m_{p1} = C_1 d^2 \qquad (4\text{–}19)$$

式中　m_{p1}——支撑剂样品质量，g；

　　　C_1——计算系数，1.54g/cm²；

　　　d——支撑剂破碎室直径，cm。

图 4–10　破碎室

陶粒破碎率测试：筛选所需陶粒支撑剂样品按天然石英砂支撑剂抗破碎测试中的步骤执行；按式（4–20）计算陶粒支撑剂抗破碎实验所需样品质量，使用感量为 0.01g 的天平称取所需样品；后序测试步骤同天然石英砂支撑剂抗破碎测试。

$$m_{p2} = C_2 \rho_b d^2 \qquad (4\text{–}20)$$

式中　m_{p2}——支撑剂样品质量，g；

　　　C_2——计算系数，0.958cm；

　　　ρ_b——支撑剂体积密度，g/cm³；

　　　d——支撑剂破碎室直径，cm。

压裂支撑剂（陶粒、石英砂等）相应粒径规格允许最大破碎率与规定闭合压力参见 SY/T 5108—2014《水力压裂和砾石充填作业用支撑剂性能测试方法》。

第三节 压裂质量现场控制

一、页岩气压裂中质量控制方法

由于页岩气属于低孔特低渗，无自然产能，需进行体积压裂才能够获得商业产量，因此压裂的质量控制尤为重要，在压裂施工前，对所有入井材料，包括但不仅限于分段工具，入井液体、入井支撑剂，进行抽样检测，在施工执行期间对检查压裂设备是否正常运转、核查施工参数是否符合设计，同时对入井材料质量进行再次复查，对使用入井材料使用数量进行全面监控。确保施工中的每一个环节均是符合要求及优质进行的；确保入井物质质量可靠；确保压裂数据的真实性、设计的可靠执行及后评估数据的可靠性。

页岩水平井压裂为大的系统工程，改造作业时间长，相关合作单位多，入井物资量大，对其工具、液体、支撑剂应适时监测，防止以次充好、短斤缺两、偷梁换柱等现象发生，确保工程优质优量，整体快速推进，实现项目经济高效运行。

页岩水平井压裂为大的系统工程，改造作业时间长，涉及相关合作单位多，入井材料种类多、数量大，通过质量控制可以有效地防止以次充好、短斤缺两、偷梁换柱等现象发生（图4-11），可确保工程优质优量，整体快速推进，实现项目运行经济高效运行。该方法在长宁、威远页岩气平台共应用20个，共计120口井，现场运用效果显著。分段工具质量检测中心平台设备及能力见表4-2，液体、支撑剂、新材料检测中心平台设计及能力见表4-3。

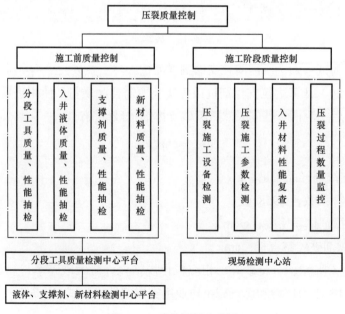

图 4-11 质量控制流程图

表 4-2　分段工具质量检测中心平台设备及能力

实验能力体系	配套的装置 / 仪器 / 设备	具备的实验检测能力
井下工具检测	水压实验装置、高温试验箱	（1）140MPa 水密封实验； （2）200℃高温试验； （3）井下工具投捞、坐（解）封试验； （4）井下工具金属成分检测； （5）工具表面粗糙度、硬度测试； （6）工具拉伸、压缩等力学性能测试； （7）工具转磨性能评价
	液压拧扣机、高温橡胶性能测试仪	
	数控万能材料试验机、激光打标机	
	三坐标测试仪、金属成分测试仪	
	洛氏硬度仪、邵氏硬度仪、粗糙度仪	
	转磨提升装置	
	气密封检测装置	
	高温高压井下工具实验系统	
模拟井实验	采气工艺模拟实验系统	（1）井筒两相流动实验； （2）井下工具模拟功能实验； （3）14MPa 气井带压实验

表 4-3　液体、支撑剂、新材料检测中心平台设计及能力

实验能力体系	配套的装置 / 仪器 / 设备	具备的实验检测能力
液体	旋转黏度计	（1）表面张力、界面张力； （2）黏度测试； （3）破乳率； （4）配伍性； （5）降阻率； （6）岩心伤害率； （7）黏土防膨率
	渗透率测试仪	
	电子恒温水浴锅	
	电子恒温干燥锅	
	表面张力测试仪	
	离心机	
	页岩膨胀测试仪	
	多功能流动回路仪	
	高温高压岩心流动实验仪	
支撑剂	振筛器	（1）支撑剂球度、圆度； （2）支撑剂视密度、体积密度； （3）支撑剂粒径组成； （4）支撑剂抗破碎能力
	圆度仪	
	浊度检测仪	
	密度器	
	显微镜	
	破碎仪	
新材料	按实际使用	按实际测定

　　影响压裂液性能的因素很多，不仅包括压裂液添加剂的类型和用量，同时还受施工环境、配液条件等的影响，使得现场的压裂液性能与实验室内的评价结果存在较大差异，因此，对压裂液进行现场质量检测是十分必要的。通过对配液用水、压裂液添加剂、压裂液性能等方面进行现场质量检测与质量控制，保证压裂液性能，是实现预期压裂效果的重要保证。

　　近几年，随着长宁—威远页岩气的大规模开发，川渝地区的压裂质量现场控制技术得到较快发展，配套形成了压裂质量现场检测车（图4-12），并以该车为实验场所，取得了国家级检验检测机构资质认定授权。使得川渝地区压裂现场质量检测能力、检测结果可靠性等方面都取得了极大提高，可以开展压裂液、滑溜水及其常用添加剂三个大类（表4-4至表4-5）的现场检测。本章将从施工前、施工中两个方面对采用该质量检测车可以开展的压裂材料质量现场控制方法进行简述。

图 4-12　压裂质量检测车内部布局

表 4-4　水基压裂液关键参数检测指标

序号	评价参数		技术指标
1	基液 pH 值		
2	基液密度		
3	基液表观黏度（mPa·s）	20℃≤t<60℃	10～40
		60℃≤t<120℃	20～80
		120℃≤t<180℃	30～100
4	交联时间（s）	20℃≤t<60℃	15～60
		60℃≤t<120℃	30～120
		120℃≤t<180℃	60～300
5	耐温耐剪切能力	表观黏度（mPa·s）	≥50

续表

序号	评价参数		技术指标
6	破胶性能	破胶时间（min）	≤720
7		破胶液表观黏度（mPa·s）	≤5.0
8		破胶液表面张力（mN/m）	≤28.0
9		破胶液与煤油界面张力（mN/m）	≤2.0
10	配伍性		
11	残渣含量（mg/L）		≤600
12	降阻率（%）		≥60
13	流变性能		

表 4-5　滑溜水关键参数检测指标

序号	评价参数	指标	备注
1	pH 值	6～9	指标取自 NB/T 14003.1—2015《页岩气压裂液　第 1 部分：滑溜水性能指标及评价方法》，表面张力和排出率任选一项测试，不含凝析油气藏不测试界面张力和破乳率
2	运动黏度（mm²/s）	≤5	
3	降阻率（%）	≥70	
4	CST 比值	<1.5	
5	表面张力（mN/m）	<28	
6	界面张力（mN/m）	<2	
7	排出率（%）	≥35	

二、施工前压裂材料质量控制

在现场进行压裂改造施工前，分别对所使用的产品进行抽样检测。在检验检测中，如发现有不合格指标，应再次取样复检，复检仍不合格，该批产品即按不合格认定。

压裂施工前检验检测一般包括两个阶段：第一阶段是现场检验之前，包括接单，审查文件单据，收集检验用的有关标准或法规文件，制定现场检验方案等。第二阶段是现场检验阶段。检验现场可能是压裂施工现场、厂家生产车间、压裂材料库房等，检验内容包括外观包装的检查、核对批次、数/重量的清点、采样、制样、样品检测、封存样品等环节。

压裂液和添加剂的各项检测指标中有一项指标不符合要求时，应再次取样复检，复检结果如该项指标仍不符合要求，该批产品按不合格处理。

（一）压裂材料抽样

（1）对抽样器的基本要求：

① 抽样器所用材质不能和待采物料有任何反应；不能使待抽的物料污染、分层和损失。

② 抽样器应清洁、干燥，便于使用、清洗、保养、检查和维修。

③ 任何抽样装置在正式使用之前均应做可行性试验。

（2）固体化工品的采样器：采样探子（适用于粉末、小颗粒的固体化工品）；还有采样铲子、采样勺。

（3）粉末、小颗粒材料的抽样方法：

① 件装：用采样探子或其他合适的工具，从采样单元中，按一定方向，插入一定深度取定向样品。抽样时采样探子按一定角度插入物料，插入时，应槽口向下，把探子转动两三次，再小心地把探子抽回，并注意抽回时应保持槽口向上，再将探子内物料倒入样品容器内。

② 静止状态的散装物料：根据物料量的大小及均匀程度，用采样勺、铲或采样探子从物料的一定部位或沿一定方向取部位样品或定向样品。当批量少于 2.5t 时，采样为 7 个点；当批量为 2.5～80t 时，采样为 $\sqrt{\text{批量}\times 20}$ 个点，计算到整数；当批量大于 80t 时，采样为 40 个点。

③ 运动状态的物料：用自动采样器、采样勺或其他合适的工具从皮带运输机或物质的落流中随机的或按一定的时间间隔取截面样品。

（4）粗粒和规则块状物的抽样方法：

① 件装：直接沿一定方向，在一定深度上取定向样品。

② 散装：与小颗粒取样基本相同。如果容许，用适当装置粉碎物料则更方便。

（5）大块物料的采样：如果可粉碎，则按小颗粒的来取；否则就要用合适的工具，比如锯、钻、刀、锤子或凿子，或破成小块，或收集钻屑或锯屑作为样品。

（6）最终样品的量及其保存：

① 最终样品的量应满足检测及保留的需要。把样品一般等量分成两份，一份供检测用，一份作保留样品。每份样品量至少应为检验需要量的三倍。

② 应根据样品及存放时间选择对样品呈惰性的包装材质及合适的包装形式。

③ 容器在装入样品以后，应立即贴上写有规定内容的标签。

④ 样品制成后应尽快检验。保留样品存放时间一般为六个月，根据实际情况可适当延长和缩短。

（二）液体化工产品采样及抽样

（1）抽样的基本要求：

采样人必须熟悉被采液体化工产品的特性、安全操作的有关知识及处理方法；样品容器必须清洁、干燥、严密，采样设备必须清洁、干燥，不能用与被采取物料起化学作用的材料制造，采样过程中防止被采物料受到环境污染和变质；必须把原始样品量分成两份，一份用于检测，一份作保留样品；样品标签和抽样报告：样品装入容器后必须立即贴上标签，随后填写抽样报告。

抽样前应进行检查，内容包括：① 了解被采样物料的容器大小、类型、数量、结构等情况；② 检查被采样物料的容器是否受损、腐蚀、渗漏并核对标志；③观察容器内物料的颜色，黏度是否正常；表面或底部是否有杂质、分层、沉淀、结块等现象。根据检查结果，再参考液体化工产品的种类及包装容器的情况来选择采样工具，并制定采样方案，按此方案采得具有代表性样品。

（2）采样设备：

采样勺和采样杯：物料混匀后用它随机采样；采样管：由玻璃、金属或塑料制成。对大多数桶装物料用管长 750mm 为宜；玻璃采样瓶：一般为 500mL 具塞玻璃瓶，套上加重铅锤；金属采样瓶、罐：通常为铜制和不锈钢制的采样瓶、罐，体积 500mL，适用于贮罐、槽车和船舶采样。

（3）操作方法：常温下为流动态的液体。

① 大桶装的产品（约 200L）：在静止情况下用适当的采样管采部位样品混合成平均样品。在滚动或搅拌均匀后，用采样管采混合样品。

② 槽车采样（汽车槽车、混砂车），从顶部进口采样：用采样瓶、罐或金属采样管从顶部进口放入槽车内，放到所需位置采上、中、下部位样品并按一定比例混合成平均样品；从排料口采样：在顶部无法采样而物料又较为均匀时，可用采样瓶在槽车排料口采样。

（三）压裂液添加剂检测

压裂液添加剂对压裂液的性能影响非常大，不同添加剂有不同作用。目前常用的压裂液有水基压裂液和油基压裂液，这里主要介绍水基压裂液用添加剂，水基压裂液中的水与储集层流体（油、气、水）性质差别最大，需要的添加剂也最多，其中稠化剂、交联剂、破胶剂、助排剂、pH 控制剂、黏土稳定剂、降阻剂等是最常见的集中添加剂。掌握各种添加剂的作用原理并能正确选用添加剂，可以配制出物理化学性能优良的压裂液，既是顺利施工和减少对油气层伤害的重要保证，也是改造好、保护好油气层的重要条件。根据长宁、威远页岩气区压裂液添加剂的使用情况，本文重点介绍稠化剂、交联剂、破胶剂、助排剂、黏土稳定剂、降阻剂、支撑剂等水基压裂液常用的几种压裂液添加剂质量检测。

（1）稠化剂质量检测。

稠化剂是压裂液最基本的一种添加剂，其作用是提高水的黏度，降低液体滤失，悬浮和携带支撑剂。川渝地区使用的稠化剂以天然植物胶及其改性产品为主，检验主要依据石油行业标准 SY/T 5764—2007《压裂用植物胶通用技术要求》，现场可以对外观、含水率、表观黏度、pH 值、流动性 5 项指标进行检测。

① 外观测定：通过目测法观察判断胶粉的颜色，有无杂质颗粒。

② 含水率测定：水分测定仪经 105℃ 预热、校正，称取 5.00g 胶粉，平铺在称盘内，105℃ 加热 0.5h，开启仪器读数开关，观察投影屏，10min 内读数变动幅度小于 0.2% 时，仪器的读数即为胶粉的含水率。做两次平行测定，测定值之差不大于 1%，结果取算术平均值。

③ 表观黏度：称取胶粉 3.00g；量取 500mL 配液用水于混调器中，低速启动，缓慢加入所称取胶粉，搅拌 5min，将胶粉溶液倒入烧杯中，加盖，置于 30℃ 水浴中，恒温 4h。用黏度计测定配制胶粉溶液的表观黏度，读取转速为 100r/min 的黏度计指针读数。表观黏度按式（4-21）计算，做两次平等测定，计算值之差不大于 1.5mPa·s，结果取算术平均值。

$$\mu = \frac{5.077a}{1.704} \qquad (4-21)$$

式中　μ——溶液的表观黏度，mPa·s；

　　　a——黏度计指针读数；

　　　5.077——a 为 1 时的剪切应力值，10^{-1}Pa；

　　　1.704——黏度计转数为 1r/min 的剪切速率值，s^{-1}。

④ pH 值测定：用精密 pH 试纸测定配制的胶粉溶液的 pH 值。

⑤ 流动性测定：用柱状物堵住标准三角过滤漏斗上端流出口，将（100±5）g 胶粉自然放入漏斗，瞬间去除端口封堵，观察判断胶粉的流动性。流动性分为三个等级，分别是"好"（不靠外力能自然流出）、"一般"（经敲打在 3min 内能自然流出）、"差"（经敲打不能完全流出或流出时间超过 3min）。做三次平行测定，结果取流动性最好的。

（2）交联剂质量检测。

交联剂是决定压裂液冻胶黏度的主要因素之一，通过交联基团与稠化剂产生交联反应，使体系形成三维网状冻胶。对应于常用的压裂液稠化剂，较常用且形成工业化的交联剂有硼砂、有机钛、有机锆、有机硼等。压裂用交联剂检验参见 SY/T 6216—1996《压裂用交联剂性能试验方法》，现场可以进行外观、交联时间、耐温能力、破胶能力 4 项指标的检测，重点是交联时间、耐温能力及破胶能力，现场检测人员按照《交联剂性能测定结果表》（详见附表 4）内容开展检测并对检测结果进行记录，检测内容如下：

① 外观：在比色管或小烧杯中加入 20～25mL 液体交联剂样品，观察其颜色，有无分层和沉淀，以此来判断液体交联外观；目测其颜色和形态，有无结块。以此来判断固体交联剂外观。

② 交联时间：在吴茵混调器的搅拌杯中加入 500mL 水，使其在低速下搅拌；用电子天平称取 3.50g 稠化剂，缓慢加入搅拌杯中，调整调压变压器，使其在（6000±200）r/min 的转速下高速搅拌 3.0min，形成均匀的溶液，倒入烧杯中加盖，加入恒温 30℃ 水浴中静置 4h，使基液趋于稳定；取制备的基液 400mL 倒入吴茵混调器的搅拌杯中，调节电

压转动，直到旋涡底见到搅拌器顶端为止。按配比要求量取一定交联剂水溶液、倒入持续搅拌的混调器的搅拌杯中，用秒表记录从交联剂倒入直到旋涡消失，液面微微突起所需的时间，即为交联时间。

③ 耐温能力测定：用 RV20 型或同类旋转黏度计，装入交联冻胶试样后，对样品加热，控制升温速度（3.0±0.2）℃/min，同时转子以剪切速率 $170s^{-1}$ 转动，试样在加热条件下受到连续剪切而降解，以表观黏度降为 50mPa·s 时对应的温度表征试样的耐温能力。

④ 破胶能力测定：取制备的交联冻胶 50mL，装入广口瓶（或密闭容器）内，放入模拟储层温度的恒温水浴中恒温。当破胶时间达 4h，取破胶液上层清液，用毛细管黏度计测定 30℃时的破胶液黏度。以该破胶液黏度表征破胶能力。

（3）破胶剂质量检测。

压裂用破胶剂的主要作用是压裂施工完成后，使压裂液中的冻胶发生化学降解，由大分子变成小分子，有利于压后返排，减少对储层伤害。目前常用的破胶剂是过硫酸盐，如过硫酸钾、过硫酸铵等。压裂用破胶剂检验方法参见石油行业标准 SY/T 6380—2008《压裂用破胶剂性能试验方法》。选择在储层温度下，特定时间范围内能使冻胶自动降解、黏度≤5.0mPa·s 的破胶剂。

① 外观：在比色管或小烧杯中加入 20～25mL 液体破胶剂试样，在非直接自然光条件下观察其颜色、有无分层和沉淀，以此来判断液体破胶剂外观；

目测试样颜色和形态，有无杂质、结块，以此来判断固体破胶剂外观。

② 破胶时间：制备含有一定量破胶剂的压裂液 100mL，装入密闭的容器中，置于电热恒温水浴中恒温，恒温温度为储层温度（若储层温度大于 100℃时，选取 95℃），使压裂液在恒温温度下破胶。每隔一定时间观察压裂液表观黏度变化，若目测静观黏度较低时，使用品氏毛细管黏度计测定不同时间下的破胶液表观黏度。以时间为横坐标，破胶液表观黏度为纵坐标作图，由图读出破胶液表观黏度为 5.0mPa·s 时的恒温时间，即为压裂液的破胶时间。

（4）助排剂质量检测。

助排剂可以减小破胶液的表界面张力，降低压裂液返排阻力，尤其在低渗透地层压裂时，对减小储层伤害，改善增产作业效果起到至关重要的作用。压裂用助排剂检验方法参见 SY/T 5755—2016《压裂酸化用助排剂性能评价方法》。现场主要检测助排剂外观、表面张力、水溶性。

① 外观：在比色管或小烧杯中加入 20～25mL 助排剂样品，摇匀后观察有无浑浊及沉淀。用移液管吸取 1mL 助排剂样品置于装有 100mL 蒸馏水的烧杯中，用玻棒搅拌 1min，目测有无浑浊及沉淀。

② 水溶性：用移液管取 1mL 助排剂样品置于装有 100mL 配液用水的烧杯中，搅匀，静置 30min 后观察。将上述样品置于 90℃的恒温水浴中，静置 30min 后观察。

③ 表面张力：按试验所需浓度配制助排剂水溶液，依照 SY/T 5370—2018《表面及界面张力测定方法》采用圆环法测定其表面张力。

（5）黏土稳定剂质量检测。

在压裂施工中，由于水基压裂液以碱性交联为主，滤液存在较强的碱性，进入孔隙后，对储集层黏土矿物的伤害通常是水敏性与碱敏性叠加作用的结果。如果不采取稳定黏土的措施，将会破坏储集层结构，孔隙度、渗透率发生不可逆转的下降。常用的黏土稳定剂有无机盐类黏土稳定剂、阳离子活性剂类黏土稳定剂、有机聚合物类黏土稳定剂等。

① 溶解性测定：称取 10g 样品，置于装有 90mL 试验用水的烧杯中，搅匀，静置 5min 后观察。

② 配伍性测定：制备好压裂液基液 500mL，根据压裂液设计配方依次加入各类添加剂，搅拌均匀，分装于烧杯中，注意观察溶解情况，并记录，然后放置在室温，仔细观察 4h 和 24h 的外观现象，有无沉淀、浑浊等现象，并记录，以此判断其与压裂液的配伍性；根据酸液设计配方，依次加入酸液和各类添加剂，搅拌均匀，分装于烧杯中，注意观察溶解情况，并记录，然后放置在室温，仔细观察 4h 和 24h 的外观现象，有无沉淀、浑浊等现象，并记录。以此判断与酸液的配伍性。

（6）支撑剂质量检测。

支撑剂质量检测参考本章第二节支撑剂室内评价技术。

（四）滑溜水小样制备及检测

在施工前，在现场抽取压裂用滑溜水相应的添加剂及压裂用水，根据压裂施工设计中的液体配方，配制滑溜水小样，并检测滑溜水小样的 pH 值、运动黏度、表界面张力、配伍性能等。观察检测结果是否符合压裂工艺设计要求，测试结果如果不符合工艺设计要求，应及时与设计方、液体方以及施工方进行汇报沟通，为及时调整、变更设计等提供依据。

量取按配方需要配制滑溜水量的试验用水，倒入搅拌器中；按配方称取所需添加剂的量，备用；调节搅拌器转速至液体形成的漩涡可以见到搅拌器桨叶中轴顶端为止；将滑溜水添加剂按配方要求顺序依次加入，并与地层水混合，在储层温度下恒温 2h（若储层温度大于 100℃时，选取 95℃），观察是否产生沉淀，同时测定其运动黏度、表界面张力等。同时，重复以上步骤加入不同比例下的降阻剂（例如设计值为 $x‰$，降阻剂比例分别为 $0.1x‰$、$0.2x‰$、$0.3x‰$、$0.4x‰$，$\cdots$，$2x‰$），降阻剂加入时应缓慢，避免形成鱼眼，并时刻调整转速以保证漩涡状态。测定不同降阻剂加量下配制的滑溜水的运动黏度，并根据实验结果绘制出不同降阻剂加量比例与滑溜水黏度关系的实验曲线，为施工过程中判断滑溜水性能提供参考。

（五）压裂液基液小样制备及检测

在施工前，根据施工设计中的压裂液基液配方，在现场抽取相应的添加剂及配液用水，根据设计中的基液配方，配制压裂液基液小样，并检测压裂液基液的表观黏度、交联时间、破胶性能、耐温能力、耐温耐剪切能力、表界面张力及润湿性能、残渣含量、配伍性能等。观察检测结果是否符合压裂工艺设计要求，测试结果如果不符合工艺设计要求，应及时与设计方、液体方以及施工方进行汇报沟通，为及时调整、变更设计等提供依据。

压裂液基液配制：量取按配方需要配制压裂液量的试验用水，倒入搅拌器中，按配方称取所需添加剂的量，备用；调节搅拌器转速至液体形成的漩涡可以见到搅拌器桨叶不轴顶端为止；按顺序依次加入已称好的添加剂，稠化剂应缓慢加入，避免形成鱼眼，并时刻调整转速以保证液体达到漩涡状态。破胶剂应在制备冻胶前加入；在加完全部添加剂后持续搅拌 5min，形成均匀的溶液，停止搅拌；将已配好的基液倒入烧杯中加盖，放入恒温30℃水浴锅中静置恒温 2h，使基液黏度趋于稳定。

三、施工过程中压裂材料质量控制

压裂过程中，要求压裂液具有高的携带支撑剂的能力、低的摩阻力及在不同的几何空间、不同的流动状态下优良的承受破坏的能力。能否达到完善这些性能，一个非常重要的工作在于施工过程中，对压裂液性能进行检测，确保压裂液质量、性能的稳定。本章节主要简述施工过程中滑溜水及压裂液基液质量控制。

（一）滑溜水检测

滑溜水，由降阻剂、其他添加剂和水配成，管流摩阻远远小于清水管流摩阻的水基压裂液，是对页岩油气储层进行水力压裂的一种压裂液体系，是页岩气开发的关键液体之一。相对于传统的凝胶压裂液体系，滑溜水压裂液体系以其高效、低成本的特点在页岩气开发中广泛应用。滑溜水目前在现场可以开展的检测指标有运动黏度、pH 值、表界面张力、配伍性能。

（1）取样：压裂施工现场，滑溜水一般是在施工过程中连续混配，滑溜水取样应在混砂车上的液体取样口进行取样；每段压裂施工期间进行取样 3 次以上，若施工时施工泵压波动较大则提高取样频率，确保取样的随机性及样品的代表性。

（2）运动黏度测定：选取适当内径的毛细管黏度计并洗净，使用该黏度计测量所取滑溜水样品。在同一试验条件下，同时做三个平行样品，计算值之差≤1.5mPa·s 时，取算术平均值作为最终结果。

（3）pH 值测定：用 pH 试纸测定所取滑溜水样品的 pH 值。

（4）表界面张力测定：用表界面张力仪测定滑溜水的表面张力，用接触角测定仪测定滑溜水与岩样表面的接触角，为活性剂、助排剂优选提供参考。

（5）配伍性能测定：配伍性能包含常温下配伍性和储层温度下配伍性两类。常温下配伍性能测定：取 50mL 滑溜水于广口瓶中，静置24h 后观察是否发生絮凝现象和有沉淀产生；储层温度下配伍性能测定：取 100mL 滑溜水盛放于 316 钢耐压容器中，放置于烘箱，并在储层温度下静置 4h，冷却后倒入烧杯观察是否发生絮凝现象和有沉淀产生。

（二）水基压裂液基液检测

（1）取样：压裂施工现场一般是连续配液，施工的同时进行补配液，压裂液基液应该取最靠近压裂车组的一排大罐的压裂液基液，所取样品尽量靠近液罐中部，以确保取样的随机性及样品的代表性。每段压裂施工前取样一次，同时取样时要与配液方进行核准，确保所配基液已放置溶胀 4h 以上，黏度基本趋于稳定。

（2）表观黏度测定：将基液用六速旋转黏度计测定表观黏度，读取 100r/min 的黏度计指针读数。在同一试验条件下，同时做三个平行样品，计算值之差 ≤1.5mPa·s 时，取算术平均值作为最终结果。

（3）交联时间测定。

交联性能是指在压裂液中加入交联剂后能否形成冻胶（凝胶）的一种性能。交联时间是指交联剂加入装有压裂液的混调器中直至漩涡消失液面微微突起的时间。交联的方法是提高压裂液黏度最经济的方法，而不是用提高稠化剂浓度来提高压裂液黏度，这主要是由于压裂液在岩石表面形成的滤饼对地层伤害严重，而滤饼主要来源于使用的稠化剂。

交联时间测定步骤：准备基液 400mL，倒入吴茵混调器搅拌杯中，改变转速使混调器内液面形成旋涡，直到旋涡底见到搅拌器顶端为止，使搅拌器恒速搅动，按交联比加入所需交联剂，用秒表记录交联剂加入混调器中直至漩涡消失液面微微凸起且有包轴爬竿现象的时间。重复测三次，取平均值为检测结果。数据有效位数与所依据的产品技术标准规定的数值有效位数相同。

（4）耐温能力测定：将交联后的冻胶加入流变仪密闭系统测试杯中，从 30℃ 开始实验，控制升温速度为（3±0.2）℃/min，同时转子以剪切速率 170^{-1} 转动，以表观黏度为 50mPa·s 时对应的温度表征为该试样的耐温能力，数据有效位数与所依据的产品技术标准规定的数值有效位数相同。

例如压裂液冻胶温度达到 90℃ 时，表观黏度降为 50mPa·s，即说明该压裂液冻胶耐温能力为 90℃，90℃ 就是该压裂液冻胶耐温能力的检验结果。

（5）耐温耐剪切能力：在流变仪密闭系统测试杯中加满压裂液冻胶，从 30℃ 开始实验，对样品加热，在 170^{-1} 下控制升温速度为（3±0.2）℃/min，温度达到要求后，保持剪切速率和温度不变，直到达到要求的剪切时间为止，取剪切完成后稳定黏度值为耐温耐剪切能力检测结果，数据有效位数与所依据的产品技术标准规定的数值有效位数相同。

例如压裂液冻胶在 50℃ 时，剪切 45min 后，黏度降低为 160mPa·s，则 160mPa·s 为该压裂液耐温耐剪切能力检验结果。

（6）破胶性能检测：压裂液的破胶是指施工结束后，压裂液在油层温度条件下，与破胶剂发生作业而破胶降黏。用破胶液黏度来衡量压裂液破胶的彻底性，是关系到破胶液的返排率及对油层的伤害程度。其测定方法是在油层温度条件下，将压裂液密封恒温静置 16h，用毛细管黏度计或其他黏度计测定破胶液黏度。在 30℃ 时破胶液黏度应小于 10mPa·s。

（7）压裂液的表界面张力与润湿性能测定：用表界面张力仪测定压裂液破胶液的表界

面张力，用接触角测定仪测定破胶液与岩样表面的接触角，为优选适用的活性剂、助排剂提供参考。

（8）压裂液残渣含量的测定：残渣是压裂液、破胶液中残存的不溶物质。压裂液中的残渣含量应尽量低，以减小对地层和支撑裂缝的伤害。残渣含量的测量方法主要有离心法和过滤法，本文主要介绍离心法。其测定方法是利用离心机将破胶液离心分离，弃去上清液，将下面的残渣烘干、恒重、称重，计算残渣含量。按式（4-22）计算离心法测量的残渣含量。

$$W_1 = \frac{m_3 \times m_2}{m_1} \times 100\% \qquad (4-22)$$

式中　W_1——水不溶物的质量分数，%；

　　　m_1——试样的质量，g；

　　　m_2——离心管的质量，g；

　　　m_3——离心管和水不溶物的总质量，g。

（9）压裂液与地层流体的配伍性：测定压裂液破胶剂与地层原油和地层水能否产生乳化及沉淀，以便采取措施减少对地层的伤害。

将原油与压裂液破胶剂按一定比例混合，高速搅拌形成乳状液，在油层温度下静置一定时间，记录分离出的水量，计算破乳率。破乳率应大于80%，以此判断与原油的配伍性；将压裂液破胶剂液与地层水按一定比例混合，观察是否产生沉淀，以此判断与地层水的配伍性。

第五章　压后评价技术

体积压裂是对页岩气藏进行体积改造的技术手段，为准确评价体积压裂质量，引入压后评价技术。本章将介绍两种常用的压后评价技术的原理和施工工艺，并结合两个应用案例进行压后评价。

第一节　基于微地震测试结果压后评估技术

一、微地震原理

（一）微地震事件定义

微地震理论来源于大地地震学。在水力压裂过程中，地层经受着极大的应力增加，其大小与缝内净压力成比例。同时地层还要承受由于压裂液滤失所带来的本身孔隙压力的增加，其大小与缝内压力和地层压力差成比例。在水力压裂形成的裂缝的端处，由于机械作用还会形成较大拉伸应力，进而产生大量的剪切应力。所有的这些地层受到的应力增加、地层本身的孔隙压力的增加和机械效应产生的应力改变都会影响着水力压裂裂缝周围的薄弱面、地质瑕疵（如层理、节理、天然裂缝、裂隙以及交互的层面）的稳定性，并使得它们能够产生剪切滑动。这些剪切滑动类似于小型地震，称之为"微地震"。这些微地震事件在压裂的过程中会大量的发生，而且分布在水力压裂裂缝的周围，紧紧地包裹着裂缝。通过技术手段，把这些微地震事件的分布解释出来，这样便得出了水力裂缝的具体形态。图5-1具体描述了所能监测到的微地震事件：第一种是由于压裂液的滤失造成的天然裂缝应力状态改变而引发的微地震事件；第二种是由于裂缝形态的不规则使其在延伸过程中发生错动而引发的微地震事件；第三种则是由于裂缝端部的机械形变而导致的剪切作用施加在天然裂缝上而引发的微地震事件。

（二）微地震事件能量大小的界定

像地震一样，微地震也会发射压缩波（纵波、P波）和剪切波（横波、S波），但它们以较高的频率产生，其频率通常在200~2000Hz的范围内变化。能量比较微弱，用地震矩规模表示其大小，大约在 –4~–2 级别，相当于 103~106J 的能量级别。在地面所能感觉到的地震级别是 3 级，具体见表 5-1。

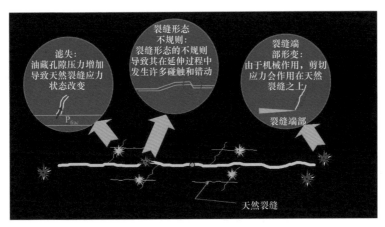

图 5-1　微地震产生原理示意图

表 5-1　地震矩规模分级表

地震矩规模	描述	监测距离（m）	地震矩（MN·m）	错动距离	错动面积	大致相应的炸药量
-4	所能监测到的最小的微地震事件	小于 30	0.001	10μm	0.003m²	1mg
-3		约 450	0.04	40μm	0.03m²	30mg
-2	Barnett 页岩监测到的较大的微地震事件	约 800	1	0.1mm	0.3m²	1g
-1	Barnett 页岩监测到的最大的微地震事件	约 1500	40	0.4mm	3m²	30g
0	埃科菲斯克油田监测到的微地震事件的极限	大于 3000	1000	1mm	30m²	1kg
1			40000	4mm	300m²	30kg
2			1000000	1cm	3000m²	1t
3	地面有震感		40000000	4cm	0.03km²	30t
4			1000000000	0.1m	0.3km²	1kt
5			40000000000	0.4m	3km²	30kt

　　通常讲的大地地震级别是由里氏震级来确定的。里氏震级是由两位来自美国加州理工学院的地震学家里克特（Charles Francis Richter）和古登堡（Beno Gutenberg）于 1935 年提出的一种震级标度，是目前国际通用的地震震级标准。它是根据离震中一定距离所观测到的地震波幅度和周期，并且考虑从震源到观测点的地震波衰减，经过一定公式，计算出来的震源处地震的大小。里克特定义在距离震中 100km 处观测点地震仪记录到的最大水平位移为 1μm（这也是伍德—安德森扭力式地震仪的最大精度）的地震作为 0 级地震。

按照这个定义，如果距震中 100km 处的伍德—安德森扭力式地震仪测得的地震波振幅为 1mm（$10^3\mu m$）的话，则震级为里氏 3 级。其中 0 级地震释放的能量为 2.0×10^6J，按几何级数递加，每级相差 31.6 倍（准确地说是 $\sqrt{1000}$ 倍，即差两级能量差 1000 倍）。

里氏地震规模的主要缺陷在于它与震源的物理特性没有直接的联系，并且由于"地震强度频谱的比例定律"（The Scaling Law of Earthquake Spectra）的限制，在 8.3～8.5 之间会产生饱和效应，使得一些强度明显不同的地震在用传统方法计算后得出里氏地震规模数值却一样。到了 21 世纪初，地震学者普遍认为这些传统的地震规模表示方法已经过时，转而采用一种物理含义更为丰富，更能直接反映地震过程物理实质的表示方法即矩震级（Moment magnitude scale, MW）。地震矩规模是由同属加州理工学院的金森博雄（Hiroo Kanamori）教授于 1977 年提出的。该标度能更好地描述地震的物理特性，如地层错动的大小和地震的能量等。

地震矩规模的优点在于它不会发生饱和现象。亦即，大于某规模的所有地震的数值都相同的情况将不会发生。另外，此地震矩规模与震源的物理特性有较直接的联系。因此，地震矩规模已经取代里氏地震规模成为全球地震学家估算大规模地震时最常用的尺度。

（三）微地震压后评估原理

在水力压裂过程中，压裂液进入地层后会影响到人工裂缝周围地层薄弱点（天然裂缝、层理、节理等）的稳定性，造成剪切错动，产生"微地震"。微地震从震源向四周辐射，这些弹性波信号可以用精密的传感器在邻井探测得到，进而通过处理解释得出每个微地震事件的空间位置。如图 5-2 所示，左边的示意图描述微地震事件产生的原理，右边的示意图描述的是根据监测到的微地震事件而勾勒出来的裂缝形态图。

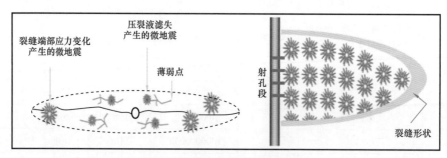

图 5-2　微地震事件原理示意图

井下微地震事件数据的采集是通过将三分量微地震检波器以多级的形式布放在压裂井附近的一个或多个邻井的最接近目的层的某个深度来实施的。由于监测仪器放置在井下目的层的位置，与被监测的压裂段距离近，信号高保真，受干扰少，准确度相对较高。井下微地震对解释裂缝的方位、高度、长度、对称性及裂缝随时间的延伸情况可靠性均比较高。

微地震的震源可以通过计算距离和声波路径跟踪及其他手段来确定。首先假设一个均匀速率场，采用对 P 波和 S 波距离方程进行同时回归的方法，可以计算微地震的震源深度和距离，也就是对以下方程求最小值：

$$F = w_{p} \sum_{n} \left[V_{pi}^2 \left(t_{pi} - t_0 \right)^2 - \left(r_i - r_0 \right)^2 - \left(z_i - z_0 \right)^2 \right]^2$$
$$+ w_{s} \sum_{n} \left[V_{si}^2 \left(t_{si} - t_0 \right)^2 - \left(r_i - r_0 \right)^2 - \left(z_i - z_0 \right)^2 \right]^2$$

式中　V_{pi} 和 V_{si}——分别为 P 波和 S 波的速率；

　　　r——水平距离；

　　　z——深度；

　　　t——时间；

　　　下标"0"——原始位置；

　　　下标"i"——第 i 个接收器；

　　　w_p 和 w_s——加权函数，如果其中一项（P 波或 S 波的结果）未知性较大时，可以用
　　　　　　加权函数来反映。

该最小化的结果便是空间与时间的坐标（r_{0i}，z_{0i}，t_0），它将该微地震确定在一个二维垂向平面上。回归参数直接给出计算结果的误差。

为了确定在三维空间上的具体位置，最后一个必要的参数是方位角 θ（在水平面方位）。方位角是通过检验第 1~2 周期的 P 波质点运动，使用定向统计或正交直方图（P 波 X 和 Y 方向振幅交叉图）的分析方法来确定的。注：每个声波接收器有三个传感器（在 X、Y 和 Z 方向上各一个）。由于 P 波振动矢量指向传播方向，所以它还可以确定出声源的方向。因此，当已知水平距离（r_0）、水平方位角（θ）以及深度（z_0）时，微地震震源便完全可以在空间和时间上定位。

很多情况下，无法采用多口邻井而只有一口邻井作观察井。就采用竖直多组布置接收仪的方法来确定微地震信息的位置，图 5-3 显示了按顺序排布的五个接收器测量微地震波后，将数据传输到地面，然后将数据进行处理来确定微地震的震源在空间的分布，用震源分布图就可以解释水力压裂裂缝的缝高、缝长和方位。图 5-4 至图 5-6 为井下微地震裂缝监测中所使用的电缆车、0.25ms 采样率的 Slimwave 三分量井下检波器、数据采集系统。

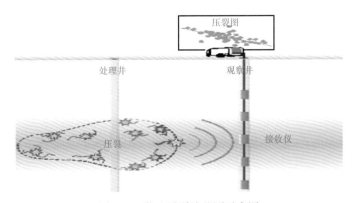

图 5-3　微地震裂缝监测示意图

图 5-4　信号采集电缆车

图 5-5　DS250 三分量井下检波器

图 5-6　地面数据采集系统

二、施工工艺

（一）仪器组合设计

监测井中的监测仪器距离压裂井的距离是影响监测效果的最重要的因素。当布置井下微地震裂缝监测仪器串时，比较理想的情况是井下三分量监测仪器正对横跨压裂井压裂层。监测井要处于安静的环境中，如果监测井已经射孔生产，为了防止液体或气体的流动对敏感的监测仪器造成噪音干扰，需要桥塞来封隔射孔层段，在这种情况下所有检测仪器被布置在压裂井压裂层段之上。对于监测仪器的布置还要求三分量监测仪器必须直接和套管接触，在油管中或自由悬挂将很难监测到压裂井的压裂过程中的微地震事件。

图 5-7 为 H3-6 井和监测井宁 201 井以及宁 201H1 井相对位置井位三维示意图。为了监测 H3-6 井的全部暂堵转向压裂施工，需要在宁 201 井下入三分量检波器仪器串来完成井下微地震监测。在监测井宁 201 井的下入深度需要考虑最大化监测范围、部署位置固井质量、背景噪声、微地震事件信噪比等问题。在宁 201 井中下入 10 支三分量检波器，对压裂井在压裂期间进行微地震压裂监测。下入深度范围 2210～2390m，固井质量良好，适合监测条件。图 5-8 为仪器串在监测井的深度示意图，仪器串的观测长度 180m。

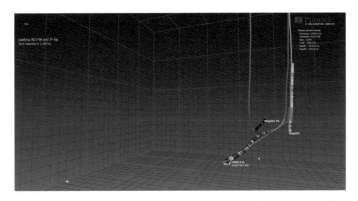

图 5-7　H3-6 井和监测井宁 201 以及宁 201H1 井相互关系示意图

Pinnacle A HALLIBURTON SERVICE				
Company：长宁公司			Date：	
Observation Well：宁201			Project：	
Treatment Well：H3-6				
Level	MD　(meters)			
Cablehead	2198.4		1.35	
CCL	2199.7		0.3	
GHTU	2190.0		20.0	
Sonde 1	2210.0		20.0	
Sonde 2	2230.0		20.0	
Sonde 3	2250.0		20.0	
Sonde 4	2270.0		20.0	
Sonde 5	2290.0		180.0	203.65
Sonde 6	2310.0		20.0	
Sonde 7	2330.0		20.0	
Sonde 8	2350.0		20.0	
Sonde 9	2370.0		20.0	
Sonde 10	2390.0		20.0	
Weight drop	2402.0		12.0	

图 5-8　监测井宁 201 仪器串设计

该井最远的射孔段距离监测仪器串 2070m，按照长宁地区的监测经验应该能取得较好的监测效果。

（二）监测准备和程序

1.微地震数据采集设备

井下微地震压裂裂缝监测施工需要将三分量微地震检波器（图 5-9），以大级距的排列方式多级布放在压裂井旁的一个或多个邻井的井底中。三分量微地震检波器在压裂井的邻井有两种放置方式：一种是放置在邻井目的层以上的位置，用于邻井已射孔、压裂或生产的情况下，这种情况位于顶部的检波器收到的微地震信号通常比较弱；主要是为了防止监测井内气体或液体流动造成井内噪声进而影响监测效果，所以必须在射孔段之上先下入桥塞封堵储层，然后再下入检波器。另一种方法是将检波器放置在邻井中的压裂目的层附近位置，这种情况下检波器和水力裂缝都位于相同的深度和储层，声波传播距离最近，属于最佳的观测位置，这种方式主要适合于邻井的目的层未实施射孔和生产的情况下。

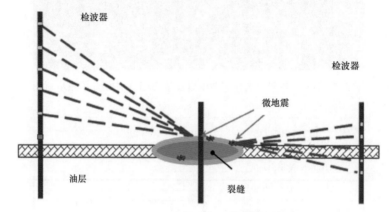

图 5-9　多级检波器系统在邻井的两种放置方式

图 5-10　单支井下微地震三分量检波器

图 5-10 显示了一个由 5 支检波器组成的仪器串在压裂井邻井的两种布局方式：左边的仪器串布置方式为邻井已射孔，射孔段以上经过桥塞封堵，检波器仪器串放置在该井的目的层以上位置；右边的仪器串布置方式适用于邻井为新井，目的层未实施射孔，检波器仪器串放置在该井的目的层周围。

2. 三维速度模型的应用

从图 5-11 长宁 H3 平台中奥陶统顶界构造图可以看到 H3 平台的目的层地层倾角较大，整体向东南方向倾斜，倾斜方位大概为 N15°W。一般的微地震处理解释系统都会默认地层为水平，这样会引起很大的微地震事件定位误差。该项目应用哈里伯顿公司微地震处理解释系统 SeisPT，经过多年的技术沉淀对不同的情况有不同的处理解释方案。

针对 H3-6 井地层倾角建立的模型为三维速度模型。模型充分考虑的地层倾角的影响因素，同时三维模型的应用最大程度地去除了由于地层非均质性所带来的微地震事件定位的误差。如图 5-11 所示为根据宁 201 井的偶极声波测井曲线建立起来的三维速度模型，左下为三维速度模型的平面范围，下中和下右是模型的地层倾角，上部分是速度分层。由于偶极声波测井曲线不仅提供了纵波的岩石传播速度，同时也提供了剪切波的岩石传播速度，这样建立起来的三维速度模型更加精确。

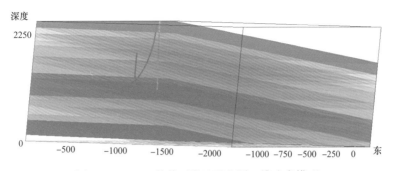

图 5-11　H3-6 井井下微地震监测三维速度模型

根据 Vidale Nelsor 算法计算从每个节点到每一个接收器的最小传播时间。在压裂过程中，从记录的连续数据中鉴别微地震事件，每个微地震的实际位置是通过对所有接收器记录的声波到达时间的误差求最小值来确定的。解释出来的所有微地震事件在地层中的位置就代表水力压裂的裂缝形态。2017 年 9 月 22 日上午井下检波器出现故障，起出重新下入，速度模型已经通过射孔事件校核过，重新下入仪器的角度根据第一段试挤时出现在第 8 段距离的较强微地震事件定位。

3. 检波器定位与速度模型的校核

井下微地震处理解释精确度很大程度依靠速度模型的准确性，定位微地震事件需要速度模型能准确提供分层的横波速度和纵波速度，测井曲线提供的纵波、横波速度是地层垂向深度方向的速度，而微地震事件的传输路径有很大部分的层间传输。加之测井数据采集的是近井地带的数据，可能由于钻井液的侵入污染、压实等影响而使得测井数据存在一定的误差。而且油藏非均质性都会影响初始速度模型的准确度，所以通过压裂井和监测井测井曲线建立好初始速度模型之后还要通过射孔定位事件来校正和优化速度模型。

2017 年 9 月 18 日第 8 段，9 月 19 日第 9 段，9 月 20 日第 10 段，9 月 21 日第 13 段连油射孔事件定位和速度模型校核。经过校正，该爆燃事件的微地震事件解释出来的位置与实际爆燃位置基本重合，如图 5-12 所示，说明速度模型校核准确。H3-6 井第 10 段连油射孔事件信号如图 5-13 所示。

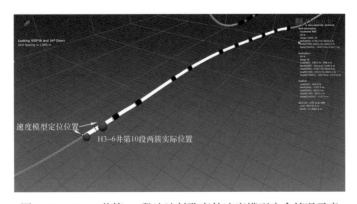

图 5-12　H3-6 井第 10 段连油射孔事件速度模型吻合情况示意

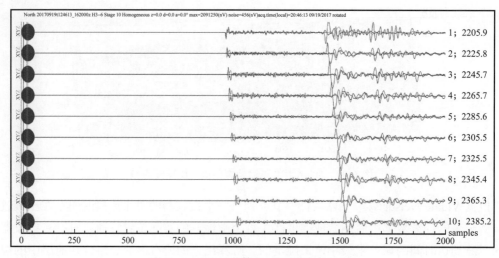

图 5-13　H3-6 井第 10 段连油射孔事件

9 月 20 日，监测到 H3-5 井第 10 段 2 个比较清晰的射孔事件，纵横波特征相对明显，被用来校核速度模型。

4. FFP 滤波分析

微地震事件的处理与解释过程中会一定程度受到背景噪声的影响，在处理解释之前的 FFP 滤波分析可以帮助确定主要信号微地震事件的主要频率范围，滤除非微地震事件频率范围将大大有助于微地震事件的处理与解释。如图 5-14 所示，经过分析认为 H3-6 井的微地震事件的频率主要在 60～500Hz，滤除该范围之外的频率之后可以一定程度上帮助识别有效的微地震事件。图 5-15 为某个微地震事件信号滤波前后对比图，可以看出滤波后，纵横波初至更加清晰。

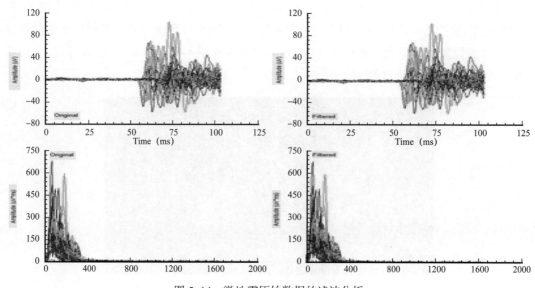

图 5-14　微地震原始数据的滤波分析

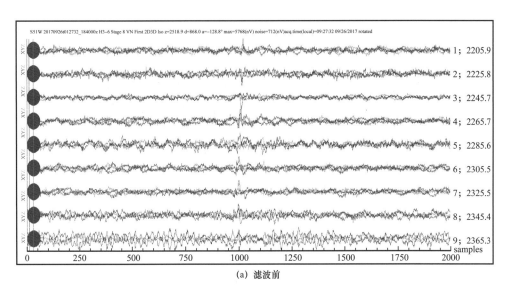

(a) 滤波前

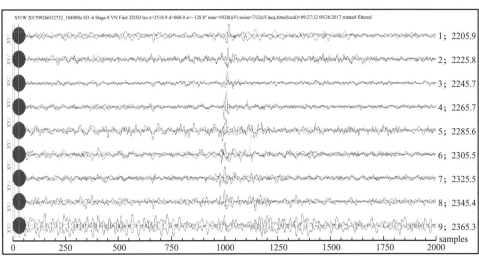

(b) 滤波后

图 5-15　微地震事件信号滤波前后对比

三、应用案例

（一）H3-6 井监测结果现场指导意义

实时井下微地震裂缝形态解释结果帮助了我们在现场及时调整本次暂堵转向重复压裂改造参数，优化了改造结果。同时这些监测结果也为作业方日后的优化设计，重复改造技术的升级优化提供了指导意义。

2017 年 9 月 22 日第 1 次重复压裂改造：微地震事件数量比预期少很多，表明重新开启或者新开启的裂缝少。同时施工压力高，近井筒储层渗透率差。重复压裂改造对该井提升产量的存在重要意义。虽然事件少，但是持续、波形特征相似的事件出现在第 1 段、17

段（总 22 段计数）位置，表明液体主要进入这两段。少量微地震事件出现在第 10、13 段位置，有可能是相对少量液体进入（图 5-16）。

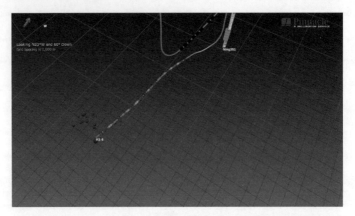

图 5-16　H3-6 井第 1 次重复压裂改造微地震事件分布图

2017 年 9 月 23 日第 2 次重复压裂改造（投暂堵剂）：微地震事件数量相对第 1 次施工增加非常明显，大量微地震事件出现在第 17 段位置，与第 1 次出现的微地震事件重合，表明暂堵剂可能封堵了第 1 次的前几段和其他小量进液位置（图 5-17）。第 17 段位置出现的微地震事件表明，裂缝主要向东侧延伸，后期改造可以进一步优化。第 2 次改造在第 3 段位置出现了几个微地震事件，表明有可能有新的重新开启的裂缝（图 5-17）。

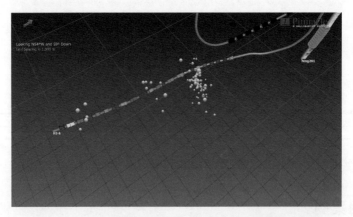

图 5-17　H3-6 井第 2 次重复压裂改造微地震事件分布图

2017 年 9 月 24 日第 3 次重复压裂改造：第 17 段位置仍然有微地震事件，但是数量相对第 2 次改造要少。表明暂堵转向成功，本次改造在初期微地震事件显示为在第 15 段位置形成新的东北方向进液通道，进而沟通第二次改造区域（第 17 段）。事件点相对于第 2 次改造较为分散，表明全井筒进液点多，可能由于暂堵剂一定程度封堵了第 17 段的进液通道，整体微地震事件有向西侧发展的趋势（图 5-18）。

2017 年 9 月 24 日第 4 次重复压裂改造：第 17 段位置事件明显减少，特别在该段施工前期基本没有微地震事件，表明该进液通道被转向剂封堵，效果较为明显。事件点较少，全井筒多个位置有微地震事件分布，表明液体转而进入井筒多个位置，但是新裂缝或者重新开启的裂缝少（图 5-19）。

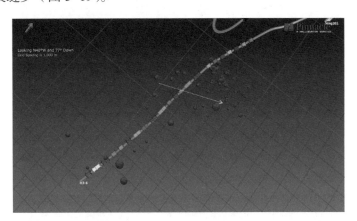

图 5-18　H3-6 井第 3 次重复压裂改造微地震事件分布图

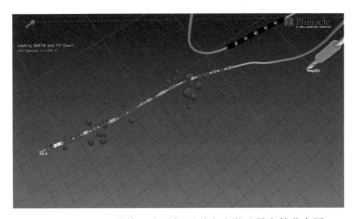

图 5-19　H3-6 井第 4 次重复压裂改造微地震事件分布图

2017 年 9 月 24 日第 5 次重复压裂改造：第 17 段位置事件明显向西北部延伸，可能打开新区域。在第 8、9、10 段位置出现微地震事件，并有明显的裂缝延伸趋势，表明有可能在新补孔位置有新裂缝起裂延伸（图 5-20）。

2017 年 9 月 24 日第 6 次重复压裂改造：本次改造前期未加入转向剂，目的是将第 5 次改造开启的第 8、9、10 段起裂的裂缝改造充分。改造初期微地震事件点都分布在第 17 段位置附近，并且裂缝进一步向西侧延伸，对改造西侧未改造的区域有积极意义。施工中期加入暂堵剂，目的转向改造第 8、9、10 新起裂段，转向后第 17 段位置没有微地震事件，表明暂堵剂起作用，同时在第 8、9、10 段位置发现 2 个微地震事件，表明液体开始进入该位置。随着施工的进行，第 8、9、10 段只有少量的 5 个微地震事件，同时井筒其他位置也没有发现微地震事件。对比分析第一次对该井的改造的微地震监测，第 7～15 段位置微地震事件同样非常少（第 12 段仍然为主力产层），暂堵后的微地震事件和初次改造特征相似，分析暂堵剂起到作用，液体可能进入第 8、9、10 新起裂位置（图 5-21）。

图 5-20　H3-6 井第 5 次重复压裂改造微地震事件分布图

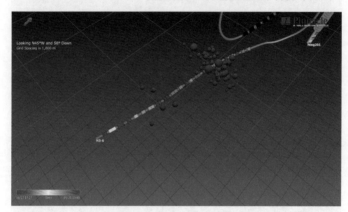

图 5-21　H3-6 井第 6 次重复压裂改造微地震事件分布图

2017 年 9 月 25 日第 7 次重复压裂改造：本次改造前期第 17 段位置附近微地震事件分布较多，改造中后期第 17 段的微地震事件点逐渐减少，进而在新补孔第 8、9、10 段位置逐渐出现微地震事件，并且在本井前几段位置也发现微地震事件，表明水力裂缝在新补孔段继续延伸，范围较大，西侧有明显延伸，特征仍然是事件点较少。整体分布表明在新补孔位置改造较好，并且向西侧进一步推进（图 5-22）。

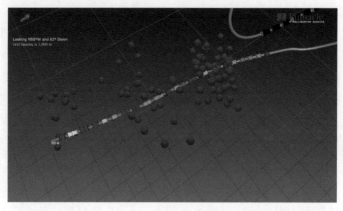

图 5-22　H3-6 井第 7 次重复压裂改造微地震事件分布图

2017年9月26日第8次重复压裂改造：本次改造前期第17段位置附近微地震事件分布较多，并在随后的改造中不断有微地震事件出现，表明该位置有液体持续分流。新补孔第8、9、10段位置微地震事件虽然较少，但是应该有液体持续进入改造该位置，本井初次压裂改造中该区的微地震事件同样很少。第21～22段位置附近发现少量微地震事件点，表明该位置裂缝有可能被重新开启（图5-23）。

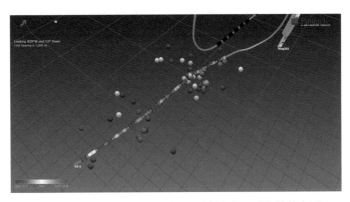

图5-23　H3-6井第8次重复压裂改造微地震事件分布图

2017年9月26日第9次重复压裂改造：随着第8次改造在第20～22段位置发现微地震事件，第9段改造发现的微地震事件数量明显增加，表明该位置裂缝重新开启或者有新裂缝起裂。随着重复压裂改造的进行，从微地震监测分布来看，改造裂缝范围从初期的第17段位置向西侧、向水平井的跟部不断扩展延伸，从新补孔的第8、9、10段向两侧和西侧逐渐推广扩展，这对该井全井段的改造是一个好的趋势（图5-24）。

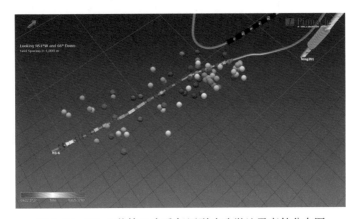

图5-24　H3-6井第9次重复压裂改造微地震事件分布图

2017年9月27日第10次重复压裂改造：本次改造前期第17段位置和新补孔第13段微地震事件分布较多，说明新补孔的第13段有新裂缝起裂。微地震事件整体在第13～17段之间分布，不同于前期的特征说明随着施工的进行，在第13～17段区域裂缝被重新开启。施工初期微地震事件大部分在第13～17段分布，后期在水平段前几段分布，说明压裂液体在中期转到前几段改造（图5-25）。

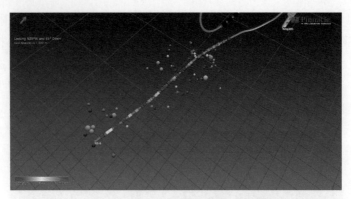

图 5-25　H3-6 井第 10 次重复压裂改造微地震事件分布图

　　2017 年 9 月 27 日第 11 次重复压裂改造：本次改造明显在 3 个位置有微地震事件分布并且扩展（第 22、15、7 段位置）。第 17 段位置附近的微地震事件已经不同于前期，而是向水平段端部扩展延伸至 15 段位置附近。由于第 10 次改造砂堵，本次改造施工压力较高，导致微地震事件分布明显不同于第 10 次，裂缝在第 22 段和第 7 段位置附近延伸扩展明显，而且第 15 段位置微地震事件也是明显由第 17 段扩展延伸过来。第 22 段在高施工压力下进一步延伸扩展（图 5-26）。

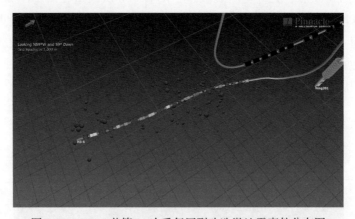

图 5-26　H3-6 井第 11 次重复压裂改造微地震事件分布图

　　2017 年 9 月 29 日第 12 次重复压裂改造：本次改造在第 22 段的微地震事件点出现的更多，表明该位置有重复开启或者新开启的裂缝继续延伸扩展。从第 17 段至第 22 段之间出现了很多微地震事件，这是前几段没有监测到的，说明这个区域之间很有可能有被重新打开或者新起裂裂缝在延伸扩展，也是本次重复改造新开辟的通道，对重复改造效果有积极的影响。第 4、5、6、7 段之间仍然有很多微地震事件，表明该区域有持续的裂缝延伸扩展。本次改造可能由于进液通道较多，并没有在西侧发现有裂缝延伸扩展（图 5-27）。

　　2017 年 9 月 30 日第 13 次重复压裂改造：蓝色代表本段早期微地震事件点，红色代表本段晚期事件点。本段早期在第 1 段位置附件有微地震事件点，后期没有发现微地震事件，说明该位置后期被暂堵。第 22 段和第 15 段位置和第 4、5、6、7 段有明显持续发生的微地震事件，说明这 3 个位置有裂缝继续延伸扩展（图 5-28）。

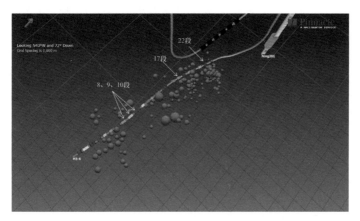

图 5-27　H3-6 井第 12 次重复压裂改造微地震事件分布图

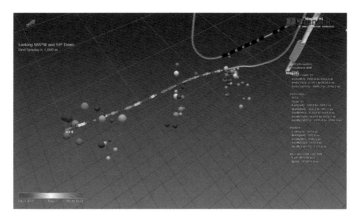

图 5-28　H3-6 井第 13 次重复压裂改造微地震事件分布图

2017 年 10 月 1 日第 14 次重复压裂改造：蓝色代表本段 9 月 30 日微地震事件点，红色代表本段 10 月 1 日事件点。本次改造微地震事件点首先出现在第 22 段位置和第 3～6 段之间，表明裂缝或重新在这两个位置重新开启。从第 13 段开始就没有监测到第 17 段位置的微地震事件，说明该位置经过多次重复改造已经在第 17 段位置基本被暂堵或者进液进砂饱和。本次改造的微地震事件点都发生在第 22 段和第 1～8 段的位置，表明这些位置的裂缝被重新开启或者有新裂缝延伸。第 1～8 段的微地震事件显示裂缝向西侧延伸，属于本次重复改造的目的区域。但是第 22 段位置的裂缝没有发现向西侧延伸的迹象（图 5-29）。

2017 年 10 月 1 日第 15 次重复压裂改造：蓝色代表本段早期微地震事件点，红色代表晚期事件点。本次改造和第 14 次改造进液位置类似。但是不同的是第 22 段微地震事件数量明显减小，表明该段进液规模明显减少。后期微地震事件增加表现在宽度上，表明改造缝网宽度增加。另外在第 1～8 段的微地震事件分布缩小到第 4～7 段。表明第 1～3 段的进液通道被暂堵，裂缝主要在第 4～7 段重新开启或者延伸。整体的第 14 和 15 次改造都没有在第 9～22 段发现大量微地震事件，表明这些位置可能被成功暂堵。在第 14、15 段位置发现少量微地震事件点，表明该位置可能有少量进液（图 5-30）。

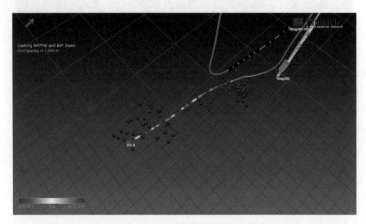

图 5-29　H3-6 井第 14 次重复压裂改造微地震事件分布图

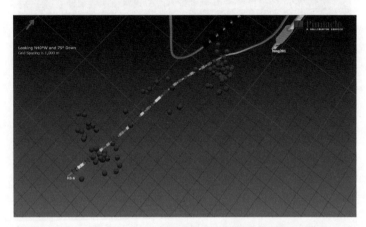

图 5-30　H3-6 井第 15 次重复压裂改造微地震事件分布图

2017 年 10 月 2 日第 16 次重复压裂改造：蓝色代表本段早期微地震事件点，红色代表晚期事件点。本次改造主要进液位置在第 22 段和第 3～10 段位置。对比第 15 次改造可以看到第 16 次改造的重新开启的裂缝继续转向水平段中间位置第 8～10 段的新补孔位置。后期大量微地震事件出现在第 22 段位置（图 5-31）。

2017 年 10 月 2 日第 17 次重复压裂改造：蓝色代表本段早期微地震事件点，红色代表晚期事件点。延续第 16 次改造后期的特点，第 17 次改造一开始就在第 22 段位置出现大量微地震事件，并且继续向水平段根部延伸扩展，同时有明显向西侧延伸的趋势。第 22 段位置的微地震数量非常多，达到了 339 个，表明为新裂缝在之前未改造的水平段根部区域开启。本段主要进液位置在第 22 段。第 3～8 段、新补孔 13 段少量的微地震事件，证明只有少量微地震事件（图 5-32）。

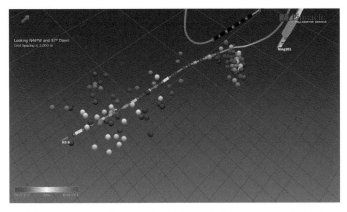

图 5-31　H3-6 井第 16 次重复压裂改造微地震事件分布图

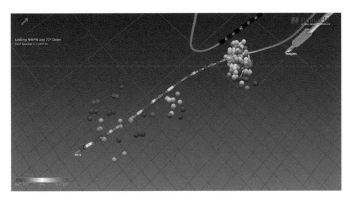

图 5-32　H3-6 井第 17 次重复压裂改造微地震事件分布图

2017 年 10 月 3 日第 18 次重复压裂改造：蓝色代表本段 10 月 2 日微地震事件点，红色代表本段 10 月 3 日事件点。本次改造微地震事件点在施工压力明显降落后，短时间内大量出现第 22 段往根部一侧。整体延伸方向为东侧，并没有延续第 17 次向西侧的趋势。中后期在第 5～12 段发现相对数量的微地震事件点。表明这些位置有进液通道，裂缝重新开启或者有新裂缝延伸。但是对比 10 月 2 日第 18 次的改造，整体微地震事件点位于井筒西侧，表明裂缝整体向西侧延伸扩展，对本次重复改造有利。第 13～20 段之间只有很少量的微地震事件点，这些位置进液位置被有效暂堵。第 5～12 段位置事件数量发生频率逐渐上升，代表这些位置西侧的裂缝可能被重新开启扩形成新的进液通道（图 5-33）。

2017 年 10 月 3 日第 19 次重复压裂改造：蓝色代表本段早期微地震事件点，红色代表晚期事件点。本次改造大部分微地震事件出现第 22 段往根部一侧。并且可以看到明显向西侧延伸扩展，对本井重复改造有积极作用。水平段其他位置微地震事件较少，可能表明水平段整体进液较少。只是在第 8～13 段新补孔位置监测到少量微地震事件（图 5-34）。

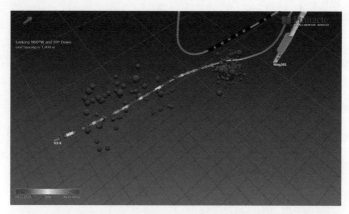

图 5-33　H3-6 井第 18 次重复压裂改造微地震事件分布图

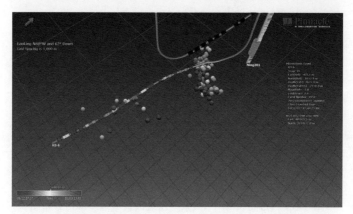

图 5-34　H3-6 井第 19 次重复压裂改造微地震事件分布图

　　2017 年 10 月 3 日第 20 次重复压裂改造：蓝色代表本段早期微地震事件点，红色代表晚期事件点。本次改造大部分微地震事件出现第 22 段往根部一侧。并且可以看到明显向西北侧继续延伸扩展，属于新裂缝的延伸扩展，对本井重复改造有积极作用。水平段其他位置微地震事件较少，可能表明水平段整体进液较少（图 5-35）。

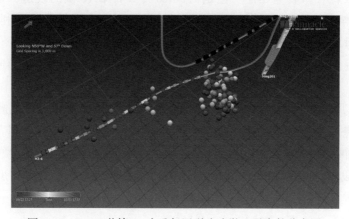

图 5-35　H3-6 井第 20 次重复压裂改造微地震事件分布图

2017年10月3日第21次重复压裂改造：蓝色代表本段早期微地震事件点，红色代表晚期事件点。本次改造大部分微地震事件出现第22段往根部一侧，说明水力裂缝仍然主要在该区域延伸扩展。施工期间的压力突然上涨，表明进液通道单一并且裂缝较为弯曲复杂，微地震监测结果显示只有第22段主要的进液通道。整体水平段微地震事件少可能表明水平段整体进液较少。只是在第3~8段位置监测到少量微地震事件（图5-36）。

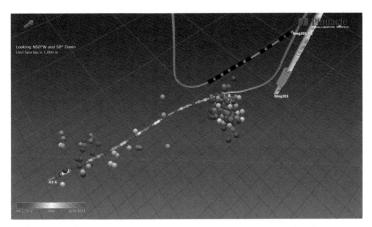

图5-36　H3-6井第21次重复压裂改造微地震事件分布图

2017年10月3日第22次重复压裂改造：蓝色代表本段早期微地震事件点，红色代表晚期事件点。本次改造大部分微地震事件仍然出现第22段往根部一侧，并且有明显向根部向西侧延伸扩展的趋势，水力裂缝仍然在该区域延伸扩展。整体水平段微地震事件少可能表明水平段整体进液较少。只是在6段位置监测到少量微地震事件（图5-37）。

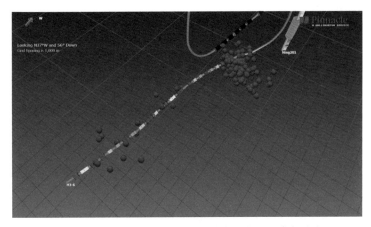

图5-37　H3-6井第22次重复压裂改造微地震事件分布图

第1~12次改造结果，主要集中在水平段靠近A靶点的第14~19段重复改造较相比其他段要更加充分一些。新补孔的第8、9、10、13段有明显裂缝起裂延伸特征（图5-38）。

图 5-38　H3-6 井第 1～12 次重复压裂改造微地震事件分布图

第 13～22 次改造结果，从第 14～19 段转向水平段靠近 B 靶点的第 1～13 段和第 21 段以北的位置（图 5-39）。

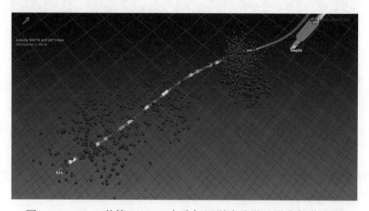

图 5-39　H3-6 井第 13～22 次重复压裂改造微地震事件分布图

暂堵转向成功，整体从开始的第 1、17 段进液位置向水平井中部和端部转向，并且向西侧有明显的延伸扩展。H3-6 井全 22 次、第 22 次重复压裂改造微地震事件分布图分别如图 5-40、图 5-41 所示。

图 5-40　H3-6 井全 22 次重复压裂改造微地震事件分布图

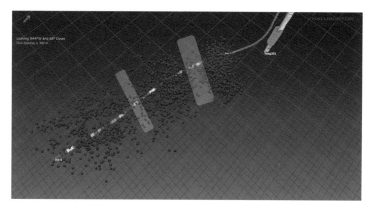

图 5-41　H3-6 井第 22 次重复压裂改造微地震事件分布图

即使后期施工压力在 80MPa 左右，第 11、21、22 段位置没有明显裂缝重新开启延伸的明显迹象。这两个地方较难重复改造。

对比初次改造结果，第 8、9、10、13、22 段以北——3-6 井整体西侧均在重复改造中被改造到（图 5-42）。

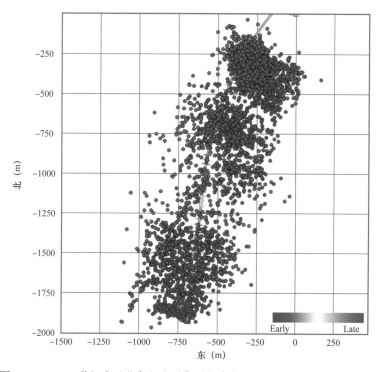

图 5-42　H3-6 井初次（蓝色）和重复（红色）压裂改造微地震事件分布图

（二）微地震压后评估

1. 改造效果

如图 5-43 所示为 H3-6 井重复改造实时处理解释结果。

图 5-43 H3-6 井重复改造实时处理解释结果

表 5-2 为该井各次暂堵转向改造施工和裂缝形态参数：

表 5-2 各次暂堵转向改造施工参数

施工次数	日期	泵压范围（MPa）	排量范围（m³/min）	总液量（m³）	总砂量（t）	停泵压力（MPa）	微地震事件数量
挤注测试	9/22/2017	48.4～85.9	5.9～13.4	548.52	—	43.08	17
1	9/22/2017	75.23～83.89	14.00～14.50	1077.64	16.73	52.98	42
2	9/23/2017	70.00～83.19	12.71～12.91	1159.40	32.88	51.73	82
3	9/24/2017	73.57～79.78	12.40～12.60	1385.33	61.09	54.35	61
4	9/24/2017	75.00～79.24	12.20～12.50	1327.60	70.45	55.07	33
5	9/24/2017	76.00～80.72	12.40～12.90	1303.37	71.98	55.84	42
6	9/25/2017	74.22～87.75	11.70～12.30	1508.44	75.30	53.78	67
7	9/25/2017	74.92～85.80	11.10～12.30	1876.82	93.31	54.27	98
8	9/26/2017	75.09～86.40	11.30～12.90	1698.17	82.69	55.37	59
9	9/26/2017	76.38～86.54	10.80～12.52	1313.13	65.85	58.42	83
10	9/27/2017	75.09～91.87	11.59～12.11	1189.58	60.14		73
11	9/27/2017	75.60～85.00	8.77～10.52	1614.61	50.20	59.18	108
12	9/29/2017	77.00～83.60	11.50～12.50	1555.73	56.37	57.41	159
13	9/30/2017	78.15～86.92	9.42～12.54	1273.81	43.23	69.50	76
14	10/1/2017	81.00～86.93	11.00～11.30	1431.36	61.73	67.55	79
15	10/1/2017	79.00～84.40	9.50～10.10	1355.77	61.86	66.63	97
16	10/2/2017	75.68～85.69	7.87～11.34	1231.13	41.62	68.60	147
17	10/2/2017	78.49～84.08	9.49～10.80	1323.56	51.65	62.40	376

施工次数	日期	泵压范围 （MPa）	排量范围 （m³/min）	总液量 （m³）	总砂量 （t）	停泵压力 （MPa）	微地震事件 数量
18（1）	10/2/2017	65.77～90.81	0.00～8.65	311.68	0.37	63.90	42
18（2）	10/3/2017	79.32～85.31	8.62～10.85	1268.22	25.15	65.98	169
19	10/3/2017	78.83～84.70	7.22～11.16	1261.12	53.08	67.83	120
20	10/3/2017	77.95～84.54	7.5～11.40	1298.93	49.33	66.66	115
21	10/4/2017	76.01～86.24	8.0～9.75	1243.36	48.30	71.59	294
22	10/4/2017	78.00～80.00	9.4～9.68	1050.96	37.00	70.16	154
总计				30608.24	1210.31		2593

从表5-3的裂缝以及施工参数和图5-44的施工曲线分析来看随重复改造次数的增加，施工压力和瞬时停泵压力逐渐增加，同时微地震事件数量逐渐增加。

表5-3　各次暂堵转向改造裂缝形态参数

暂堵转向改造次数	主要起裂位置	主缝长度（m）	宽度（m）	高度（m）	方位（m）
第1次	第17段	490	150	110	N112E
第2次	第17段	500	170	140	N112E
第3次	第17段	380	170	110	N112E
第4次	转向，进液点较多	—	—	—	—
第5次	第8、9段	800	220	100	N81E
第6次	第17段	440	250	130	N108E
第7次	第8、9、10段	700	240	120	N97E
第8次	第8、9段	500	190	110	N97E
第9次	转向，进液点较多	—	—	—	—
第10次	转向，进液点较多	—	—	—	—
第11次	第13、14段	740	250	130	N112E
第12次	转向，进液点较多	—	—	—	—
第13次	第22段	430	150	100	N117E
第14次	第22段	320	160	100	N117E
第15次	第5、6、7段	590	190	90	N115E
第16次	第22段以北	460	180	120	N127E
第17次	第22段以北	440	220	160	N127E

续表

暂堵转向改造次数	主要起裂位置	主缝长度（m）	宽度（m）	高度（m）	方位（m）
第 18 次	第 22 段以北	330	250	130	N127E
第 19 次	第 22 段以北	600	180	100	N123E
第 20 次	第 22 段以北	580	260	120	N135E
第 21 次	第 22 段以北	440	280	140	N135E
第 22 次	第 22 段以北	540	240	130	N130E

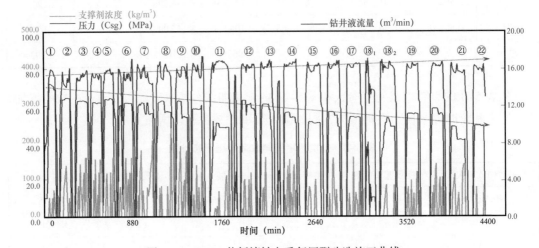

图 5-44　H3-6 井暂堵转向重复压裂改造施工曲线

北美地区目前对页岩气的重复改造逐渐形成了一定的步骤：

（1）Pretreatment（不泵注支撑剂、转向剂）：补充地层亏空衰竭的压力，帮助后期转向剂有效封堵。

（2）Short Schedules（泵注少量支撑剂、不泵注转向剂）：针对已有主裂缝初次改造充分，压力衰竭大——控制强滤失，重建近井导流能力（NWB）。直到停泵折算裂缝延伸压力梯度达到初次改造程度，帮助新射孔段在重复改造中起裂。

（3）Crosslink Schedules（泵注支撑剂、转向剂）：针对新补孔段起裂并且加砂（DTS，生产测井确定）。

（4）Hybrid Schedules（泵注支撑剂、转向剂）：针对初次改造未起裂或者受应力影响的起裂不充分的射孔簇。这些簇易于形成复杂缝网，增加裂缝复杂程度，小粒径支撑剂较为适合。

从图 5-45 可以看出，本次暂堵重复改造设计思路和泵注程序与目前北美的常用方法基本一致。同时微地震事件的数量明显增加并正相关。H3-6 井的 ISIP 折算裂缝延伸梯度一直在增加，表明油藏达到一定的破裂压裂梯度，水力裂缝才能突破到更大的新的未改造的区域。我们发现在第 10 次重复改造之后的微地震事件增加较为明确，新裂缝或者重新打开的裂缝较为确定。

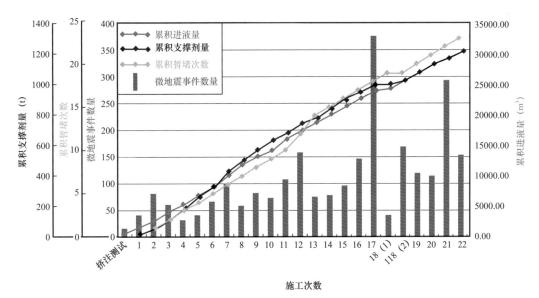

图 5-45　H3-6 井各次重复改造参数对比图

2. 裂缝方位及微小断层

第 8、9、10、13 段位置套变、井筒轨迹的变化、微地震事件揭示裂缝方位受到蚂蚁体标识的微裂缝影响等证实了该微裂缝的存在。测到大能量微地震事件区域与蚂蚁指示微裂缝发育区吻合，同样证实微裂缝存在一定程度影响该位置的裂缝形态（图 5-46）。

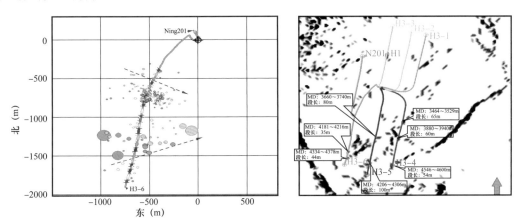

图 5-46　新补孔起裂裂缝形态和龙马溪蚂蚁体对比图

另外虽然本次暂堵重复改造无法明确各段裂缝方位，但从整体微地震事件的分布可以分析出 H3-6 井重复压裂裂缝整体方位仍然是最大主应力方位，没有明显改变，无法通过裂缝方位的改变沟通更多的未改造区域。

本次暂堵重复改造和初次改造监测结果类似，H3-6 井经过重复改造新起裂的区域裂缝主要向东南延伸，西北翼延伸很小，没有沟通宁 201H1（图 5-47）。

图 5-47　H3-6 井重复压裂改造裂缝与宁 201H1 井关系

3. 储层改造体积（SRV）

H3-6 井 SRV 计算通过宁 201 井五峰组底界为基准。五峰组厚度按照 5m 计算，龙马溪一$_1$组，按照 26m 计算。龙一$_1$+ 五峰组初次改造的储层改造体为 9485908m^3，而重复改造的储层改造体积为 15410178m^3（图 5-48、图 5-49）。龙一$_2$初次改造的储层改造体为 26000942m^3，而重复改造的储层改造体积为 45480376m^3（图 5-50、图 5-51）。可以看到重复改造 SRV 比较初次改造 SRV 增加较为明显，对改造后产量有积极影响。但是由于不同的服务商，处理解释差异一定程度会影响 SRV。

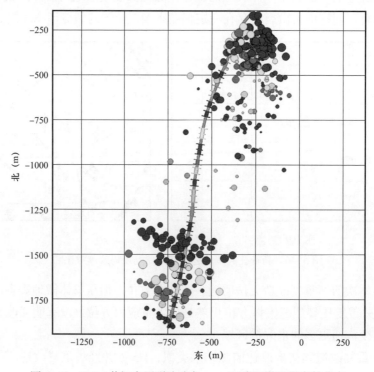

图 5-48　H3-6 井初次压裂改造龙一$_1$+ 五峰组微地震事件分布

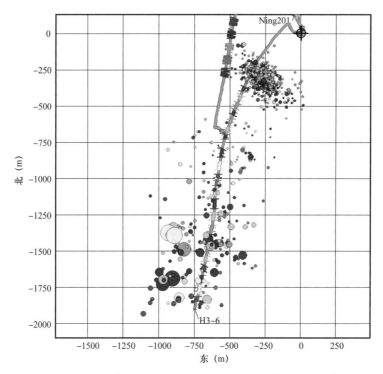

图 5-49　H3-6 井重复压裂改造龙一$_1$+ 五峰组微地震事件分布

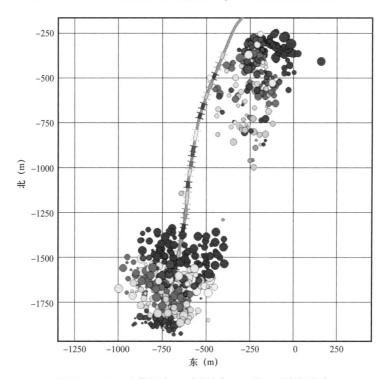

图 5-50　H3-6 井初次压裂改造龙一$_2$微地震事件分布

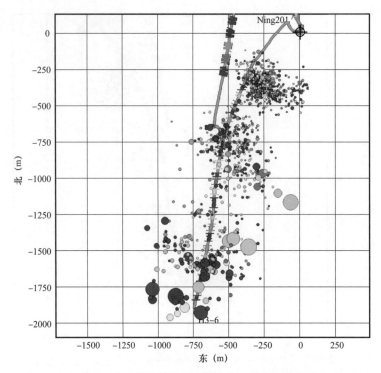

图 5-51　H3-6 井重复压裂改造龙一₂微地震事件分布

4. 微地震事件能量级别

从初次和重复改造的微地震事件能级分布来看（图 5-52），重复改造监测到的微地震事件能量级别较小，也说明重复改造能够打开新裂缝新区域存在一定难度。

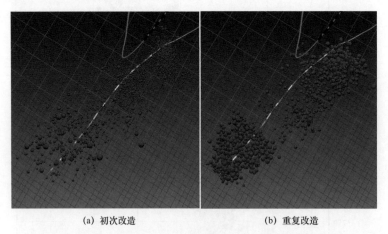

(a) 初次改造　　　　　　　　　　　　(b) 重复改造

图 5-52　H3-6 井初次改造和重复改造微地震能量级别对比

5. 有效监测距离

微地震事件能量很高（-3.5～0.19），4 个微地震事件大于 0，总共 2592 个微地震事件。H3-6 井暂堵转向改造井下微地震有效监测距离在 2150m 以内的监测效果良好。H3-6 井监测距离与事件能量级别对应关系如图 5-53 所示。重复改造事件数量和大能级事件数量明显小于长宁地区初次改造页岩气水平井数量，可能由于重复改造的微地震事件在传输过程中经过初次压裂改造的水力裂缝网络分布的储层，地层并不像初次改造过程中的整体性强，会引发微地震事件传输的能量衰减，这可能是本次监测事件数量较少的原因，同时也说明重复改造过程重新打开或者建立新裂缝通道存在难度。

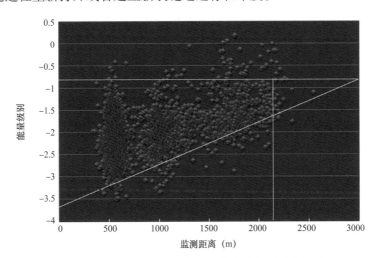

图 5-53　H3-6 井监测距离与事件能量级别对应关系

第二节　基于示踪剂测试结果压后评估技术

长期以来，对于直井分层、大斜度井与水平井分段储层改造工艺技术，地质工程技术人员普遍关心各层段改造效果及作业后各层段的产气贡献，以进一步优化地质工程方案，提高措施效果及经济效益，过去往往采用生产动态测井实现这一目标，但受井筒条件或作业因素影响，成功录取这一资料的井并不多。非放射性化学示踪剂测试技术是一种原理可靠、操作简单的录取各层段返排贡献、产油或产气贡献的新型生产测井技术。

一、示踪剂原理

（一）示踪剂简介

化学示踪剂，包括水溶性示踪剂（以下简称水剂）、油溶性示踪剂（以下简称油剂）和气溶性示踪剂（以下简称气剂），随各段压裂液（或酸液）注入地层，定量（或定性）评价每段的压裂液（或酸液）的返排贡献（水剂）、产油（油剂）及产气（气剂）贡献。从而获得改造后返排测试阶段、生产初期及中长期的持续产出剖面。

化学示踪剂可对井下的特定区域进行示踪，通过注入水剂、油剂、气剂，从而获得每段的产出贡献。关于示踪剂的特点如下：

（1）化学示踪剂是自然界不常见的，在色谱分析中有各自独特的峰值易于辨识的化学剂；

（2）非常惰性，基本不与任何物质发生化学反应；

（3）无毒、无放射性；

（4）扩散率／熔点一致；

（5）极小的地层吸附，与目标介质物理亲和，其中：水剂只与水亲和，油剂只与油亲和、气剂只与天然气亲和（气剂在地层温度下雾化，与天然气融合）；

（6）油剂和气剂均疏水；

（7）具有 PPB 甚至 PPT 级的痕量示踪能力；

（8）水剂、油剂、气剂均抗酸抗碱。

（二）作业原理

非放射性痕量示踪剂在地面以液态的形成存在，通过注入设备与压裂设备相连接，在压裂施工至制定阶段时，将各段独有的非放射性化学示踪剂随压裂液泵入地层，示踪剂加入时机应选择在加砂阶段前；示踪剂进入地层后在温度的作用下不断气化，通过分子间的弥散和扩散作用与产层气体充分接触。开采排液期间，被标记的气体返出至分离器进行气液分离，通过分离器分离后的纯气体进行取样，并将样品送至室内实验室进行色谱分析，检测出各段示踪剂含量，即可分析出检测井各层段的产出情况。

关于示踪剂的基本流程如下：

（1）将各段独有的非放射性化学示踪剂在加砂前（对于水力加砂压裂）或投球前（对于投球分段酸压）随不同阶段的压裂酸化液体泵入地层；

（2）施工结束后的返排测试阶段，返排液携带该段特有的水剂至地面，产出油气携带此段独有的油剂或气剂至地面；

（3）在井口返排测试流程上密集采集返排液及气体样品；

（4）通过实验室室内色谱分析采集样品中不同示踪剂含量，由于示踪剂充分溶解或分散于压裂酸化液体或地层流体，各段独有的示踪剂所占比例则为该段的返排比例或产油气比例，从而获得不同层段的储层改造效果及与之对应的产气剖面。

根据化学示踪剂的特点，可知示踪剂测试可提供类似于生产测井工具所能提供的数据，但无需高昂的费用。根据生产信息及示踪剂分析数据，可获得每段的产量信息，并且能提供中长期的生产信息，并在国内外大量井区得到广泛应用和论证。除了用于直井硬分层、大斜度井和水平井硬分段的返排、产油气剖面分析外，通过精细化设计，该技术还可以用于论证软分层／分段改造技术的效果，通过各段的返排贡献、油气产出贡献，井下的哪一段或哪一部分、哪一区域正在产水、油、气（或没有生产），可协助为生产部门获得非常有价值的油藏信息：

（1）可确认所期待的区域是否生产；

（2）可确认所指定的油藏是否生产；

（3）每段生产的产量。

（三）技术优势

页岩气储层具有低孔隙度、低渗透率以及非均质性强等特性。页岩气开发主要采用水平井技术和压裂技术，以求获得效益开发。目前的页岩气开发正向着精细开采、清洁开发阶段迈进。因此通过生产测试技术，获取页岩气井各层段在生产过程中的产气贡献率，并结合地质储存条件及压裂工程参数，针对性地对页岩气气藏进行研究，进一步筛选高产主控储层特性和"经济甜点区"，优化压裂参数，为页岩气水平井勘探开发方案优化、产量综合精细挖潜提供依据，已达到节约开发成本、提高最终采收率的目的。目前针对页岩气井改造后各层段产出贡献值测试的手段主要有下生产测井工具和示踪剂测试技术两种，由于页岩气井水平井井眼轨迹及井身结构的特殊性，同时受到分段工具的影响，部分井采用生产测井工具无法下入到预定位置，给测试作业带来巨大的挑战。因此，采用非放射性痕量气剂示踪剂进行生产测井，不受作业井深、井眼轨迹和工艺影响，操作简单，工程风险小、安全环保、无毒、无放射性，与传统生产测井费用相比大大降低，可替代下生产测井工具传统的测试方法，更利于页岩气的优质、高效、清洁开发。

根据非放射性痕量气剂示踪剂的特点，可知示踪剂测试可提供类似于生产测井工具所能提供的数据，但无需高昂的费用。根据生产信息及示踪剂分析数据，可获得每段的产量信息，并且能提供中长期的生产信息，并在国内外大量井区得到广泛应用和论证。除了用于直井硬分层、大斜度井和水平井硬分段的返排、产油气剖面分析外，通过精细化设计，该技术还可以用于论证软分层/分段改造技术的效果，通过各段的返排贡献、可协助为生产部门获得非常有价值的油藏信息。

该技术主要优点包括：

（1）非放射性示踪剂是自然界不常见的，在色谱分析中有各自独特的峰值易于辨识的化学剂；

（2）非常惰性，基本不与任何物质发生化学反应；

（3）无毒、无放射性；

（4）扩散率、熔点一致；

（5）极小的地层吸附，与目标介质物理亲和，气剂只与天然气亲和（气剂在地层温度下雾化，与天然气融合）；

（6）具有 PPB 甚至 PPT 级的痕量示踪能力；

（7）气剂抗酸、抗碱。

示踪剂测试技术具有现场操作简单，可定量评价各层段的储层改造情况及与之对应各段产量贡献大小等特点，对于评价直井分层、大斜度井与水平井分段储层改造效果具有较好的应用前景，特别是产液、产气剖面解释结果对进一步优化工程方案有较大的帮助。该技术在国外已运用成熟并获得良好的效果。

（四）示踪剂分析流程

目前已开发出的痕量系列气剂示踪剂已达24种之多，随着示踪剂技术的进步，将来会有更多的种类被研究出来满足页岩气分段压裂使用。该技术具有设备简单，操作简单。主要设备有电动泵，注入流量为5～30L/min，注入管线1寸，注入单流阀用于气剂示踪剂的注入。取样钢瓶250mL，取样三通装置用于气体取样。

1. 示踪剂用量设计

产量测定与生产实践密切相关，倘若所采用的示踪剂用量过大，则会进一步增加成本，与页岩气"降本增效"开采宗旨不符，同时也产生不必要的浪费，对过多的使用也会给环境带来一定的影响，若示踪剂用量过小，则可能检测不到示踪剂，影响监测的正常进行。在Brigham等计算基础上，针对页岩气体积压裂改造的特点，对示踪剂用量的设计进行了简化：

$$M=100 \times M \times K_p \times T \times r_2$$

式中　　M——示踪剂用量；

　　　　K_p——地层孔隙度；

　　　　T——示踪剂的最小示踪度，ppb；

　　　　r_2——最大产能半径（通常采用邻井间距离作为最大产能半径），m。

2. 实验室分析

（1）分析流程如下：

采集气样预处理→气相色谱仪测试→获取每个气样中每个种类示踪剂标记气体的组分含量→输出原始数据包；

（2）数据分析。

基于原始数据绘制出每一个测试段产气占比与取样时间点的动态对应关系曲线图：①分段产气曲线，②分段产气剖面图，③30天累计静态产气剖面图；在已知每个取样点时刻对应的井口产量前提下，还可以绘制每一个测试段产出气量与取样时间点的关系曲线图；可展示产气剖面各个测试段的动态产气变化规律。针对各测试段的产气动态变化，识别测试段中的主力层和差气层，可以结合储层地质工程参数、压裂施工参数对储层进行再认识，同时评估工程措施的效果。

二、施工工艺

（一）现场注入作业

2016年12月18日从成都到达四川省自贡市荣县双石镇蔡家堰村18组自201井井场。设备连接与安装步骤如下：

（1）提供与混砂车供液出口端管线连接的4寸短节（图5-54蓝色部分）2个，示踪剂注入管线直接与短节连接；

（2）4寸短节一端与混砂车供液出口端管线进行连接（图5-55），4寸短节另一端与压裂泵车低压进液段软管线连接，注入气剂注入所需的 4 寸短节均一备一用；

（3）1/4 寸注入管线与 4 寸短节进行连接。在连接处设有三通阀，以便开关之用；

（4）注入管线与示踪剂注气剂泵进行连接；

（5）进行泄漏测试，监测是否存在泄漏情况。

图 5-54　示踪剂注入设备图

图 5-55　混砂车供液出口端管线连接的 4 寸短节

（二）现场取样作业

（1）采样时间：返排测试出气即可取样；

（2）采样期间采集 70 个气样，18 个备选，分析 50 个，采样情况见表 5-4。

表 5-4　采样表

采样种类	取样日期		段数	采样次数	备注
	开始	结束			
气样	—	—	—	前 10 天，3 次 / 天	分离器采样
				后 20 天，2 次 / 天	

三、应用案例

（一）井的基本情况

（1）井的基本概况。

本井位于四川省自贡市荣县双石镇蔡家堰村 18 组。自 201 井的构造位置为四川盆地自贡区块—威远构造南翼。该井完钻井深 5167m，完钻层位龙马溪组，采用 139.7mm 套管完井，水平段长 1300m。

为了优化本井压裂设计，2016 年 11 月 29 日工程技术处组织召开自 201 井压裂方案审查会，根据会议精神，对相关内容进行了修改完善，完成了本井的压裂设计。压裂设计主要依据前期相邻区块压裂取得的认识，以评价自贡区块志留系龙马溪组页岩分布及含气性为目标，探索适合该区的页岩储层压裂改造工艺。

（2）地层概况及特征。

本井段岩性主要为黑色页岩。脆性计算表明，自201井水平段第1、2小层脆性指数（矿物成分）为70.9%，有利于通过体积压裂形成复杂裂缝网络。自201井位于四川盆地川东高陡构造带大耳山构造，裂缝相对发育。

志留系龙马溪组用密度2.25～2.36g/cm³的油基钻井液在钻进时见良好气显示，见表5-5。

表5-5 自201井龙马溪组油气水漏显示统计表

序号	层位	井段（m）	厚度（m）	显示类别	岩性	显示情况
1	龙二段	3392～3392.5	0.5	气测异常	深绿色页岩	用密度2.25g/cm³、黏度70s的油基钻井液钻进至井深3392.10m见气测异常，全烃：0.8120%↑1.1770%，C1：0.2453%↑0.5350%，循环至井深3392.19m气测值达到峰值，全烃：↑4.4508%，C1：↑2.7041%，其他参数无变化，点火未燃
2	龙一₂～龙一₁²	3662.5～3859	196.5	气测异常、井漏	灰黑色页岩	用密度2.33g/cm³、黏度70s油基钻井液钻至井深3669.58m见气测异常，全烃：0.4210%↑1.1219%，C1：0.1561%↑0.4959%，钻进至井深3669.58m气测值达到峰值，全烃：↑7.3568%，C1：↑4.7592%。继续用密度2.33～2.36g/cm³、黏度70～74s钻井液钻进至井深3864.30m，其间气测值保持在全烃：5.4915%～28.976%，C1：2.3836%～19.531%，其他参数无变化，点火未燃。划眼至井深3777.91m见井漏，累计漏失密度2.34～2.39g/cm³、黏度71～75s油基钻井液147.6m³，最大漏速42.0m³/h，最小漏速0.6m³/h
3	龙一₁²～龙一₁¹	3865～4406	541	气测异常	黑色、灰黑色页岩	用密度2.36g/cm³的钻井液钻至3865m见气测异常，全烃4.9%↑29.1%，C11.4%↑20.4%，点火未燃。后持续钻至4406m见气测异常，全烃在10.9%～35.5%，C为15.3%～31.7%
4	龙一₁¹～龙一₁⁴	4407～5167	760	气测异常、井漏	黑色、灰黑色页岩	用密度2.34g/cm³的钻井液钻至4407.2m见气测异常，全烃9.7%↑25.7%，C16.0%↑11.6%，点火未燃。后持续钻至5167m见气测异常，全烃在5.1%～40.1%，C为13.1%～11.6%。其中钻至4838.03m见井漏，漏失密度2.33g/cm³、黏度75s的钻井液4.5m³

本井水平段3867～5167m（段长1300m），测井解释井段3664.5～5103m（段长1438.5m），入靶点前3664.5～3867m划分有利页岩段4层/202.5m，其中：Ⅰ类页岩气层厚8.3m，Ⅱ类页岩气层厚194.2m。入靶点以下（3867～5167m）划分有利页岩段8层/1236m，水平段Ⅰ类页岩气层厚974.5m，钻遇率75%，Ⅱ类页岩气层厚325.5m（包含64m无测井数据井段），钻遇率25%，详见表5-6，综合测井曲线图如图5-56所示。

表5-6 自201井龙马溪组测井解释成果表

层号	层位	顶深(m)	底深(m)	厚度(m)	脆性指数(含碳酸盐)	脆性指数(不含碳酸盐)	脆性指数(纵横波)	杨氏模量(MPa)	最大主应力(MPa)	最小主应力(MPa)	泊松比	破裂压力(MPa)	总有机碳含量(%)	总含气量(m³/t)	孔隙度(%)	含水饱和度(%)	渗透率(nD)	游离气含量(m³/t)	吸附气含量(m³/t)	解释结论
1	龙一$_1^4$	3664.5	3750.7	86.2	65.1	35.8	55.6	45379.1	68.7	57.5	0.2	66.3	2.3	3.1	4.6	42.0	441.8	2.2	0.9	Ⅱ类
2	龙一$_1^3$	3750.7	3817.8	67.1	63.2	41.7	56.6	45991.8	68.7	56.9	0.2	65.0	2.7	4.8	4.9	39.5	312.1	3.7	1.1	Ⅱ类
3	龙一$_1^2$	3817.8	3858.7	40.9	66.9	50.6	55.6	48770.7	71.1	58.4	0.2	68.4	3.5	5.3	6.8	35.1	335.2	3.7	1.6	Ⅰ类
4	龙一$_1^1$	3858.7	4004.0	145.3	76.0	54.5	49.1	44687.0	75.2	62.8	0.2	77.2	5.3	5.6	5.7	26.2	373.0	3.9	1.7	Ⅰ类
5	龙一$_1^1$	4004.0	4057.0	53.0	76.8	55.6	52.2	44000.3	70.7	59.4	0.2	70.2	4.9	6.4	6.9	28.4	545.5	4.6	1.8	Ⅰ类
6	龙一$_1^1$	4057.0	4342.0	285.0	74.2	53.0	46.8	43059.3	76.2	63.5	0.2	79.2	5.7	6.5	6.2	27.6	495.1	5.0	1.5	Ⅰ类
7	龙一$_1^1$	4342.0	4605.0	263.0	79.0	58.2	47.0	44524.9	76.3	64.0	0.3	80.6	5.7	6.2	6.4	35.7	268.9	4.5	1.7	Ⅰ类
8	龙一$_1^1$	4605.0	4711.0	106.0	73.3	54.3	49.3	42220.2	71.9	59.9	0.2	72.6	6.2	6.6	6.3	28.4	280.1	5.0	1.5	Ⅰ类
9	龙一$_1^2$	4711.0	4872.8	161.8	66.9	49.8	52.6	46476.3	70.6	58.3	0.2	69.8	3.8	4.5	6.9	32.8	589.2	3.5	1.1	Ⅰ类
10	龙一$_1^3$	4872.8	4946.7	73.9	60.2	39.3	52.3	45792.7	69.9	57.9	0.2	69.3	2.9	4.0	5.2	38.9	586.3	3.3	0.7	Ⅱ类
11	龙一$_1^4$	4946.7	5103.0	156.3	69.0	39.8	53.6	49718.2	70.1	58.3	0.2	70.3	3.2	4.1	5.3	37.3	711.7	3.5	0.6	Ⅱ类

注：该成果为川庆测井公司解释。井段5103～5167m无测井数据，根据已钻井数据，龙一$_1^2$、龙一$_1^3$和龙一$_1^4$类比，推测为Ⅱ类储层。

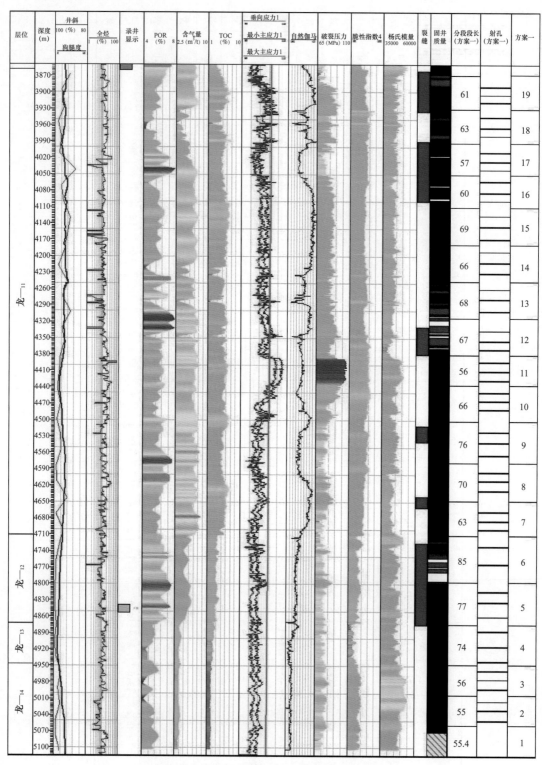

图 5-56　自 201 井龙马溪页岩气综合测井曲线图

（二）压裂酸化目的及主要对策

（1）压裂酸化目的。

评价自贡区块志留系龙马溪组页岩分布及含气性，获取地层压力系数，探索适合该区的页岩储层压裂改造工艺。

（2）主要技术对策。

① 改造理念：总体以扩大波及体积，形成复杂裂缝为目标，采用"大液量、大排量、大砂量、低黏度、小粒径、低砂比"的改造模式；根据各改造段的储层地质特征，采用"一层一策"的方案。

② 施工工艺：速钻桥塞 + 分簇射孔分段压裂工艺。

③ 射孔工艺：第 1 段采用连续油管分簇射孔，其余各段采用电缆传输桥塞分簇射孔。位于龙一$_{13}$、龙一$_{14}$ 小层的第 1～4 段采用向下定向射孔，其余段射孔采用螺旋布孔方式。

④ 分段原则：结合测井、录井解释、小层划分成果，将物性相近、应力差异不大的分在一段，对储层物性较好的适当缩小段间距。

⑤ 压裂液体系：主体使用滑溜水体系，部分井段采用前置胶液造缝，扩展缝高。

⑥ 支撑剂优选：为降低施工风险，支撑剂选用 70/140 目石英砂 +40/70 目低密度陶粒组合方式，70/140 目石英砂用于打磨孔眼，支撑微裂缝，40/70 陶粒用于支撑主裂缝。

⑦ 主压裂之前进行 DFIT 测试，获取地层参数。

⑧ 为降低破裂压力，确保施工顺利，各段均在初期注入盐酸进行预处理，根据各段碳酸盐岩矿物含量情况，确定用酸量。

⑨ 在施工控制压力下，尽可能提高施工排量。

⑩ 压后按照连控制、续、平稳的原则进行排液。宜适当延长小油嘴排液时间，防止支撑剂回流。

（三）示踪剂压后评估

（1）压后评估内容。

① 采用非放射性痕量气剂示踪剂测试技术揭露各层段的产量贡献值；

② 对比非放射性痕量气剂示踪剂测试技术和 FSI 生产测井在两个制度下的测试结果；

③ 利用非放射性痕量气剂示踪剂测试技术评价 1～4 段定向射孔应用效果。

施工阶段示踪剂伴随压裂液体进入地层，在压裂期间每段液量的 30%～50% 注入气剂示踪剂，每段示踪剂用量约 250g，注入时间约 20min。压裂结束后见气平稳后开始取样，共取气样 70 瓶，取样时间 30 天，筛选其中 50 瓶气样数据进行检测分析。取样制度见表 5-7。

表 5-7　取样制度表

取样时间（d）	取样频率（h/ 次）
1～10	8
11～20	12
21～30	12

注：调整油嘴后，待产量稳定后取样。

（2）实验室测定结果。

Z201 井取样时间为 30 天，取样期间井口累计产气 $236.11 \times 10^4 m^3$。通过实验室对气样进行检测分析，建立本井静态产气剖面图，动态产气剖面图，单段地质、工程参数与产量分析图，地质、工程参数与产量综合分析图等。

图 5-57 为 Z201 井静态产气剖面图，表示在取样期间，各段产气量占总产气量的百分比值，以及表示各段相互间的对比关系。

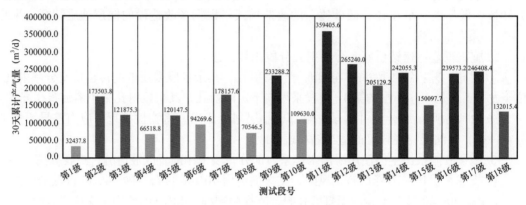

图 5-57　Z201 井静态产气剖面图

图 5-58 为 Z201 井动态产出剖面图，表示在取样期间，各段产能随开采时间增加的变化情况。每一个颜色的柱状图表示每一个取样时间点对应的返排气与总产出量的比值。曲线的变化表示示踪剂占比含量的变化，同时也表示各段之间返出量的变化差异，通过对比反映出井下生产的动态变化状况。

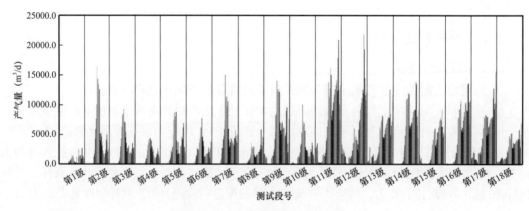

图 5-58　Z201 井动态产气剖面图

图 5-59 为某一段地质、工程参数情况与该段产气量的对比关系：通过比较，可清楚地认识各段的高产或低产的主控因素或可能存在的影响因素。

图 5-60 为地质、工程参数与产量综合分析图，通过地质、工程大数据分析，以揭示区域生产与储层特征之间的准确相互关系，以分析本井的主控因素，在数据充分的情况下，可筛选区块内进行高产的可能主控因素。

储层参数	底	顶	厚度	层位	储层品质	含气量 (m³/t)	有机碳含量 (%)	孔隙度 (%)	脆性指数 (%)	裂缝预测	备注
	4436	4380	5.6	龙一₁₁	1	7.3	51	71	75.8		
工程参数	施工压力	施工排量	砂量 (t)	液量 (m³)	最高砂浓度 (kg/m³)	平均单段加砂 (t)	平均单段液量 (m³)	施工情况	其他	微地震显示	产气占比
	71~84.5	12.2~13.1	120.25	2150.81	150	83.10	2053.99				11.8%

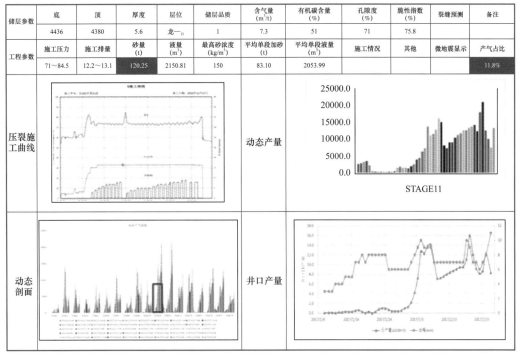

图 5-59　单段地质、工程参数与产量关系图

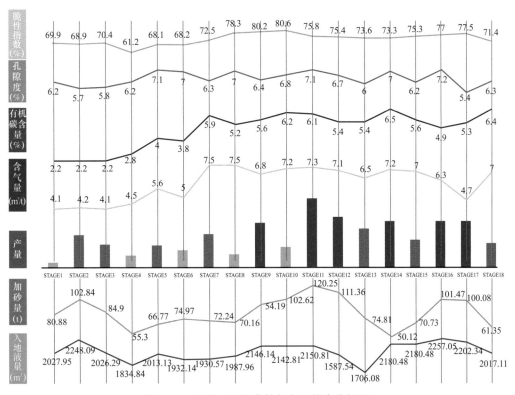

图 5-60　地质、工程参数与产量综合分析图

通过实验室分析数据表明：

① Z201 井各段均有产出，未见段内有机械堵塞的情况；

② Z201 井主要产气量集中在物性较好的水平段根部，即主力产气段：第 9、11、12、14、16、17 段，第 6 段累计产气量占总产量的 52.2%，各段产气量与加砂规模存在一定的正相关性，第 11、12 段产出气量最高；

③ 中等产气段：第 2、3、5、7、8、13、15 段，第 6 段累计产气量占总产量的 35.6%；

④ 低产气段：第 1、4、6、8、10 段，主要集中在水平段趾部和中部，第 5 段累计产气量占总产量的 12.3%；

⑤ 第 1、2、3、4 段合计产气量只占总气量的 13%，属中等偏下产出贡献，定向射孔可能未见明显效果；

⑥ Z201 井高产主控因素与产量存在明确的相关性。

（3）与 FSI 生产测井解释结果对比情况。

本井分别进行了非放射性痕量气剂示踪剂测试和 FSI 生产测井，并选取了 $15 \times 10^4 m^3$ 和 $9 \times 10^4 m^3$ 两个生产制度下的各段产气量解释结果进行对比，对比结果如图 5-61 所示。

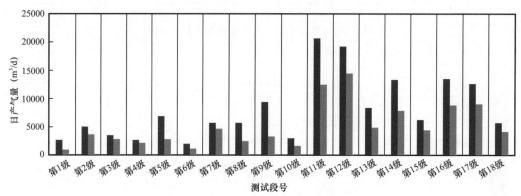

(a) SECTT 9mm/7mm下产气剖面

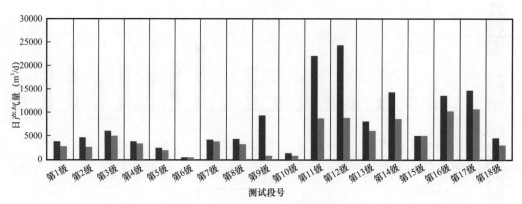

(b) FSI 9mm/7mm下产气剖面

图 5-61　Z201 井示踪剂测试结果与 FSI 测试结果比图

解释结果表明：非放射性痕量气剂示踪剂测试结果与 FSI 生产测井检测结果有细微差别，趋势基本一致。FSI 生产测井只能提供各产气段的静态产气结果，不具备针对产量长期产出时反应动态变化的解释能力。

（4）认识与结论。

通过现场应用非放射性痕量气剂示踪剂检测技术和解释成果，对 Z201 井在检测期间各层段的产出情况有了更深入理解，同时与地址参数和工程参数的关系建立起来。根据本研究及现场用于得出以下结论：

① 非放射性痕量气剂示踪剂检测技术能够充分了解生产井各段的静态与动态产气情况。建立了地质参数、工程参数与各段产量的联系，明确本井高产出段的主控因素。

② 可定性地揭露本井定向射孔的应用效果。

③ 通过非放射性痕量气剂示踪剂检测技术，为压裂设计的优化提供依据，采用大数据的方式，建立地质工程与产量的关系，为进一步认识油藏情况以及进一步筛选高产主控储层特性和"经济甜点区"分析提供重要参考。

④ 示踪剂测试结果与 FSI 测试结果对比整体趋势相同，部分段有较小差异。

第六章　重复压裂工艺技术

经过初次压裂的油气田，随着生产时间的增加以及由于受当时压裂工艺、材料、设备工具的限制，规模欠小，材料选用不当，设备功率有限等原因，都会导致水力裂缝导流能力大幅降低而逐渐失去作用。因此有必要对其进行重复压裂，重复压裂是指对那些已经采取过一次或一次以上压裂措施的井层再实施压裂改造。重复压裂产生的新裂缝沿与前次人工裂缝不同的方向起裂和延伸，即裂缝发生重定向，从而能够在油气层中打开新的油气流通道，更大范围地沟通老裂缝未动用的油气层，从而提高经济效益。

第一节　技术概况

自 1946 年开始水力压裂技术不断发展并成为有效开发低渗透油气藏必不可少的主要技术措施，特别是进入 20 世纪 80 年代中后期以来，水力压裂模型、监测和解释等软件方面以及材料和设备等硬件方面都有显著的进步。因其压裂形成的裂缝具有很高的导流能力，能使油气畅流入井，从而引起了增产增注作用。大型水力压裂可以在低渗透油藏内形成深穿透、高导流能力的裂缝，使原来没有工业价值的油田成为具有一定产能的油田，其意义已超过一口井的增产增注作用。

但是，随着生产时间的增加以及由于受当时压裂工艺、材料、设备工具的限制，规模欠小，材料选用不当，设备功率有限等原因，都会导致水力裂缝导流能力大幅降低而逐渐失去作用。经过长期理论与实践研究，目前人们普遍认为重复压裂产生的新裂缝沿与前次人工裂缝不同的方向起裂和延伸，即裂缝发生重定向，从而能够在油气层中打开新的油气流通道，更大范围地沟通老裂缝未动用的油气层。所以为了获得高产和经济的开采效益，必须要进行重复压裂。重复压裂是指对那些已经采取过一次或一次以上压裂措施的井层再实施压裂改造。

经过初次压裂的油气田，在初次压裂后的一段时期内，初次支撑压裂裂缝、自然裂缝和储层区域流体的变化可能会导致油孔和压裂裂缝所形成的椭圆区域的压力分布产生相应的变化。在最小诱导应力与裂缝平行时，由于石油的不断开采和重复压裂等原因，裂缝旁边的诱导应力区域将被拉长，从而导致最大和最小水平应力反向。由于诱导应力的影响，重复压裂裂缝方向将垂直于主裂缝直到边界的椭圆区域。在区域的边界上，两个水平应力是相同的，在椭圆形区域的外部，重复压裂裂缝的方向将扭转并且最终将与第一次产生的裂缝平行，如图 6-1 所示。

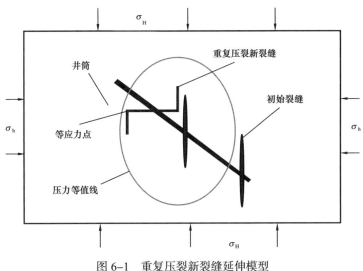

图 6-1　重复压裂新裂缝延伸模型

第二节　应用案例

一、井的基本情况

（一）基础数据表

井的基础数据见表 6-1。

表 6-1　井的基础数据表

井别		开发井	井型		水平井
地理位置		四川省宜宾市珙县上罗镇龙洞村 1 组			
构造位置		长宁背斜构造中奥陶顶构造南翼			
钻探目的		开发长宁地区龙马溪组页岩气资源			
井口坐标	纵坐标（X）（m）	3116505.70	横坐标（Y）（m）		18483770.00
海拔高程	地面海拔（m）	476.43	补心海拔（m）		485.43
设计	目的层	龙马溪组	实际	完钻层位	龙马溪组
	完钻井深	4500.00m（斜深）		完钻井深	4522.00m（斜深）
		2635.00m（垂深）			2629.99m（垂深）

续表

井别	开发井		井型		水平井
开钻日期	3/13/2014	完钻日期	5/12/2014	试油结束	3/13/2015
完井方法	套管射孔完井		人工井底（m）		4481
套补距（m）	9.62		油补距（m）		8.82

注：钻井过程无明显井漏、井涌、钻井液密度 2.18～2.21g/cm³，油基，龙马溪组水平段钻进中见气侵，显示 2 段，厚 117.0m；气测异常 4 段，厚 350.0m。试油层位：龙马溪组；试油井段：2930.00～4481.00m；长度：1551.00m。

本井的井身结构如图 6-2 所示。

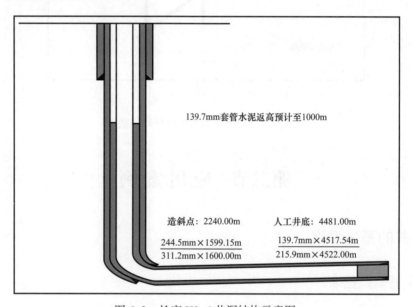

139.7mm套管水泥返高预计至1000m

造斜点：2240.00m　　人工井底：4481.00m

244.5mm×1599.15m　　139.7mm×4517.54m
311.2mm×1600.00m　　215.9mm×4522.00m

图 6-2　长宁 H3-6 井深结构示意图

（二）平台钻井情况

钻井轨迹数据见表 6-2，平台钻井情况示意如图 6-3 所示。

表 6-2　钻井轨迹数据

井号	A 点（m）	B 点（m）	水平段长（m）	与最小水平主应力夹角（°）
长宁 H3-1	3010	4010	1000	21.86
长宁 H3-2	2877	3877	1000	10.95
长宁 H3-3	2784	3784	1000	4.9
长宁 H3-4	3100	4600	1500	水平井眼轨迹与长宁 H3-1、H3-2、H3-3 基本平行
长宁 H3-5	2770	4570	1800	
长宁 H3-6	3012	4522	1510	

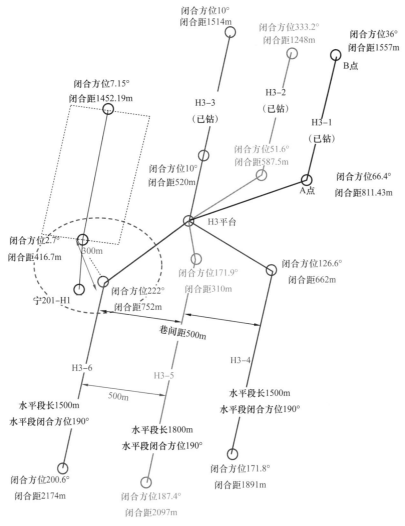

图6-3 平台钻井情况示意图

（三）轨迹穿行情况

H3-6井轨迹穿行情况如图6-4所示。

上半支共设计3口井（长宁H3-1、2、3），水平段箱体对应于宁201井龙马溪组2485.00～2495.00m，距龙马溪组优质页岩底界35m；下半支共设计3口井（长宁H3-4、H3-5、H3-6），水平段箱体对应于宁201井龙马溪组2505.00～2515.00m，距龙马溪组优质页岩底界15m；轨迹靠近优质页岩下部。

（四）随钻地质模型

A点井深3012m，B点井深4522m，水平段长1510m，箱体页岩钻遇率100%（图6-5）。

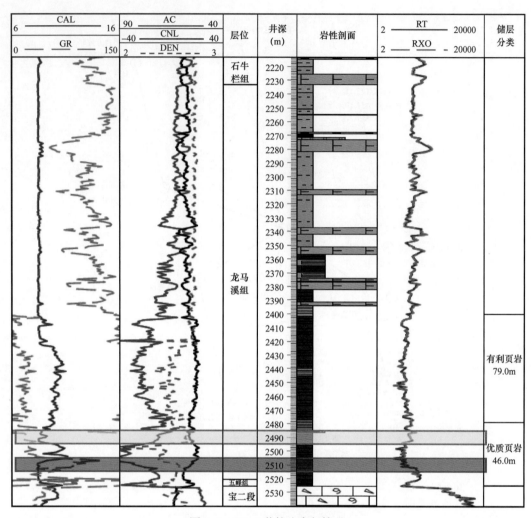

图 6-4　H3-6 井轨迹穿行情况

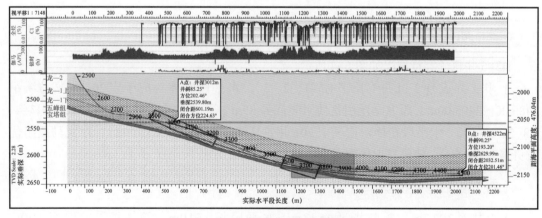

图 6-5　H3-6 井随钻地质模型图

（五）水平段分层综合解释

水平段分层综合解释见表6-3。

表6-3　水平段分层综合解释

层位	顶深（m）	底深（m）	厚度（m）	自然伽马（API）	补偿声波（μs/ft）	总有机碳含量（%）	吸附气含量（m³/t）	黏土含量（%）	解释结论
龙马溪组	2421.2	2506.6	85.4	110.2~162.1	63.6~78.3	0.9~1.9	0.1~0.2	22.7~32.3	页岩气层
龙马溪组	2506.6	2606.9	100.3	107.2~167.1	56.2~67.2	1.1~1.9	0.1~0.2	22.1~35.5	页岩差气层
龙马溪组	2697	2881	274.1	118.4~199.5	62.4~73.9	1.4~4.4	0.3~0.5	23.0~33.9	页岩气层
龙马溪组	2881	3249.5	368.5	118.4~186.1	62.0~69.4	1.2~1.7	0.2~0.4	23.9~32.0	页岩差气层
龙马溪组	3249.5	4460.1	1210.6	140.5~320.0	53.8~118.1	2.0~4.4	0.6~0.9	—	页岩气层

（六）完井管柱

完井管柱基本数据见表6-4。

表6-4　完井管柱基本数据

井号	套管尺寸（mm）	钢级	壁厚（mm）	下深（m）	抗内压（MPa）	抗外挤（MPa）	井筒试压（MPa）
长宁H3-4				4598.48			
长宁H3-5	139.7	BG125V	12.7	4568.91	137.2	156.7	105（设计试压）
长宁H3-6				4517.54			
长宁H3井组上半支	127	P110	11.1	2000m左右	102.5	121	1井、2井为82，3井为55
			12.14	完钻井深		131.1	

（七）固井质量

139.7mm套管固井质量：2380.0~3034.8m优、中，3034.8~3039.2m差，3039.2~3205.6m优、中，3205.6~3208.1m差，3208.1~3218.0m中，3218.0~3219.8m差，3219.8~3232.2m优、中，3232.2~3235.2m差，3235.2~3263.2m优、中，3263.2~3267.8m差，3267.8~3272.0m中，3272.0~3279.7m差，3279.7~3690.3m优、中，3690.3~3692.2m差，3692.2~4019.7m优、中，4019.7~4021.2m差，4021.2~4058.5m优、中，4058.5~4066.7m差，4066.7~

4082.8m 优、中，4082.8～4092.1m 差，4092.1～4093.8m 中，4093.8～4095.0m 差，4095.0～4468.7m 优、中。

二、前期施工情况

（一）历史分段和射孔方案

本井初期压裂施工相关分段和射孔方案见表 6-5。

表 6-5　本井初期压裂施工相关分段和射孔方案

序号	层位	井段（m）	方法	厚度（m）	枪型	弹型	孔密（孔/m）	压井液			人工井底及桥塞面（m）
								性质	密度（g/cm³）	液面（m）	
1	龙马溪组	4434.00～4435.50	油管传输	3.00	SQ-89	SDP35HM X25-2	13	清水	1.00	井口	4481.00
		4465.00～4466.50									
2	龙马溪组	4411.00～4412.00	电缆传输	3.00	SQ-89	SDP39HM X25-2	17	清水	1.02	井口	4422.00
		4385.00～4386.00									
		4355.00～4356.00									
3	龙马溪组	4333.00～4334.00	电缆传输	3.00	SQ-89	SDP39HM X25-4	17	清水	1.02	井口	4343.00
		4308.00～4309.00									
		4284.00～4285.00									
4	龙马溪组	4251.00～4252.50	电缆传输	3.00	SQ-89	SDP39HM X25-4	17	清水	1.02	井口	4263.00
		4217.00～4218.50									
5	龙马溪组	4185.50～4187.00	电缆传输	3.00	SQ-89	SDP39HM X25-4	17	清水	1.02	井口	4206.00
		4154.00～4155.50									

续表

序号	层位	井段（m）	方法	厚度（m）	枪型	弹型	孔密（孔/m）	压井液			人工井底及桥塞面（m）
								性质	密度（g/cm³）	液面（m）	
6	龙马溪组	4116.50～4118.00	电缆传输	3.00	SQ-89	SDP39HM X25-4	17	清水	1.02	井口	4138.00
		4085.00～4086.50									
7	龙马溪组	4052.00～4053.00	电缆传输	3.00	SQ-89	SDP39HM X25-4	17	清水	1.02	井口	4070.00
		4026.00～4027.00									
		4399.00～4000.00									
8	龙马溪组	3725.50～3727.00	油管传输	3.00	SQ-73	SDP33HM X18-1	17	清水	1.02	井口	3753.60（意外坐封）
		3691.00～3692.50									
9	龙马溪组	3657.00～3658.50	油管传输	3.00	SQ-73	SDP33HM X18-1	17	清水	1.02	井口	3752.00
		3623.00～3624.50									
10	龙马溪组	3547.00～3548.00	电缆传输	3.00	SQ-89	SDP35HM X25-4	17	清水	1.02	井口	3568.00
		3521.00～3522.00									
		3490.00～3491.00									
11	龙马溪组	3456.00～3457.00	电缆传输	3.00	SQ-89	SDP35HM X25-4	17	清水	1.02	井口	3476.00
		3431.00～3432.00									
		3399.00～3400.00									

续表

序号	层位	井段 （m）	方法	厚度 （m）	枪型	弹型	孔密 （孔/m）	压井液			人工井底 及桥塞面 （m）
								性质	密度 （g/cm³）	液面 （m）	
12	龙马溪组	3365.00～ 3366.00 3330.00～ 3331.00 3300.00～ 3301.00	电缆传输	3.00	SQ-89	SDP35HM X25-4	17	清水	1.02	井口	3379.00
13	龙马溪组	3274.50～ 3276.00 3243.00～ 3244.50	电缆传输	3.00	SQ-89	SDP35HM X25-4	17	清水	1.02	井口	3286.00
14	龙马溪组	3211.00～ 3212.50 3183.00～ 3184.50	电缆传输	3.00	SQ-89	SDP35HM X25-4	17	清水	1.02	井口	3230.00
15	龙马溪组	3150.00～ 3151.50 3120.00～ 3121.50	电缆传输	3.00	SQ-89	SDP35HM X25-4	17	清水	1.02	井口	3163.00
16	龙马溪组	3093.00～ 3094.50 3063.00～ 3064.50	电缆传输	3.00	SQ-89	SDP35HM X25-4	17	清水	1.02	井口	3105.00
17	龙马溪组	3030.00～ 3031.50 3002.00～ 3003.50	电缆传输	3.00	SQ-89	SDP35HM X25-4	17	清水	1.02	井口	3048.00
18	龙马溪组	2970.00～ 2971.50 2940.00～ 2941.50	电缆传输	3.00	SQ-89	SDP35HM X25-4	17	清水	1.02	井口	2983.00
合计		2940.00～ 4435.50		54.00							

（二）前期压裂施工情况

11 月 18 日下连续油管带 106mm × 1.00m 通井规通井至井深 4481.00m 无阻卡；注清洗液 28.0m³、清水 82.5m³ 洗井，进出口水性能一致，出口机械杂质小于 0.2%，用清水对全井筒试压 80.0MPa，经 15min 降至 50.0MPa，不合格，经请示甲方后同意继续进行射孔加砂压裂作业。

2015 年至 1 月 15 日 16：25 采用 104.8mm 可钻式桥塞 + 分簇射孔 + 分段加砂压裂联作工艺，对龙马溪组，井段 2930.00～4481.00m，分 18 段（因套管变形放弃设计第 8、9、10、11 段）进行加砂压裂改造，总厚度 1551.00m（实际压裂段长 1318.00m），总长度 1551.00m，总射厚 54.00m，施工总时间 3516min，高挤时间 3276min，挤入井筒总量 35086.18m³，挤入地层总量 35086.18m³，挤入地层净液量 35725.03m³，其中盐酸 308.46m³，滑溜水 12279.77m³，携砂液 15742.91m³，净携砂液 15137.13m³，顶替液 1780.23m³，胶液 4974.81m³，洗井液 863.98m³，30～100 目混砂 1672.53 × 10³kg（视密度 1081.25m³、真密度 605.78m³）。加砂过程中川庆物探公司进行微地震监测。

具体施工情况见表 6-6。

表 6-6　具体施工情况

全井压裂段次		1	2	3	4	5	6
压裂日期		12/1/2014	12/5/2014	12/6/2014	12/7/2014	12/8/2014	12/9/2014
压裂层位		龙马溪组					
井段（m）		4422.00～4481.00	4343.00～4422.00	4267.00～4343.00	4206.00～4267.00	4138.00～4206.00	4070.00～4138.00
完井方法		套管射孔完井					
桥塞井段（m）		4422.00～4422.48	4343.00～4343.48	4263.00～4263.48	4206.00～4206.48	4138.00～4138.48	
压裂方式		套管注入					
压裂液	胶液（m³）		303.77		380.11	280.01	345.58
	酸液（m³）	40.27	20.04	15.03	16.41	15.6	15.15
	滑溜水（m³）	1261.51	875.43	710.79	788.2	796.86	706.41
	携砂液 / 净携砂液（m³）	449.65/440.53	666.25/641.28	755.38/719.07	775.59/738.90	738.69/715.87	873.18/832.54
	顶替液（m³）	86.6	83.71	98.61	85.01	82.56	81.36
	压入总量 / 总净液量（m³）	1838.03/1828.91	1949.20/1924.23	1929.88/1893.57	2045.32/2008.63	1913.72/1890.9	2021.68/1981.04

续表

支撑剂	名称	秉阳陶粒					
	粒径（目）	100/30~70					
	压入数量（m³）	15.33	45.21	65.53	66.26	41.22	73.3
施工总时间（min）		290	214	171	184	184	190
纯挤时间（min）		273	199	168	169	160	175
施工参数	压力（最高、最低/一般）（MPa）	86.0、78.0/78.0~83.0	73.5、65.0/66.0~68.0	81.0、67.0/69.0~74.0	81.0、64.0/66.0~68.0	86.0、57.0/67.0~72.0	86.0、57.0/67.0~72.0
	破裂压力（MPa）	84.7	71.5	79.3	80.2	84.1	83.7
	排量（最高、最低/一般）（m³/min）	13.0、11.0/12.0~13.0	14.5、12.4/14.0	14.2、13.4/13.4~14.1	14.5、13.0/13.0~14.0	14.4、13.3/13.6~14.2	14.4、13.3/13.6~14.2
	砂浓度（最高、最低/一般）（kg/m³）	108、33/51	217、30/104	291、50/134	238、63/132	224、45/86	224、45/129
全井压裂段次		7	8	9	10	11	12
压裂日期		12/10/2014	1/9/2015	1/11/2015	1/11/2015	1/12/2015	1/12/2015
压裂层位		龙马溪组					
井段（m）		3989.00~4070.00	3670.00~3752.00	3568.00~3670.00	3476.00~3568.00	3379.00~3476.00	3286.00~3379.00
完井方法		套管射孔完井					
桥塞井段（m）		4070.00~4070.48	3752.00~3752.57		3568.00~3568.48	3476.00~3476.48	3379.00~3379.48
压裂方式		套管注入					
压裂液	胶液（m³）	349.99			257.44	350.14	305.09
	酸液（m³）	20.04	15.02	15	15.45	15.01	14.99
	滑溜水（m³）	652.84	863.48	727.28	672.72	476.64	575.52
	携砂液/净携砂液（m³）	927.05/885.31	1070.78/1034.56	1113.74/1077.05	881.21/844.63	775.66/746.40	934.83/899.25
	顶替液（m³）	80.74	100.99	101.3	100.9	234.17	100.42
	压入总量/总净液量（m³）	2030.66/1988.92	2050.27/2014.14	1957.32/1920.63	1927.81/1891.23	1851.62/1822.36	1930.85/1895.27

支撑剂	名称	秉阳陶粒					
	粒径（目）	100/30–70					
	压入数量（m³）	75.16	65.11	66.12	65.93	52.8	60.82
施工总时间（min）		180	197	181	185	183	186
纯挤时间（min）		165	195	165	170	168	172
施工参数	压力（最高、最低/一般）（MPa）	89.0、62.0/67.0～74.0	70.0、65.0/66.0～69.0	69.3、63.0/66.3～69.2	83.0、59.0/63.0～67.0	75.0、62.0/64.0～69.0	74.0、59.0/66.0～68.0
	破裂压力（MPa）	85.6	68.3	67.3	81.6	73.6	72.4
	排量（最高、最低/一般）（m³/min）	14.0、12.4/12.8～14.1	11.9、9.9/11.4～11.8	11.9、9.9/11.0～11.9	12.1、11.2/12.0～12.1	12.1、1.6/11.8～12.1	12.1、10.5/12.0～12.1
	砂浓度（最高、最低/一般）（kg/m³）	255、42/125	126、50/93	125、50/91	152、50/115	220、53/104	220、53/105
全井压裂段次		13	14	15	16	17	18
压裂日期		1/13/2015	1/13/2015	1/14/2015	1/14/2015	1/15/2015	1/15/2015
压裂层位		龙马溪组					
井段（m）		3230.00～3286.00	3169.00～3230.00	3105.00～3169.00	3048.00～3105.00	2983.00～3048.00	2930.00～2983.00
完井方法		套管射孔完井					
桥塞井段（m）		3286.00～3286.48	3230.00～3230.48	3163.00～3163.48	3105.00～3105.48	3048.00～3048.48	2983.00～2983.48
压裂方式		套管注入					
压裂液	胶液（m³）	350.73	349.86	300.23	350.02	350.27	351.5
	酸液（m³）	15.01	15.04	15	15.38	15.02	15
	滑溜水（m³）	548.44	526.22	581.37	479.18	432	604.88
	携砂液/净携砂液（m³）	980.89/946.08	1029.31/992.83	884.22/853.83	1021.62/981.22	964.97/927.34	899.89/860.35
	顶替液（m³）	80.62	100.13	100.76	100.24	100.79	61.23
	压入总量/总净液量（m³）	1975.69/1940.88	2020.56/1984.08	1881.58/1851.19	1966.44/1926.04	1863.05/1825.42	1932.50/1892.96

续表

支撑剂	名称	秉阳陶粒					
	粒径（目）	100/30~70					
	压入数量（m³）	56.13	65.86	54.75	72.78	67.77	71.17
施工总时间（min）		192	209	195	206	185	200
纯挤时间（min）		177	194	180	191	170	185
施工参数	压力（最高、最低/一般）（MPa）	83.0、65.0/67.0~70.0	83.0、61.0/67.0~73.0	85.0、66.0/68.0~76.0	81.8、64.0/65.5~70.4	82.0、66.0/66.0~68.0	85.0、65.0/66.0~71.0
	破裂压力（MPa）	80.9	81.2	82.5	80.8	82	83.5
	排量（最高、最低/一般）（m³/min）	12.1、11.7/11.8~12.0	11.4、10.9/11.3~11.4	11.9、11.1/11.2~11.3	11.4、10.9/11.2~11.3	12.2、11.9/12.0~12.1	11.8、10.3/11.4~11.8
	砂浓度（最高、最低/一般）（kg/m³）	140、57/98	140、57/98	123、58/94	187、51/109	193、59/108	187、56/121

应排液量：34480.40m³（挤入地层净液量）+1610.33m³（泵枪液量、清洗液总量）−365.7m³（钻塞累计排液）+45.77m³（井筒容积）=35770.8m³。

停泵记压降16min，井口压力58.8↓54.9MPa。

至2015年1月23日下50.8mm连续油管带108mm×0.26m、96mm×0.26m、92mm×0.26m磨鞋钻磨17个桥塞完；钻压2~5kN，泵压43.2~46.9MPa，排量0.40m³/min；出口用6~7mm油嘴控压排液，地层累计排液276.0m³。

至2015年3月13日16：00开套，分别用4~10mm油嘴经分离器、101.6mm丹尼尔压差式流量计装34.93mm孔板放喷排液，监测气量，向管网输气，套压33.5↓11.5MPa，出口股状液，累计排液6116.4m³，占应排量（35770.8m³）的17.10%，余液29654.4m³；其中1月24日22：00排液506.4m³，占应排量（35770.8m³）的1.42%，余液35264.4m³时经分离器出口点火燃，焰高1~4m，呈橘红色，瞬时气量（1.33~15.59）×10⁴m³/d，放空气量0.9854×10⁴m³，向管网累计输气量436.13×10⁴m³，本井合计产气量437.1154×10⁴m³。

2015年2月3日至2月9日用8mm油嘴经分离器，101.6mm丹尼尔压差式流量计装34.925mm孔板放喷测试，套压14.72~18.08MPa，平均套压16.32MPa，获气10.75×10⁴m³/d，获气10.75×10⁴m³/d。

2月9日23：00至2月11日14：15关井压力恢复，套压16.3↑35.7MPa（未稳）。

长宁H3-6井位地震事件点分布俯视图、侧视图如图6-6、图6-7所示。

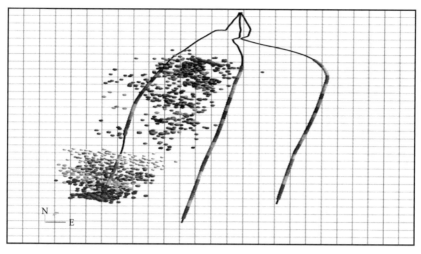

图 6-6　长宁 H3-6 井位地震事件点分布俯视图

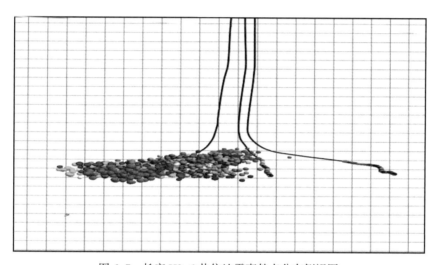

图 6-7　长宁 H3-6 井位地震事件点分布侧视图

本井组上半支 1～3 号井通过试油，测试获气（5.55～7.68）×10⁴m³/d（单井），下半支 4～6 号井通过试油，测试获气（10.75～27.4）×10⁴m³/d（单井），表明下半支储集条件好于上半支，本井组单井气产量最高为 4 号井 26.12×10⁴m³/d（图 6-8）。

（三）套管变形情况

本井在进行第七级施工之后，发生套变。在进行第八级压裂前，泵送射孔枪至 3589.40m 遇阻，泵压 43.0～54.0MPa，本次泵枪液量 54.0m³；上提电缆遇卡张力异常。开井排液解卡。开泵准备洗井，泵压 51.0↑95.0MPa 超压停泵。冲洗井筒后连续油管更换 106mm 通径规。下至井深 3585.50m 遇阻 20kN。连油更换 105mm 铅印，铅印下至井深 3585.50m 加压 10kN。2014 年 12 月 23 日，连油带 100mm 铅印下至井深 4071.00m，第六个桥塞位置，加压 15kN。铅印底部见直径 15mm，深度 1～2mm 圆形凹痕，侧面见 2 道

0.5mm 划痕。

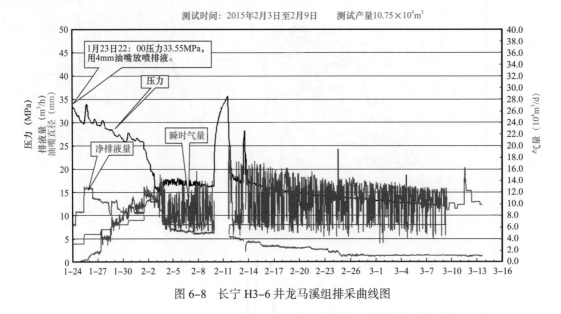

图 6-8　长宁 H3-6 井龙马溪组排采曲线图

2015 年 1 月 21 日，50.8mm 连油 93mm 铅印下至井深 3752.80m 遇阻加压 40kN（组合：93mm 铅印 0.17m+ 震击器 73mm×1.74m+ 丢手 73mm×0.51m+ 单流阀 73mm×0.42m+ 连油）。铅印底部平滑，侧面下端不规则磨损，外径最小磨损至 82mm。

由上述信息可判断，本井在约 3585m 附近出现套管变形，且变形后套管内径逐渐减小。后续施工中，使用井下工具在该深度以下施工，具有较高的遇卡风险。

（四）前期施工微地震数据分析

由微地震事件分布图 6-9 可见，压裂裂缝总体上沿北东 110° 方向发育（约北偏东 100°～120°），裂缝总长度约 1550m；总宽度约 1830m，覆盖全压裂段。

H3-4、H3-5 井第 1～13 段；H3-6 井第 1～7 段天然裂缝不发育，压裂产生裂缝基本沿着最大水平主应力方向延伸。H3-4 井和 H3-5 井之间存在两条天然裂缝（图 6-9 中黄线），但是对施工影响不大。H3-6 井和 H3-5 井之间存在破碎带（图 6-9 中红色框）和天然裂缝（图 6-9 中黄线）。

H3-6 第 8～18 级裂缝西侧的微地震事件较少（图 6-10），应该是真实反映了改造体积主要分布于裂缝东侧而裂缝西侧的改造效果不太理想的情况。

天然裂缝的响应在波形上表示为 S 波能量极强，与一般的微地震响应波形（图 6-11 右下角）对比，其 S 波能量要比 P 波大得多。此外，从图 6-11 上还可以看出，PS 波之间的时差（即图 6-11 中 P、S 之间的距离）随着监测距离的变化而变化，监测距离越远，PS 之间的时差越大。从原始波形中，已经可以大致了解到微地震响应的大概距离以及类型。

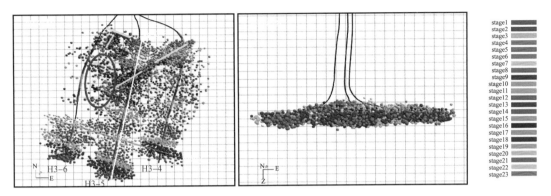

stage1
stage2
stage3
stage4
stage5
stage6
stage7
stage8
stage9
stage10
stage11
stage12
stage13
stage14
stage15
stage16
stage17
stage18
stage19
stage20
stage21
stage22
stage23

图 6-9　长宁 H3 平台南向三口井位地震事件点分布汇总图

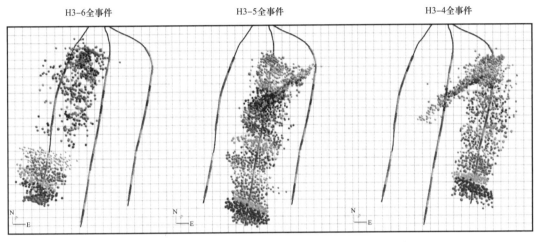

图 6-10　长宁 H3 平台南向三口井单井微地震事件点分布图

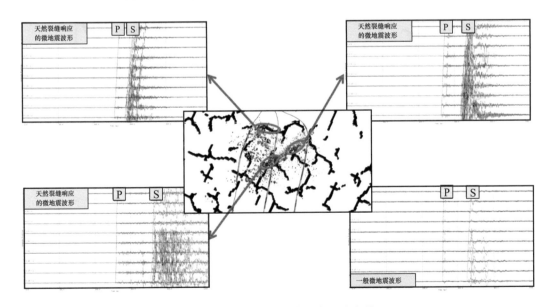

图 6-11　天然裂缝响应的微地震波形

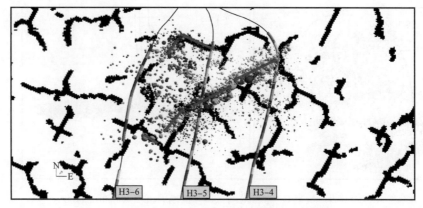

图 6-12　微地震事件分布与天然裂缝分布示意图一

由图 6-13 可知，在 H3-6 井第 8 段压裂时，微地震事件分布范围较广，部分能量较大的微地震事件与天然裂缝预测图 6-12 上横穿第 9 段位置的天然裂缝位置重合；在其后的第 9 段到第 12 段的压裂过程中，微地震响应较少，且基本分布在 H3-5 井和 H3-6 井中间，位于天然裂缝预测图 6-12 的几条天然裂缝中心的空白带；在第 13 段压裂时，微地震事件响应增加，分布规律与第 8 段类似，范围较广。

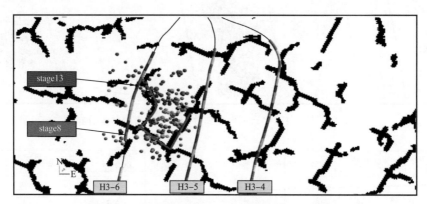

图 6-13　微地震事件分布与天然裂缝分布示意图二

其中，第 9 段与第 8 段之间没有打桥塞，在压裂时可以认为大量的液体和支撑剂从第 8 段流进地层，与第 8 段压裂时改造的位置区别不大，导致微地震事件响应不活跃；第 10 到第 12 段微地震几乎都分布在 H3-5 井和 H3-6 井中间，事件较少，分布较散，分析认为该区域可能为一破碎带，压裂较容易进行，新形成的破裂不多或能量较弱，导致没有接收到有效的微地震事件信号。另外，该区域从裂缝预测图上看位于几条天然裂缝内部，可能与该区域的应力关系较复杂有关。

由图 6-14 可知，从 H3-6 井第 15 段开始，压裂期间产生的微地震事件都在离射孔位置较远的第 18 段位置东侧，推测为天然裂缝受应力影响的响应。第 18 段压裂时，微地震事件沿着裂缝预测图上的裂缝延伸，与 H3-5 井第 23 段西侧的微地震事件有所重合。

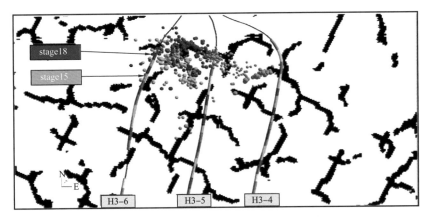

图 6-14　微地震事件分布与天然裂缝分布示意图三

在 H3-6 井第 9 段到第 12 段的压裂过程中，观测到的微地震活动较少，推测可能该区域为破碎带或受 H3-5 井对应位置天然裂缝影响，导致该区域无新破裂或破裂能量较弱而无法被接收。

表 6-7　微地震事件统计

压裂段	微地震事件个数	裂缝长（m）	裂缝宽（m）	裂缝高（m）	裂缝方位（°）	优质页岩下事件个数	优质页岩内事件个数	优质页岩上事件个数
h3-6stage1	78	西165，东115	86	110	北偏东110	34	43	1
h3-6stage2	65	西230，东195	105	100	北偏东115	14	35	16
h3-6stage3	73	西350，东150	125	110	北偏东120	17	45	11
h3-6stage4	40	西205，东185	130	110	北偏东120	6	26	8
h3-6stage5	57	西230，东240	140	100	北偏东105	12	38	7
h3-6stage6	44	西235，东230	120	110	北偏东115	11	29	4
h3-6stage7	116	西330，东270	190	120	北偏东105	46	64	6
h3-6stage8	41	西170，东300	80	85	北偏东110	27	14	0
h3-6stage9	30	—	—	—	—	23	5	2
h3-6stage10	36	340	80	120	北偏东32	23	11	2

续表

压裂段	微地震事件个数	裂缝长（m）	裂缝宽（m）	裂缝高（m）	裂缝方位（°）	优质页岩下事件个数	优质页岩内事件个数	优质页岩上事件个数
h3-6stage11	17	—	—	—	—	11	5	1
h3-6stage12	20	—	—	—	—	4	8	8
h3-6stage13	61	西220，东310	100	120	北偏东120	23	31	7
h3-6stage14	82	西250，东350	390	110	北偏东120	26	42	14
h3-6stage15	107	西60，东400	300	75	北偏东60	10	92	5
h3-6stage16	129	200	160	90	北偏东30	18	106	5
h3-6stage17	55	210	80	75	北偏东30	8	41	6
h3-6stage18	111	350	130	110	北偏东110	3	67	41
合计	1162					27.2%	60.4%	12.4%

在整个压裂过程中，虽然靠后的压裂段附近存在天然裂缝，但是每一段的微地震分布先是覆盖前一段的压裂区间，然后开始形成新的裂缝区域，最终形成了较好的复杂裂缝网络。

根据微地震事件分析的未改造区域示意如图6-15所示。

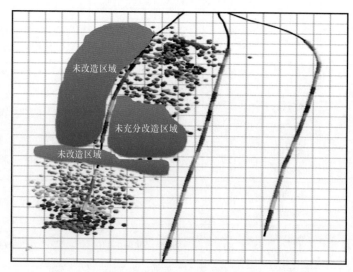

图6-15 微地震事件显示的未改造区域分布示意图

（五）前期压裂压力分析

第1～7段：净压力、摩阻分析和微地震监测一致显示裂缝形态相对简单；地质模型和裂缝形态拟合均显示天然裂缝相对不发育；综合分析认为水力裂缝整体上覆盖了改造层段，但裂缝复杂程度（裂缝表面积）略低，主裂缝导流能力较低。

原第8～11段：未压裂。

第8～11段（原第9～12段）：净压力、摩阻变化较大，第8、9段破压不明显，第10、11段施工后期压力升高；微地震显示不明显；地质模型显示有天然裂缝带穿过井筒。综合分析认为水力裂缝主要沟通天然裂缝带，改造效果不明显。

第12～18段（原第13～19段）：净压力逐步增大、摩阻系数高、变化大；微地震显示受水力裂缝受天然裂缝牵引形成较复杂的单边缝，同时挤占下一级裂缝空间，迫使裂缝。综合分析认为井筒东侧改造充分，西侧改造效果不明显。

三、重复压裂可行性分析

（一）邻井地质情况对比

相邻各井在各地层的占比情况见表6-8。

表6-8　相邻各井在各地层的占比情况

井号	五峰组占比（%）	龙一$_1^1$占比（%）	龙一$_1^2$占比（%）	1、2小层占比（%）	龙一$_1^3$占比（%）	龙一$_1^4$占比（%）	龙一$_2$占比（%）	平均距页岩底深度（m）	测试产量（10^4m³/d）
H6-2	26.56	2.66	60.82		9.96			8.9	7.25
H2-3				0			100.00	35	8.34
H2-6			80.00	80	20.00			13.7	10.4
H6-6			89.63	89.63	10.37			12.6	10.6
H3-6	7.28	3.31	23.18	26.49	66.23			14.7	10.75
H9-4	24	4	71	75				6.1	15.14
H3-5			11.11	11.11	88.89			17	15.43
H6-3	10.00	1.33	18.00	19.33	70.67			15.1	15.47
H6-5		1.33	84.67	86	14.00			8.9	16.52
H12-2	60.33	6	33.67	39.67					17.82
H2-7			33.33	33.33	66.67			16.4	18.52
H2-5	17.86	1.43	57.14	58.57	23.57			11.9	19.23

续表

井号	五峰组占比（%）	龙一$_1^1$占比（%）	龙一$_1^2$占比（%）	1、2小层占比（%）	龙一$_1^3$占比（%）	龙一$_1^4$占比（%）	龙一$_1{}_2$占比（%）	平均距页岩底深度（m）	测试产量（10^4m³/d）
H2-2			50.00	50	26.17	23.83		18	21.02
H3-4	8.67	3.33	11.33	14.66	76.67			15	27.4
H6-4	36.67	8.00	28.67	36.67	26.67			8.8	30.6
H12-1	63.33	36.67		36.67					35

由表 6-8 可见，H3-6 井在 H3 平台南向各井中，龙一$_1^3$的占比最低，从测试产量来看，H3-6 井的测试产量也远低于同平台的各井，且在相邻各平台的范围内，也属于较低产的气井。储层各小层占水平段比例比较如图 6-16 所示。

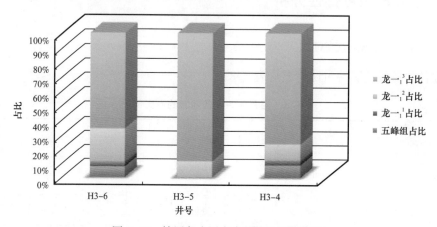

图 6-16　储层各小层占水平段比例比较图

从 H3 平台南半支各井物性差异不大，且从三维地质模型的过井剖面来看，H3-6 水平段巷道全部在优质页岩层段（图 6-17）。

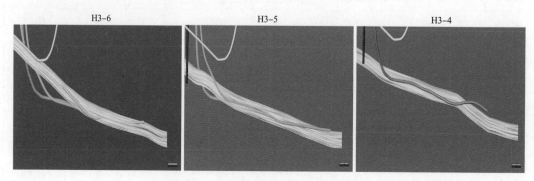

图 6-17　三维地质模型的过井剖面比较

TOC 比较：从各小层的 TOC 横向展布上看，H3-6 井在五峰组物性稍差，其他优质层位物性相当（图 6-18）。

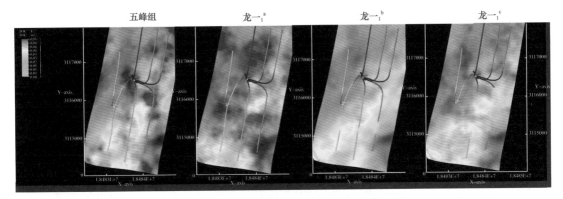

图 6-18　H3 平台南向各井各小层 TOC 分布图

孔隙度比较：从各小层总孔隙度横向展布上看，H3-4 井略好；H3-6 井西侧物性较好（图 6-19）。

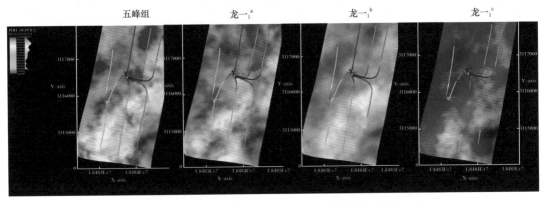

图 6-19　H3 平台南向各井各小层孔隙度分布图

天然裂缝分布比较：从各小层的天然裂缝横向展布上看，各层情况基本一致（图 6-20）。

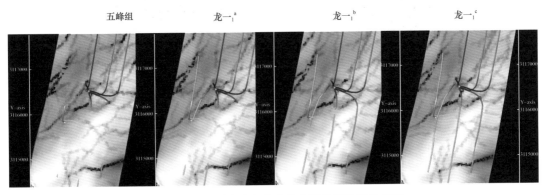

图 6-20　H3 平台南向各井各小层天然裂缝分布图

结合上述物性分布分析，H3-6井所处储层为优质页岩储层，H3-6井于邻井项比较，储层物性相差不大，从储层物性判断，H3-6井具有较高的产气能力。

（二）前期改造情况与地质情况综合分析

H3-6井所在平台南向各井均进行了微地震监测，借助监测结果，可定性分析前期施工队储层的改造情况。

从微地震事件横向分布来看，H3-4、H3-5井改造较充分，而H3-6井未充分改造到主要层位物性较好的区域，这也一定程度上解释了H3-6井产量远低于邻井的原因（图6-21）。

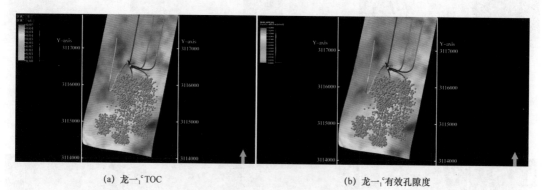

(a) 龙一$_1^c$ TOC　　　　　　　　　　　　　　(b) 龙一$_1^c$ 有效孔隙度

图 6-21　邻井地质与改造情况对比图

H3-6井靠近A点水平段西侧受到天然裂缝带阻挡，未能有效延伸（图6-22）。

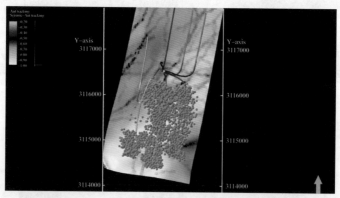

图 6-22　H3平台南向各井微地震事件叠合蚂蚁体追踪图

从纵向上看微地震事件，水力裂缝充分覆盖了优质层段，并向上延伸到龙一$_2$的中部，H3-4、H3-5井在靠A点附近沟通到天然裂缝带，微地震事件在宝塔组有高能级响应，H3-6井水平段中部缝高未延伸到龙一$_2$，并向下延伸到宝塔组，推测有效缝高可能未充分覆盖优质层段（图6-23）。

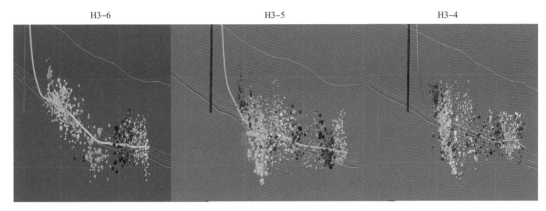

图 6-23　H3 平台南向各井微地震事件分布侧向图

对微地震事件的能级分布分析可帮助确定微地震事件的类型。B 值（能级分布）分析表示 H3-6 井第 1～7 段裂缝形态相对简单（$b>1$），第 8～12 级、第 13～18 级的裂缝都为典型沟通到天然裂缝的能级分布反应（$b=1$）（图 6-24）。

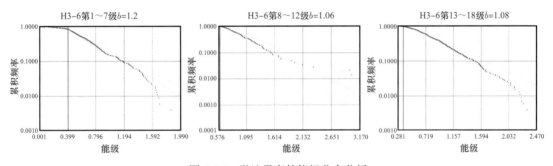

图 6-24　微地震事件能级分布分析

基于上述分析可见，H3-6 井前期施工由于受到天然裂缝分布的影响，对储层的改造不充分，与储层的接触面积相对较小，较多的储层并未获得改造，难以与井筒实现较有效的连通。因此，如进行重复压裂使新的水力裂缝沟通到未被改造的区域，则有较大的可能性获得产量的显著提升。

（三）前期施工情况比较

在对 H3 平台南向各井的施工过程中，三口井的液量相当，H3-6 井各级平均净液量略大，但是 H3-4、H3-5 井各级平均砂量达到 77m³（116t）；H3-6 井只到达 60m³（91t）H3-6 井的一般砂浓度和最高砂浓度都较低（图 6-25）。

（四）生产情况分析

通过对 H3-6 井生产情况分析（图 6-26），结合生产动态拟合结果，说明投产初期生产压差过大，部分裂缝在生产压差扩大，作用在裂缝上的有效应力增加时已经闭合，但具体是哪部分裂缝需要生产测井进行验证。

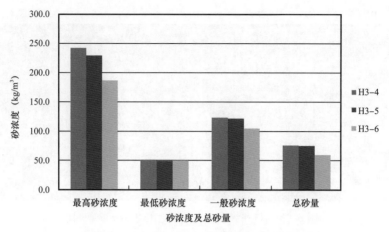

图 6-25　H3 平台南向各井施工数据比较

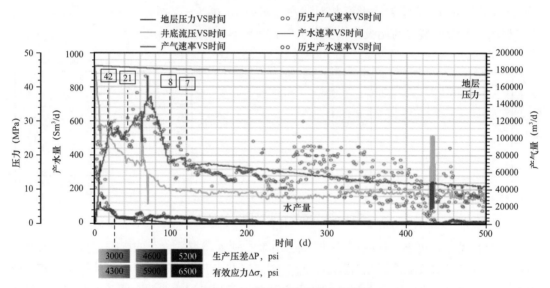

图 6-26　H3-6 井生产情况动态拟合图

（五）H3-6 井重复压裂潜力及可行性分析结论

H3 南半支物性整体较稳定，各井物性差异总体不大，但优势区域、层位略有不同。

H3-6 井油藏质量与邻井（H3-4）相当，邻井 1.5 年累产达到 $5000 \times 10^4 \text{m}^3$ 以上，目标井 1.5 年累产只有 $3000 \times 10^4 \text{m}^3$。

H3-4、H3-5 井裂缝形态受天然裂缝影响较小；H3-6 井因天然裂缝影响未改造到靠近 A 点西侧的优势区域；中部各级也推测因天然裂缝诱导（目前应力情况不明），向下延伸到宝塔组，未充分覆盖优质层位

H3-6 井加砂规模较小，最高砂浓度较低，在同样生产制度的情况下，裂缝对有效应力的耐受力较低。

综上判断，H3-6 井具有重复压裂改造潜力，目标层段重点在水平段中部和后部西侧，水平段中部主要解决在纵向上支撑裂缝对优质层位的充分覆盖和沟通，确保覆盖到整个优质层位（五峰、龙一₁）；水平段后部主要解决在横向上突破西侧天然裂缝带的影响，改造到优势区域，覆盖未改造到的优势区域（2940～3300m 西侧、3300～4000m）。

在重复压裂的施工过程中，在整个水平段已射孔压裂后，如何有效封隔各级；如何应对天然裂缝的影响，优化裂缝形态；以及如何加强已有裂缝的导流能力，将会直接影响到最终产量提升的效果。

四、压裂工程设计

（一）H3-6 井目前生产情况简介

压裂井段：2940.0～4435.5m，合计 42 簇，设计压裂 22 段，因套变实际压裂 18 段，17 个桥塞全部钻除，但因套变最后 4 个桥塞使用 92mm 磨鞋钻除（需要确定套变的具体深度）。目前，气产量：$3.3 \times 10^4 \text{m}^3/\text{d}$，产水量：$12\text{m}^3/\text{d}$，井口压力：4MPa。

（二）问题诊断

H3-6 井各压裂段可能存在的问题见表 6-9。

表 6-9　H3-6 井各压裂段可能存在的问题

压裂段	特点	可能存在的问题
第 1～7 段	裂缝形态较简单，导流能力较差； 地层应力较高，裂缝容易闭合	裂缝复杂度不高； 未强调主缝和近井筒沟通
第 8～11 段	未压裂	未动用
第 12～16 段	裂缝形态较复杂，但集中在井筒东侧； 微地震数据点较少，改造效果存在不确定性	存在未动用的区域
第 17～22 段	裂缝形态较复杂，净压力高，各段裂缝相互沟通，但改造范围集中在井筒东侧	井筒西侧存在未动用的区域

（三）改造策略

H3-6 井各压裂段改造策略见表 6-10。

表 6-10　H3-6 井各压裂段改造策略

压裂段	改造策略	工艺
第 1～7 段 （方案一）	使用原规模 20% 的低黏液体（<2cP），适度增加裂缝复杂度；使用原规模 30% 的压裂液造主缝	低黏滑溜水；压裂液
		近井筒暂堵工艺

续表

压裂段	改造策略	工艺
第8~11段（方案二）	按原设计规模；其中40%使用压裂液提高砂比，强调主缝	连续油管射孔；压裂液；近井筒暂堵工艺
第12~16段（方案三）	按原设计80%规模；其中40%使用压裂液提高砂比，强调主缝	压裂液；缝内暂堵工艺
	如裂缝一直向东延伸，采用缝内暂堵工艺转向	近井筒暂堵工艺
第17~22段（方案四）	按原设计70%规模；其中30%使用压裂液提高砂比，强调主缝	压裂液；缝内暂堵工艺；近井筒暂堵工艺
	如裂缝向东延伸，立即采用缝内暂堵工艺转向	

（四）重复压裂实施主要工序及作业周期

与重复压裂相关的主要工序如下：

（1）生产测井；

（2）补孔；

（3）压裂＋实时微地震监测；

（4）返排试气；

（5）重复压裂后生产测井。

各工序所需要的施工时间及作业周期根据现场施工情况判断。

1. 重复压裂前生产测井施工方案

生产测井技术要求如下：

（1）在气量较小（2~3m³/d）并有一定产水的情况下，确保测量准确；

（2）能够根据实时数据判断井下工具的状态确保数据的完整和准确性。

生产测井作业工序如下：

（1）通井：

① 确定连续油管能够下放到人工井底；

② 确定连续油管能够顺利通过套变位置；

③ 确认井筒内无杂物对测井工具造成伤害；

④ 如在套变处遇阻无法通过将放弃套变以下产层的测试，以套变位置为井底进行测试。

（2）生产测井：

① 按照设计的速度在产层内上提下放连续油管录取产量数据；

② 根据实时传输的数据判断井下工具的状态确保数据的完整和准确性；

③ 根据现场施工的状况确定连续油管需要上提下放的次数；

④ 通井工具最大外径73mm将能够通过套变缩径位置。通井工具为一根强磁，有利于打捞井筒内桥塞的钻磨碎屑，保证测井数据的质量。

2. 补孔方案

技术要求：

（1）采用连续油管传输火力射孔；

（2）采用 73 枪，89 弹，16 孔 /m，相位 60。

对以下井段补 6 簇射孔，补射孔方案见表 6-11。

表 6-11　补射孔方案

射孔位置（m）	簇长（m）	簇间距（m）
3585.5～3587	1.5	45
3770～3771.5	1.5	58
3844～3845.5	1.5	44
3872～3873.5	1.5	48
3920～3921.5	1.5	56
3976～3977.5	1.5	23

3. 微地震实时监测

技术要求：

（1）可以在微地震事件发生后 1min 内进行实时定位和显示；

（2）可以与地质模型、压裂模型同一软件平台进行综合实时解释显示，指导现场实时诊断。

4. 重复压裂技术要求

1）暂堵思路

液体会先进入低地应力层段，由于各段生产情况不明，目前地层的应力情况不确定，分段具有不确定性，很可能原分段中相邻的几段会合并成一级进行施工。对已重复压裂或原施工改造很充分的层段，在持续进液的情况下要保证暂堵。逐步加大暂堵剂用量，总转向次数预计在 19～27 次。H3-6 预计施工压力如图 6-27 所示。

2）压裂材料及关键设备技术要求

（1）暂堵剂技术要求。

① 暂堵材料依靠颗粒级配实现裂缝暂堵，材料至少由 3 种及以上尺寸构成。

② 为保证水平段上下方孔眼均匀填充暂堵剂，暂堵材料在沉降时应具有良好的体系结构稳定性，20g 暂堵材料均匀混合在 500mL 清水中，沉降速度（以材料主体顶部距离液面为准）不得超过 1cm/min，暂堵材料整体稳定性较好。

③ 分散稳定性，20g 暂堵材料在 500mL 量筒水中搅拌后呈均匀分散状，静置 30min 后，暂堵材料无明显分层现象。

④ 95℃清水 10h 溶解量≤10%，120h 溶解量≥80%。

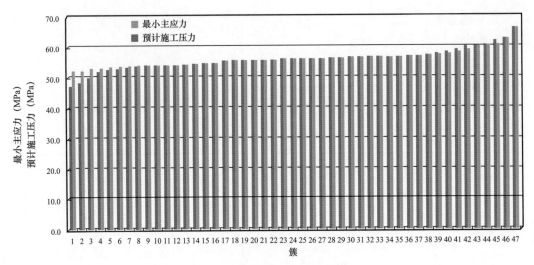

图 6-27　H3-6 井各簇重复压裂预测施工压力

⑤通过微地震实时监测结果，暂堵剂通过水平段进入地层后可以进行有效暂堵转向。

⑥需要现场配套专用高压泵注设备（可泵注粒径不低于 3mm 的暂堵材料）和暂堵材料专用在线批量混合设备，保证暂堵材料输送浓度稳定。

（2）滑溜水技术要求。

①满足重复利用要求：10%$CaCl_2$ 溶液降阻率大于 70%。

②低伤害性：CST<1.0，无结垢趋势，岩心渗透率保持率>90%。

③环保性：生物毒性 EC50>1000000。

④滑溜水表面张力≤25mN/m，界面张力<2.0。

⑤黏度小于 2mPa·s。

⑥满足在线混配。

（3）胶液技术要求。

①表面接触角在 60° 以上。

②具有较好的降阻性能，减阻率达到 70%，在与滑溜水切换的过程中，无明显压力波动。

③黏度 20～30mPa·s，可实时加入交联剂，调整为交联胶液或延时交联胶液体系，以适应现场施工情况的变化。

④配套在线配制设备，排量不低于 14m³/min，胶液出口水化率大于 80%。

（4）支撑剂技术要求。

①粉砂（70/140 目石英砂）。

球度≥0.6，圆度≥0.6；体积密度≤1.65g/cm³，视密度≤3.0g/cm³；浊度 FTU≤100，酸溶解度≤7.0%；闭合压力 35MPa 时，破碎率≤8.0%。

②40/70 目陶粒。

球度≥0.8，圆度≥0.8；体积密度≤1.55g/cm³，视密度≤2.8g/cm³；浊度 FTU≤100，酸溶解度≤7.0%；闭合压力 69MPa 时，破碎率≤9.0%。

（5）关键设备技术要求。

① 暂堵材料批量混合设备。

可在线按暂堵剂加注浓度混合暂堵材料；设备容量不低于10m³；保证暂堵材料按设计浓度均匀输送。

② 暂堵材料高压泵注设备。

额定限压103MPa；满足较大粒径（不低于3mm）暂堵材料的高压泵注能力，排量不低于 1m³/min。

③ 胶液在线混配设备。

保证胶液出口水化率大于80%；供给排量不低于14m³/min。

5. 动态分级泵注方案

分级泵注方案见表6-12。

表6-12　分级泵注方案

步骤	操作
1	在一级施工尾追高砂比阶段顶替进入地层后，停泵约20～30min，地表管线切换至转向施工模式
2	以 1m³/min 排量泵入 2m³ 隔离液（基液＋可降解纤维）
3	以 1m³/min 排量泵入 1m³ 暂堵剂（基液＋可降解纤维＋100～600lb 暂堵颗粒）
4	以 1m³/min 排量泵入 2m³ 隔离液（基液＋可降解纤维）
5	泵入适量清水（1～2m³）以确保地面设备中没有暂堵剂残留
6	地表管线切换到正常施工模式，有压裂队以小于 3m³/min 排量顶替；待暂堵剂进入水平段后，降低排量至 1m³/min，以进行暂堵剂挤入。暂堵剂进入地层后，观察压力反应和微地震事件
7	重复 2～5 步，调整暂堵剂用量
8	进行下一级施工

6. 排液、测试

压裂后用地面测试流程进行排液、测试气产量，时间30天左右。本井地层压力较低，如果压裂后不能自喷，则下油管后用增压机气举排液、测试，压裂后生产测井是否进行待定。

根据H3-6井前期生产情况，当井口压力在10MPa左右时出现产量迅速衰减，此时关键生产压差约为20MPa，即井底流压控制在26MPa以上。

在压裂后初期排液过程中，因水量快速减少，仅控制井口压力稳定会导致井底流压大幅降低（可达20MPa）。此时裂缝内的生产压差和作用在裂缝上的有效应力会快速大幅增加，导致裂缝失去有效导流能力，引起产气量快速降低。

返排和初期生产过程中，需要根据产水量调节油嘴大小，控制井底流压。

7. 重复压裂后生产测井施工方案

生产测井技术要求如下：在水量基本稳定后进行水平井生产测井，预计气量15～20m³/d，水量 10～30m³/d，确保测量准确。能够根据实时数据判断井下工具的状态确保数据的完整和准确性。

（五）现场施工准备

1. 井场准备

由于滑溜水施工排量大、用液量大，现场准备要求较高，现场需要准备足够的面积排放施工车辆和使用液体。

按照目前的施工规模，现场需要摆放压裂车组及相关施工设备等大型车辆 24～30 辆，因此对井场面积有一定要求，需要压裂队伍对井场进行踏勘，确定井场平整及设备摆放。

按照该区块经验计算压裂返排液量，并根据此液量联系相关废液处理单位和废液的运输。

2. 道路准备

该压裂施工需要准备大型压裂车组和连续油管设备，此类车辆的重量接近 30t，因此需要对进场道路进行踏勘和整理准备，保证大型车辆可以顺利通过。

根据前期现场勘察，现场道路情况良好，其余道路没有弯道受限的地方，16m 拖车能顺利通过。

3. 水源准备

为保证施工顺利，需要利用充足供液能力的水源。施工过程中，液体消耗可能会达到 16m³/min，为保证连续施工要求，每天需供水 6000m³，现场准备 2000m³ 以上水罐，备水速度不小于 8m³/min。

4. 排污设施

排污设施：井场配备能容纳所有施工液体的排污坑池和排水明渠，以保证所有液体都能排入坑池内，不污染环境。现有排污池容量不具备此条件，因此需要做好随时转运返排液的准备。

5. 压裂设备

1）关键特种设备清单

（1）暂堵材料批量混合设备 1 台。

① 可在线按暂堵剂加注浓度混合暂堵材料；② 设备容量不低于 10m³；③ 保证暂堵材料按设计浓度均匀输送。

（2）暂堵材料高压泵注设备 1 台。

① 额定工作压力 103MPa；② 满足较大粒径（不低于 3mm）暂堵材料的高压泵注能力，排量不低于 1m³/min。

（3）胶液在线混配设备 2 台。

① 保证胶液出口水化率大于 80%；② 供给排量不低于 14m³/min。

2）主要压裂设备清单

现场最高施工排量 12m³/min，按照 75MPa 施工压力计算，所需水马力为 20340HHP，按照单台车 2000HHP，泵效 80% 计算，共需泵车 15 台。主要压裂设备清单见表 6-13。

表 6-13　主要压裂设备清单

编号	名称	规格型号	备注
1	高压泵车	2250HHP	15 台 +2 台待命
2	混砂车	提供最大量程不超过 30L/min、100L/min 液添泵各 1 个	1 台
3	仪表车		2 台
4	不锈钢罐	3~5m³	3 个
5	地面液罐		足量，满足施工要求
6	酸罐		1 具
7	低压管线		足量，满足施工要求
8	高压管线		足量，满足施工要求
9	低压管汇		足量，满足施工要求
10	高压管汇		足量，满足施工要求
11	高压压力通道		2 个
12	吊车	25t 和 75t	3 台
13	供电装置	220V 和 380V	1 套
14	夜间照明系统		1 套
15	工具房		1 套
16	柴油罐	20t	2 个

6. 压裂材料准备

压裂材料清单见表 6-14。

表 6-14　压裂材料清单

类型	滑溜水（m³）	胶液（m³）	液量小计（m³）	粉砂（t）	40/70 目低密陶粒（t）	单段砂量（t）
设计量（22 级）	13600	10550	24150	265.2	1934.55	2199.75
准备量（30% 余量）	17680	13715	31395	344.76	2514.915	2859.675

注：为防止近井筒压力过高，现场备用盐酸 40m³。

五、产量预测与经济性分析

（一）产量预测

（1）初次压裂 500 天起至未来三年产量预测。

本井初次压裂后产量拟合数据如图 6-28 所示，其中 500 天后的产量为基于前期生产情况以及衰减情况的预测，见表 6–15。从投产 500 天后起算，一年内累计产量约为 $1242 \times 10^4 \mathrm{m}^3$；1.5 年累计产量约为 $1700.4 \times 10^4 \mathrm{m}^3$；3 年内累计产量约为 $3064.4 \times 10^4 \mathrm{m}^3$。

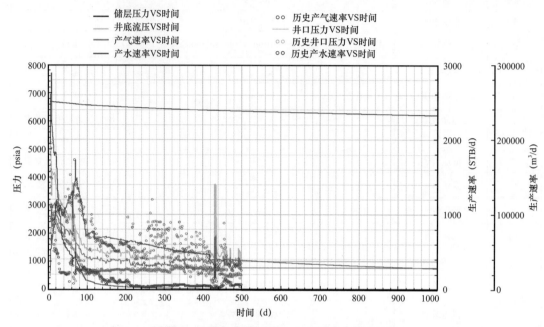

图 6–28　初次压裂 500 天至未来三年产量预测图

表 6–15　初次压裂 500 天至未来三年产量预测表

生产时长（d）	500	600	700	800	900	1000
日产气量（Sm^3/d）	38974.68	35791.62	33317.45	31242.47	29450.45	27890.7
生产时长（d）	1100	1200	1300	1400	1500	1600
日产气量（Sm^3/d）	26530.8	25361.1	24359.9	23515.7	22815.4	22392.7

（2）重复压裂后至未来三年产量预测。

基于对本井所在区块储层的认知，在本井前期生产的基础上，对本井重复压裂后产量提升情况进行预测。由于产量影响因素复杂繁多，最终重复压裂施工后产量存在一定不确定性，因此分别对普通重复压裂效果（增产下限）与较好状态下重复压裂效果（增产上限）分别进行分析计算，实际未来三年累计增产量在此区间以内。

两种产量测算分别基于储层物性和不同的裂缝开启数目进行预测。根据对本区块储层物性的判断和产量衰减曲线的分析，判断压裂后裂缝开启的数量极大地影响各井的最终产量。裂缝开启数量影响因素包括压裂过程中产生的水力裂缝数量，各级施工末尾阶段支撑及对近井地带的堆积情况，生产过程中由于井地压差造成的裂缝闭合等情况。当前其施工中产生较多的裂缝，则可以更好地沟通储层，为储层内的油气资源提供流通通道。压裂施工结束后，地层闭合过程中，只有在施工末尾支撑剂对近井地带有较好的填充的情况下，近井地区的裂缝封口闭合才能够被减缓或避免，从而保留流体通路。后续生产过程中，如果井地生产压差较大，则有可能由于流体通过造成近井地带支撑剂被携带，无法继续克服储层的闭合应力，从而造成裂缝封口的闭合，导致流体通道减少，从而影响最终产量。结合上述因素，对本井重复压裂产能较优情况或普通状态进行评估。

① 在普通重复压裂效果（增产下限）下，对最低重复压裂后产量进行预测，结果如图 6-29、表 6-16 所示。

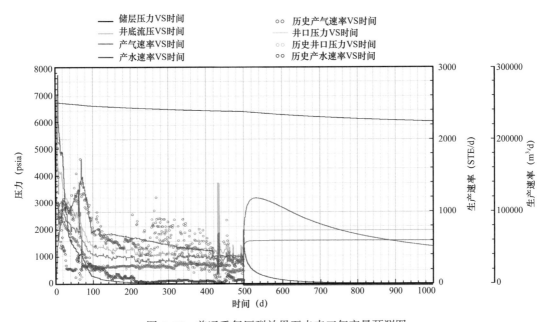

图 6-29 普通重复压裂效果至未来三年产量预测图

表 6-16 普通重复压裂效果至未来三年产量预测表

生产时长（d）	500	600	700	800	900	1000
日产气量（Sm³/d）	73812.6	106446.3	83155.96	68785.82	59368.7	52598.28
生产时长（d）	1100	1200	1300	1400	1500	1600
日产气量（Sm³/d）	47227.87	42657.45	38587.04	35582.04	33065.04	30959.04

图中，500 天后的产量为基于普通重复压裂效果进行评估。从投产 500 天后重复压裂起算，一年内累计产量为 $3251.2 \times 10^4 \mathrm{m}^3$；1.5 年累计产量为 $4016.2 \times 10^4 \mathrm{m}^3$；3 年内累计产量为 $6148.9 \times 10^4 \mathrm{m}^3$。

② 在较好重复压裂效果下，对重复压裂后产量进行预测，结果如图 6-30、表 6-17 所示。

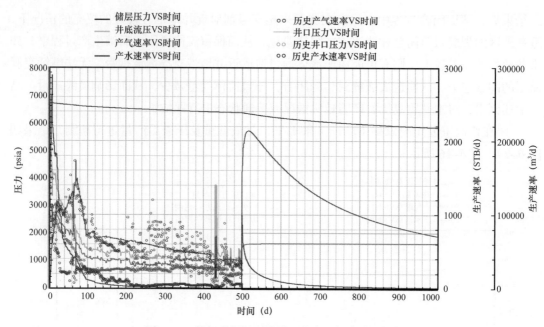

图 6-30 较好重复压裂效果至未来三年产量预测图

表 6-17 较好重复压裂效果至未来三年产量预测表

生产时长（d）	500	600	700	800	900	1000
日产气量（Sm³/d）	158756.07	166089.59	123726.34	98570.83	82326.31	70994.74
生产时长（d）	1100	1200	1300	1400	1500	1600
日产气量（Sm³/d）	61982.6	55149.3	50398.9	46994	44737.74	43234.2

图中，500 天后的产量为基于较好重复压裂效果进行评估。从投产 500 天后重复压裂起算，一年内累计产量约为 $5107.8 \times 10^4 m^3$；1.5 年累计产量约为 $6188.7 \times 10^4 m^3$；3 年内累计产量约为 $8969 \times 10^4 m^3$。

（二）产出经济性分析

本井自 2015 年 1 月 26 日投产，按照 2017 年 1 月份重复压裂开始计算，天然气价格自 2017 年起以 1188 元 /1000m^3（不含税）计算，2017—2018 年页岩气国家补贴为 300 元 /1000m^3，2019 年起，页岩气国家补贴为 200 元 /1000m^3 计算。

以普通重复压裂效果计算，2017 年重复压裂带来累计产量提高为 $2009.2 \times 10^4 m^3$，2018 年累计增产为 $631.1 \times 10^4 m^3$，2019 年累计增产为 $444.2 \times 10^4 m^3$。

以较好重复压裂效果计算，2017 年重复压裂带来累计产量提高为 $3865.8 \times 10^4 m^3$，2018 年累计增产为 $1158.9 \times 10^4 m^3$，2019 年累计增产为 $879.9 \times 10^4 m^3$。

结合各年度气价计算，普通重复压裂效果（增产下限）下，三年累计可实现增收 4520.6 万元，在较好重复压裂效果下，三年累计可实现增收 8650.8 万元（表 6-18）。

表 6-18　各年度产出经济性评价

年度	气价（元）	普通重复压裂效果（下限）		理想的重复压裂效果（上限）	
		年度累计增产气量（$10^4 m^3$）	年度累计实现增收（万元）	年度累计增产气量（$10^4 m^3$）	年度累计实现增收（万元）
2017	1.48	2009.2	2973.616	3865.8	5721.384
2018	1.48	631.1	934.028	1158.9	1715.172
2019	1.38	444.2	612.996	879.9	1214.262
3 年累计		3084.5	4520.6	5904.6	8650.8

（三）工程投资成本分析

按方案工作量及各单项限价测算全部投资成本最高为 3695 万元，实际工程成本低于测算费用（表 6-19）。

表 6-19　成本分析

序号			项目		数量	金额（千元）			备注
一	1		动迁费		560km	397			滑溜水、胶液连续混配
	2		配液费		24150m³	3331			
	3		测试压裂费		0	0			
	4	①	加砂压裂费	首层（段）	1 层（段）	849	3105	11595	34950
		②		分层（段）	21 层（段）	2256			
	5	②	工具及材料	油料	147t	952	4139		按定额测算
				配件材料	35 车·时	3186			
				井下工具	0	0			
	6		运输费			0			
	7		其他费用			254			
	8		连续油管作业费用			0			
	9		液氮助排费用			0			
	10		射孔		6 簇	213			
	11		二级转水泵			156			

（压裂工程施工（定额））

续表

序号		项目	数量	金额（千元）		备注
二	1	甲控费用	地面改造	1 次	1000	12165	34950	
	2		排液测试（含增压气举）	1 次	1200		
	3		生产测井	2 井次	2000		
	4		井下微地震监测	1 井次	1250		
	5		甲供粉砂	265.2t	265		
	6		甲供陶粒	1934.55t	4449		
三	1	重复压裂技术服务	压裂设计及压后评估	1 次	300	13190		限价 30 万元
	2		暂堵转向（含材料及配套设备）	21 级	6510			限价 31 万元 / 级
	3		清洁滑溜水	15000m³	1485			准备 $1.5 \times 10^4 m^3$，限价 99 元 /m³
	4		低伤害胶液	11000m³	4895			准备 $1.1 \times 10^4 m^3$，限价 445 元 /m³
四	1	未来三年操作成本	普通重复压裂效果操作成本	$30845 \times 10^3 m^3$	6169	17978.2		按增产 $30845 \times 10^3 m^3$，200 元 / $10^3 m^3$ 测算
	2		理想重复压裂效果操作成本	$59046 \times 10^3 m^3$	11809.2			按增产 $59046 \times 10^3 m^3$，200 元 / $10^3 m^3$ 测算
五		普通重复压裂效果工程成本			41119		
六		理想重复压裂效果工程成本			46759.2		

（四）投资回报率分析

三年投资回报率 =（三年累计收益 – 工程投资成本）/ 工程投资成本。

（1）普通重复压裂效果下（增产下限）4520.6 万元，在较好重复压裂效果下，三年累计可实现增收 8650.8 万元。

投资 4111.9 万元，三年累计可实现增产 $3084.5 \times 10^4 m^3$，增加产值 4520.6 万元，在现有基础上增加利润 408.7 万元；三年投资回报率为 9.94%。

（2）在较好重复压裂效果下，投资 4675.9 万元，三年累计可实现增产 $5904.6 \times 10^4 m^3$，增加产值 8650.8 万元，在现有基础上增加利润 4955 万元，三年投资回报率为 85%。

参 考 文 献

［1］高秋菊，谭明友，张营革，等.陆相页岩油"甜点"井震联合定量评价技术——以济阳坳陷罗家地区沙三段下亚段为例［J］.油气地质与采收率，2019，26（1）：165–173.

［2］廖东良，路保平，陈延军.页岩气地质甜点评价方法——以四川盆地焦石坝页岩气田为例［J］.石油学报，2019，40（2）：144–151.

［3］Lei Qun，Weng Dingwei，Luo Jianhui，et al. Achievements and future work of oil and gas production engineering of CNPC［J］. Petroleum Exploration and Development，2019，46（1）：145–152.

［4］邓宇，陈胜，欧阳永林，等.川西南威远地区页岩气效益"甜点区"地震综合预测方法及其应用［J］.大庆石油地质与开发，2019，38（2）：112–122.

［5］王香增，孙晓，罗攀，等.非常规油气 CO_2 压裂技术进展及应用实践［J］.岩性油气藏，2019，31（2）：1–7.

［6］Tong tao，Wang Jianjun，Li Gang，et al. Determination of the maximum allowable gas pressure for an underground gas storage salt cavern——a case study of Jintan，China［J］. Journal of Rock Mechanics and Geotechnical Engineering，2019，11（2）：251–262.

［7］樊庆军，曾志林.固井滑套体积压裂技术在致密油水平井的应用［J］.中外能源，2019，24（5）：47–52.

［8］焦方正.页岩气"体积开发"理论认识、核心技术与实践［J］.天然气工业，2019，39（5）：1–14.

［9］Lei Qun，Guan Baoshan，Cai Bo，et al. Technological progress and prospects of reservoir stimulation［J］. Petroleum Exploration and Development，2019，46（3）：605–613.

［10］林永茂，王兴文，刘斌.威荣深层页岩气体积压裂工艺研究及应用［J］.钻采工艺，2019，42（4）：10，67–69，116.

［11］苏超，李士斌，刘照义，等.体积压裂裂缝对地应力场干扰规律的研究［J］.北京石油化工学院学报，2017，25（4）：16–23.

［12］赵金洲，任岚，沈骋，等.页岩气储层缝网压裂理论与技术研究新进展［J］.天然气工业，2018，38（3）：1–14.

［13］廖东良，路保平.页岩气工程甜点评价方法——以四川盆地焦石坝页岩气田为例［J］.天然气工业，2018，38（2）：43–50.

［14］李松，桑宇，周长林，等.页岩储层 CO_2 泡沫压裂液摩阻特性研究［J］.油田化学，2018，35（1）：53–59.

［15］蒋廷学，王海涛，卞晓冰，等.水平井体积压裂技术研究与应用［J］.岩性油气藏，2018，30（3）：1–11.

［16］曾凡辉，王小魏，郭建春，等.基于连续拟稳定法的页岩气体积压裂水平井产量计算［J］.天然气地球科学，2018，29（7）：1051–1059.

［17］Lei Qun，Yang Lifeng，Duan Yaoyao，et al.The "fracture-controlled reserves" based stimulation technology for unconventional oil and gas reservoirs［J］.Petroleum Exploration and Development，

2018, 45（4）：770-778.

［18］刘海龙.页岩气体积压裂效果评价数据支持系统研究［J］.天然气勘探与开发，2016，39（1）：11-12，43-46.

［19］严向阳，赵海燕，王腾飞，等.非常规储层水平井分段压裂新技术及适用性分析［J］.油气藏评价与开发，2016，6（2）：69-73，78.

［20］周长林，彭欢，桑宇，等.CO_2泡沫压裂技术研究进展及应用展望［J］.钻采工艺，2016，39（3）：46-49，129.

［21］吴雪平.页岩气水平井地质导向钻进中的储层"甜点"评价技术［J］.天然气工业，2016，36（5）：74-80.

［22］Zou Caineng, Yang Zhi, Pan Songqi, et al.Shale gas formation and occurrence in China：an overview of the current status and future potential［J］.Acta Geologica Sinica（English Edition），2016，90（4）：1249-1283.

［23］刘旭礼.页岩气体积压裂压后试井分析与评价［J］.天然气工业，2016，36（8）：66-72.

［24］周长林，彭欢，桑宇，等.页岩气CO_2泡沫压裂技术［J］.天然气工业，2016，36（10）：70-76.

［25］肖聪.页岩气藏多尺度渗流模型与产能评价研究［D］.北京：中国石油大学（北京），2016.

［26］杨发，汪小宇，李勇.二氧化碳压裂液研究及应用现状［J］.石油化工应用，2014，33（12）：9-12.

［27］张娅妮，马新仿.页岩气体积压裂数值模拟研究［J］.天然气与石油，2015，33（1）：10，54-58.

［28］申峰，张军涛，郭庆，等.陆相页岩水平井体积压裂裂缝展布规律研究［J］.钻采工艺，2015，38（3）：11，43-45.

［29］Zou Caineng, Yang Zhi, Zhu Rukai, et al.Progress in China's unconventional oil & gas exploration and development and theoretical technologies［J］.Acta Geologica Sinica（English Edition），2015，89（3）：938-971.

［30］时贤.页岩气水平井体积压裂缝网设计方法研究［D］.青岛：中国石油大学（华东），2014.

［31］尹丛彬，叶登胜，段国彬，等.四川盆地页岩气水平井分段压裂技术系列国产化研究及应用［J］.天然气工业，2014，34（4）：67-71.

［32］陆程，刘雄，程敏华，等.页岩气体积压裂水平井产能影响因素研究［J］.特种油气藏，2014，21（4）：108-112，156.

［33］赵立强，刘飞，王佩珊，等.复杂水力裂缝网络延伸规律研究进展［J］.石油与天然气地质，2014，35（4）：562-569.

［34］韩丽玲.基于页岩气井产能最大化的体积压裂参数优化研究［D］.青岛：中国石油大学（华东），2014.

［35］徐健.页岩气水平井压裂滑套开关工艺研究［D］.武汉：长江大学，2016.

［36］孙庆友.大庆油田低渗透裂缝性油藏重复压裂造缝机理研究［D］.大庆：东北石油大学，2011.

［37］王瀚.水力压裂垂直裂缝形态及缝高控制数值模拟研究［D］.北京：中国科学技术大学，2013.

［38］娄燕敏.低伤害耐高温压裂液的研制与应用［D］.大庆：东北石油大学，2013.

［39］王满学，何静，张文生. 磷酸酯/Fe～（3＋）型油基冻胶压裂液性能研究［J］.西南石油大学学报（自然科学版），2013，35（1）：150-154.

［40］于文龙.山西临—洪地区上古生界太原组页岩气储层特征及其成藏机理［D］.徐州：中国矿业大学，2019.

［41］王杰.多段压裂水平井示踪剂返排解释方法研究［D］.成都：西南石油大学，2018.

［42］田浩然.水平井分段压裂完井管柱技术研究［D］.青岛：中国石油大学（华东），2017.

［43］罗小波.新疆博乐盆地页岩气成藏特征［D］.乌鲁木齐：新疆大学，2019.

［44］李拯宇.沁水盆地南部太原组煤层气/页岩气成藏特征研究［D］.徐州：中国矿业大学，2018.

［45］穆二飞.页岩气水平井压裂模拟的能量方法［D］.北京：中国石油大学（北京），2017.

［46］刘庆.致密油藏体积压裂水平井产能预测研究［D］.北京：中国石油大学（北京），2017.

［47］Sadiki Hamisi Zavallah（萨力克）.Hydraulic Fracturing Optimization of Tight-gas Reservoirs［D］.北京：中国石油大学（北京），2017.

［48］赵星.考虑酸损伤效应页岩压裂裂缝扩展机理研究［D］.成都：西南石油大学，2017.

［49］周祥.页岩储层体积压裂产能数值模拟研究［D］.北京：中国石油大学（北京），2016.

［50］孙海成.页岩气储层压裂改造技术研究［D］.北京：中国地质大学（北京），2012.

［51］王文东.体积压裂水平井复杂缝网分形表征与流动模拟［D］.青岛：中国石油大学（华东），2015.

［52］常鑫.页岩储层复杂裂缝扩展机理研究及几何形态优化设计［D］.青岛：中国石油大学（华东），2016.

［53］唐鑫.川南地区龙马溪组页岩气成藏的构造控制［D］.徐州：中国矿业大学，2018.

［54］赵超能.页岩储层水力压裂裂缝相互作用分析研究［J］.石油化工应用，2017，36（1）：28-32.

［55］梁兴，朱炬辉，石孝志，等.缝内填砂暂堵分段体积压裂技术在页岩气水平井中的应用［J］.天然气工业，2017，37（1）：82-89.

［56］蒋廷学，卞晓冰，王海涛，等.深层页岩气水平井体积压裂技术［J］.天然气工业，2017，37（1）：90-96.

［57］罗楚湘，陈建飞.页岩气成藏机理及分布规律研究对勘探开发的影响［J］.辽宁化工，2017，46（2）：142-145.

［58］任岚，林然，赵金洲，等.基于最优SRV的页岩气水平井压裂簇间距优化设计［J］.天然气工业，2017，37（4）：69-79.

［59］贾成业，贾爱林，何东博，等.页岩气水平井产量影响因素分析［J］.天然气工业，2017，37（4）：80-88.

［60］师斌斌，薛政，马晓云，等.页岩气水平井体积压裂技术研究进展及展望［J］.中外能源，2017，22（6）：41-49.

［61］孙鑫，杜明勇，韩彬彬，等.二氧化碳压裂技术研究综述［J］.油田化学，2017，34（2）：374-380.

［62］栗业.页岩气藏浅析［J］.西部资源，2017（5）：7-8，19.

［63］林魂．页岩气储层压后返排评估研究［D］．北京：中国石油大学（北京），2017.

［64］周彤．层状页岩气储层水力压裂裂缝扩展规律研究［D］．北京：中国石油大学（北京），2017.

［65］裴健．页岩气成藏微观力学平衡研究方法及应用［D］．北京：中国地质大学（北京），2016.

［66］张树翠．页岩气储层水力压裂裂纹扩展规律研究［D］．阜新：辽宁工程技术大学，2017.

［67］宋晓乾．页岩气藏地震预测应用研究［D］．焦作：河南理工大学，2017.

［68］董国峰．一种用于二氧化碳泡沫压裂液的稠化剂研究［D］．成都：西南石油大学，2017.

［69］李雪影．页岩气藏关键参数评价及地质建模研究［D］．成都：西南石油大学，2016.

［70］何双喜．页岩气藏缝网压裂控制体积研究［D］．成都：西南石油大学，2014.

［71］张博．延长陆相页岩气储层体积压裂缝网形成机理研究［D］．西安：西安石油大学，2014.

［72］胡菲菲．延长陆相页岩气储层滑溜水压裂液及其携砂能力研究［D］．西安：西安石油大学，2014.

［73］张军涛．VES-CO_2泡沫压裂工艺技术研究［D］．西安：西安石油大学，2013.

［74］丁波．页岩气水平井压裂技术研究［D］．西安：西安石油大学，2014.

［75］李晓慧．致密油藏水平井体积压裂缝网参数优化研究［D］．青岛：中国石油大学（华东），2013.

［76］安志波．泡沫压裂液体系的制备及性能研究［D］．青岛：中国石油大学（华东），2013.

［77］张舟瑞．水平井多级分段压裂设计优化研究［D］．青岛：中国石油大学（华东），2013.

［78］伍贤柱．四川盆地威远页岩气藏高效开发关键技术［J］．石油钻探技术，2019，47（4）：1-9.

［79］陈江明．清洁二氧化碳泡沫压裂液稳定性研究［D］．成都：西南石油大学，2016.

［80］张梦黎．页岩气藏体积压裂产能影响因素研究［D］．成都：西南石油大学，2016.

［81］邵振滨．页岩储层低伤害表面活性剂复配及其作用机理研究［D］．成都：成都理工大学，2016.

［82］韩伟．焦石坝地区页岩气压裂工艺技术研究［D］．大庆：东北石油大学，2016.

［83］王艳丽．压裂压力曲线解释方法研究［D］．青岛：中国石油大学（华东），2007.

［84］李钦．水基压裂液伤害性研究［D］．南充：西南石油学院，2004.

［85］王兴文．裂缝性油藏压裂压力递减分析研究与应用［D］．南充：西南石油学院，2004.

［86］万小迅．人工压裂后压降曲线分析［D］．大庆：大庆石油学院，2005.

［87］肖晖．裂缝性储层水力裂缝动态扩展理论研究［D］．成都：西南石油大学，2014.

［88］Ella María Llanos, Robert G. Jeffrey, Richard Hillis, et al. Hydraulic fracture propagation through an orthogonal discontinuity：A laboratory, analytical and numerical study［J］. Rock Mechanics and Rock Engineering, 2017, 50（8）.

［89］Theerapat Suppachoknirun, Azra N. Tutuncu. Hydraulic fracturing and production optimization in eagle ford shale using coupled geomechanics and fluid flow model［J］. Rock Mechanics and Rock Engineering, 2017, 50（12）.

［90］Xiaogang Li, Liangping Yi, Zhaozhong Yang, et al. A coupling algorithm for simulating multiple hydraulic fracture propagation based on extended finite element method［J］. Environmental Earth Sciences, 2017, 76（21）.

［91］Chuanliang Yan, Jingen Deng, Yuanfang Cheng, et al. Mechanical properties of gas shale during drilling operations［J］. Rock Mechanics and Rock Engineering，2017，50（7）.

［92］Seyed Erfan Saberhosseini，Reza Keshavarzi，Kaveh Ahangari. A fully coupled three-dimensional hydraulic fracture model to investigate the impact of formation rock mechanical properties and operational parameters on hydraulic fracture opening using cohesive elements method［J］. Arabian Journal of Geosciences，2017，10（7）.

［93］Shifeng Zhang，James J. Sheng. Effects of salinity and confining pressure on hydration-induced fracture propagation and permeability of Mancos shale［J］. Rock Mechanics and Rock Engineering，2017，50（11）.

［94］Tao Wang，Zhanli Liu，Qinglei Zeng，et al. XFEM modeling of hydraulic fracture in porous rocks with natural fractures［J］. Science China Physics，Mechanics &amp；Astronomy，2017，60（8）.

［95］Rachel F. Westwood，Samuel M. Toon，Peter Styles，et al. Horizontal respect distance for hydraulic fracturing in the vicinity of existing faults in deep geological reservoirs：a review and modelling study［J］. Geomechanics and Geophysics for Geo-Energy and Geo-Resources，2017，3（4）.

［96］Aline C. Rocha，Marcio A. Murad，Tien D. Le. A new model for flow in shale-gas reservoirs including natural and hydraulic fractures［J］. Computational Geosciences，2017，21（5-6）.

［97］Sihai Li，Shicheng Zhang，Xinfang Ma，et al. Hydraulic fractures induced by water-/carbon dioxide-based fluids in tight sandstones［J］. Rock Mechanics and Rock Engineering，2019，52（9）.

［98］Jianming He，Yixiang Zhang，Xiao Li，et al. Experimental Investigation on the Fractures Induced by Hydraulic Fracturing Using Freshwater and Supercritical CO_2 in Shale Under Uniaxial Stress［J］. Rock Mechanics and Rock Engineering，2019，52（10）.

［99］Guangpu Zhu，Jun Yao，Hai Sun，et al. The numerical simulation of thermal recovery based on hydraulic fracture heating technology in shale gas reservoir［J］. Journal of Natural Gas Science and Engineering，2016，28.

［100］Dan Xu，Ruilin Hu，Wei Gao，et al. Effects of laminated structure on hydraulic fracture propagation in shale［J］. Petroleum Exploration and Development Online，2015，42（4）.

［101］Jinping Yuan，Yongjin Yu，Shuoqiong Liu，et al. Technical difficulties in the cementing of horizontal shale gas wells in Weiyuan block and the countermeasures［J］. Natural Gas Industry B，2016.

［102］Amirmasoud Kalantari-Dahaghi，Shahab Mohaghegh，Soodabeh Esmaili. Data-driven proxy at hydraulic fracture cluster level：A technique for efficient CO_2-enhanced gas recovery and storage assessment in shale reservoir［J］. Journal of Natural Gas Science and Engineering，2015，27.

［103］Jingyu Xie，Wan Cheng，Rongjing Wang，et al. Experiments and analysis on the influence of perforation mode on hydraulic fracture geometry in shale formation［J］. Journal of Petroleum Science and Engineering，2018，168.

［104］B.L. Avanthi Isaka，P.G. Ranjith，T.D. Rathnaweera，W.A.M. Wanniarachchi，et al. Testing the frackability of granite using supercritical carbon dioxide：Insights into geothermal energy systems［J］. Journal of CO_2 Utilization，2019，34.

［105］Yinan Hu，Deepak Devegowda，Alberto Striolo，et al. The dynamics of hydraulic fracture water confined in nano-pores in shale reservoirs［J］. Journal of Unconventional Oil and Gas Resources，2015，9.

［106］Long Ren，Yuliang Su，Shiyuan Zhan，et al. Modeling and simulation of complex fracture network propagation with SRV fracturing in unconventional shale reservoirs［J］. Journal of Natural Gas Science and Engineering，2016，28.

［107］Xiangqian Hou，Yongjun Lu，Bo Fang，et al. Waterless fracturing fluid with low carbon hydrocarbon as base fluid for unconventional reservoirs［J］. Petroleum Exploration and Development Online，2013，40（5）.

［108］Yushi Zou，Shicheng Zhang，Xinfang Ma，et al. Numerical investigation of hydraulic fracture network propagation in naturally fractured shale formations［J］. Journal of Structural Geology，2016，84.

［109］吕彦清.水基压裂液添加剂的研究与应用［D］.兰州：兰州理工大学，2011.

［110］裴森龙.多级压裂技术在龙马溪组页岩中的适应性研究［D］.北京：中国地质大学（北京），2013.

［111］Xuepeng Wu. Developing New Recyclable and CO_2 Sensitive Amphiphile for Fracturing Fluid［C］. Proceedings of the 2018 2nd International Workshop on Renewable Energy and Development（IWRED 2018），2018：255-261.

［112］Xinjian Chen. Influence of boron content on characteristics of fracturing fluid［C］. Advanced Science and Industry Research Center.Proceedings of 2018 International Conference on Power，Energy and Environmental Engineering（ICPEEE 2018），2018：292-297.

［113］唐安双.页岩气水平井钻井技术研究与应用［D］.西安：西安石油大学，2013.

［114］朱相慧.水平井泵送射孔技术研究［D］.重庆：重庆科技学院，2015.

［115］柴希伟.水平井分段压裂完井管柱及配套工具的研究［D］.成都：西南石油大学，2015.

［116］乔福友.乌南油田油基压裂工艺研究［D］.成都：西南石油大学，2014.

［117］舒亮.多尺度页岩气藏水平井压裂产能模拟研究［D］.成都：西南石油大学，2015.

［118］倪睿凯.水平井泵送桥塞射孔工艺技术研究［D］.成都：西南石油大学，2015.

［119］付明华.苏里格气田压后评估分析［D］.成都：西南石油大学，2015.

［120］Yunhai Cui. Application of cementing technology for shale gas horizontal well in Jiaoshiba block of fuling area［C］. Wuhan Zhicheng Times Cultural Development Co..Selected，Peer Reviewed Papers from the 2014 International Conference on Energy Science and Applied Technology（ESAT 2014 V733），2014：151-156.

［121］韩金轩.含水煤层中气体吸附、解吸-扩散的分子模拟研究［D］.成都：西南石油大学，2015.

［122］赵众从.缔合聚合物泡沫压裂液体系研究［D］.成都：西南石油大学，2015.

［123］聂靖霜.威远、长宁地区页岩气水平井钻井技术研究［D］.成都：西南石油大学，2013.

［124］曾凡辉，郭建春，刘恒，等.北美页岩气高效压裂经验及对中国的启示［J］.成都：西南石油大学学报（自然科学版），2013，35（6）：90-98.

［125］钟富林.滑套固井选择性压裂技术研究［D］.大庆：东北石油大学，2015.

［126］胡丛亮.重复压裂应力场分布技术的研究［D］.大庆：东北石油大学，2015.

［127］平云峰.二氧化碳泡沫压裂工艺技术研究［D］.大庆：东北石油大学，2012.

［128］王爱国.微地震监测与模拟技术在裂缝研究中的应用［D］.青岛：中国石油大学（华东），2008.

［129］宫长利.二氧化碳泡沫压裂理论及工艺技术研究［D］.成都：西南石油大学，2009.

［130］曾忠杰.二氧化碳泡沫压裂液流变性及压裂设计模型研究［D］.成都：西南石油大学，2006.

［131］Xinrong Wu, Jianhua Sun, Ruimin Gao, et al. The Study on Flow Regime and Percolation Mechanism of Foamed Acid from Laboratory Experimentations［C］.中国力学学会，2005：895-898.

［132］梁万库.水力压裂裂缝识别及评价方法研究［D］.大庆：大庆石油学院，2009.

［133］郭大立，祝凯，陈超峰，等.基于不确定理论的压裂压后综合评估技术［J］.西南石油大学学报（自然科学版），2011，33（4）：173-176，202.

［134］邓燕.重复压裂压新缝力学机理研究［D］.成都：西南石油学院，2005.

［135］曾雨辰.转向重复压裂技术研究与应用［D］.成都：西南石油学院，2005.

［136］邓燕，赵金洲，郭建春.重复压裂工艺技术研究及应用［J］.天然气工业，2005（6）：67-69，174.

［137］钟烨.川西重复压裂气井应力场研究［D］.成都：西南石油大学，2011.